矩阵理论及其应用

杨凤藻　主编

科 学 出 版 社

北 京

内 容 简 介

本书根据理工科研究生学科发展要求，结合编者多年的教学实践经验编写. 内容包括：线性空间与线性变换、向量和矩阵的范数、矩阵分析及其简单应用、矩阵分解、矩阵特征值的估计与对称矩阵的极性、广义逆矩阵、矩阵在数学建模中的应用，附录为基于 Matlab 的矩阵计算. 全书简明扼要、条理清楚、方便学习.

本书可作为理工科各专业研究生和数学类本科生的矩阵论教材，也可供广大工程技术人员参考.

图书在版编目(CIP)数据

矩阵理论及其应用/杨凤藻主编. —北京：科学出版社，2017. 9
ISBN 978-7-03-054109-3

Ⅰ. ①矩…　Ⅱ. ①杨…　Ⅲ. ①矩阵论-研究　Ⅳ. ①O151.21

中国版本图书馆 CIP 数据核字(2017)第 190535 号

责任编辑：王胡权/责任校对：彭　涛
责任印制：吴兆东/封面设计：迷底书装

科学出版社出版
北京东黄城根北街 16 号
邮政编码：100717
http://www.sciencep.com
北京盛通商印快线网络科技有限公司 印刷
科学出版社发行　各地新华书店经销
*
2017 年 9 月第　一　版　开本：720×1000　B5
2022 年12月第三次印刷　印张：13　3/4
字数：275 000

定价：69. 00 元

(如有印装质量问题，我社负责调换)

前　言

矩阵理论是一门实用性较强的数学理论. 它不仅是数学的一个重要分支, 而且也是现代各领域处理大量有限维空间形式与数量关系的重要手段, 是大数据时代最强有力的数学工具之一. 特别是计算机的广泛普及, 为矩阵理论的应用开辟了广阔的前景. 比如, 系统工程、优化方法及稳定性理论等, 都与矩阵计算有着密切的关系, 从而导致近年来矩阵理论在内容上有了相当大的更新, 因此, 编者根据理工科研究生学习和科研的需要, 编写了本书.

本书主编杨凤藻教授从事矩阵理论研究学工作多年, 对理工科研究生矩阵理论教学经验非常丰富. 全书分为 7 章, 其中第一、三章由胡兴凯编写, 第二章由何园编写, 第四章由杨凤藻编写, 第五章由郑瑾环编写, 第六、七章与附录由李金海编写. 杨凤藻、方郁文进行了统稿工作.

全书的编写力求做到资料丰富, 论述详尽严谨, 文字通俗易懂, 便于学生自学. 为了尽可能满足理工科各专业研究生学习的需要, 书中第七章列举了矩阵理论与方法在数学建模中的一些实际应用, 同时附录还给出了基于 Matlab 的矩阵相关计算命令, 方便学生运用矩阵解决大规模的计算问题, 书中还收编了近年来新出版的一些矩阵理论研究成果. 全书内容充实, 不同专业的研究生可根据需要对内容进行适当取舍. 理科研究生学习本书大约需要 80 学时; 工科研究生可以对第五、六章的部分内容进行取舍, 大约需要 60 学时.

在编写的过程中, 昆明理工大学理学院数学系的同事们给了我们很大的鼓励和支持, 部分教师仔细审阅了本书全稿, 并给予了建设性的意见. 编者在此一并深表感谢!

本书的出版得到了昆明理工大学研究生核心课程建设经费资助.

由于编者水平有限, 疏漏和不妥之处在所难免, 殷望批评指正!

编　者

2016 年冬于昆明理工大学

目　　录

第一章　线性空间与线性变换 1
第一节　线性空间 1
第二节　线性变换及其矩阵 13
第三节　欧氏空间和酉空间 36
第二章　向量和矩阵的范数 52
第一节　向量范数 52
第二节　矩阵范数 53
第三节　误差分析 58
第四节　范数的应用 63
第三章　矩阵分析及其简单应用 74
第一节　矩阵序列 74
第二节　矩阵级数 76
第三节　矩阵函数 80
第四节　矩阵函数的微分和积分 90
第五节　矩阵函数的一些应用 92
第四章　矩阵分解 96
第一节　矩阵的三角分解 96
第二节　矩阵的正交三角分解 100
第三节　矩阵的满秩分解 117
第四节　矩阵的奇异值分解 119
第五章　矩阵特征值的估计与对称矩阵的极性 125
第一节　特征值的估计 125
第二节　特征值的近似计算简介 139
第三节　对称矩阵的广义特征值与特征值的极性 151
第六章　广义逆矩阵 156
第一节　投影矩阵 156

第二节　广义逆矩阵的定义及性质 ………………………………………… 160
第三节　广义逆矩阵的计算方法 ……………………………………………… 167
第四节　广义逆矩阵与线性方程组求解 …………………………………… 171
第七章　矩阵在数学建模中的应用 ………………………………………… 179
参考文献 …………………………………………………………………… 193
附录　基于 Matlab 的矩阵计算 …………………………………………… 194

第一章 线性空间与线性变换

线性空间和线性变换是线性代数的两个基本概念，是研究矩阵理论的重要基础. 本章主要介绍线性空间和线性变换的概念及其理论，然后再讨论两个特殊的线性空间.

第一节 线 性 空 间

一、线性空间的定义及其性质

线性空间是一个抽象的概念，为了便于理解，我们先看几个熟知的例子.

例 1 在集合 $S=\{\boldsymbol{x}\mid \boldsymbol{A}\boldsymbol{x}=\boldsymbol{0}\}$ 中，S 关于向量的加法和数乘运算是封闭的，并且对于加法运算还满足交换律和结合律，数乘运算满足分配律和结合律.

例 2 对于函数，考虑全体定义在区间 $[a,b]$ 上的连续函数. 我们知道连续函数的和函数还是连续函数，连续函数与实数的乘积还是连续函数，因此对加法和数乘这两种运算是封闭的，同时对例 1 提到的运算律也是成立的.

例 3 二阶齐次线性微分方程

$$y''+p(x)y'+q(x)y=0$$

的解集合为 D，对于函数加法及数与函数的乘法有：若 $y_1(x),y_2(x)$ 是方程的两个解，则 $y_1(x)+y_2(x)$ 也是方程的解，且当 $k\in\mathbf{R}$ 时，$k\,y_1(x),k\,y_2(x)$ 也是方程的解，即二阶齐次线性微分方程的解集合对于加法和数乘两种运算是封闭的，同时对例 1 提到的运算律也是成立的.

从这些例子我们看到，所考虑的对象虽然完全不同，但是它们有一个共同的特点，那就是在它们上可以定义加法和数量乘法两种运算，且对于这两种运算是封闭的，当然，随着对象不同，这两种运算的定义也是不同的. 为了抓住它们的共同点，把它们统一起来加以研究，我们引入线性空间的概念.

定义 1 设 V 是一个非空集合，其元素用 $\boldsymbol{x},\boldsymbol{y},\boldsymbol{z}$ 等表示；K 是一个数域，其元素用 k,l,m 等表示. 如果 V 满足：

（Ⅰ）在 V 中定义一个“加法”运算，即当 $\boldsymbol{x},\boldsymbol{y}\in V$ 时，有唯一的和 $\boldsymbol{x}+\boldsymbol{y}\in V$（封闭性），且加法运算满足下列性质：

(1) **交换律** $\boldsymbol{x}+\boldsymbol{y}=\boldsymbol{y}+\boldsymbol{x}$；

(2) **结合律** $\boldsymbol{x}+(\boldsymbol{y}+\boldsymbol{z})=(\boldsymbol{x}+\boldsymbol{y})+\boldsymbol{z}$；

(3) **零元律** 存在零元素 $\boldsymbol{\theta}$，使 $\boldsymbol{x}+\boldsymbol{\theta}=\boldsymbol{x}$；

(4) **负元律** 对于任一元素 $\boldsymbol{x}\in V$，存在一元素 $\boldsymbol{y}\in V$，使 $\boldsymbol{x}+\boldsymbol{y}=\boldsymbol{\theta}$，且称 $\boldsymbol{y}$ 为 $\boldsymbol{x}$ 的**负元素**，记为 $(-\boldsymbol{x})$. 则有 $\boldsymbol{x}+(-\boldsymbol{x})=\boldsymbol{\theta}$.

(Ⅱ)在 V 中定义一个“数乘”运算，即当 $\boldsymbol{x}\in V,k\in K$ 时，有唯一的 $k\boldsymbol{x}\in V$ (封闭性)，且数乘运算满足下列性质：

(5) **数因子分配律** $k(\boldsymbol{x}+\boldsymbol{y})=k\boldsymbol{x}+k\boldsymbol{y}$；

(6) **分配律** $(k+l)\boldsymbol{x}=k\boldsymbol{x}+l\boldsymbol{x}$；

(7) **结合律** $k(l\boldsymbol{x})=(kl)\boldsymbol{x}$；

(8) **恒等律** 存在单位数 $1\in K$，使 $1\boldsymbol{x}=\boldsymbol{x}$,

则称 V 为数域 K 上的**线性空间**或**向量空间**. 线性空间中的元素 $\boldsymbol{x},\boldsymbol{y},\boldsymbol{z}$ 也称为**向量**，当然这里所谓的向量要比几何中向量含义广泛得多. V 中所定义的加法及数乘运算统称为 V 的**线性运算**.

当数域 K 为实数域时，V 就称为**实线性空间**；K 为复数域时，V 就称为**复线性空间**.

例 4 次数不超过 n 的实系数多项式全体记为 $P[x]_n$，即

$$P[x]_n=\left\{p_n \middle| p_n=a_nx^n+a_{n-1}x^{n-1}+\cdots+a_1x+a_0,a_n,\cdots,a_0\in\mathbf{R}\right\},$$

$P[x]_n$ 按照通常的多项式加法及数与多项式的乘法构成实数域上的线性空间.

这是因为 $P[x]_n$ 对于上述两种运算显然是封闭的，且满足 8 条运算律，所以 $P[x]_n$ 是 $\mathbf{R}$ 上的线性空间，我们把这种线性空间称为**多项式空间**.

例 5 $V=\{\boldsymbol{A}\mid\boldsymbol{A}=(a_{ij})_{m\times n},a_{ij}\in K\}$，对于 $\boldsymbol{A}=(a_{ij})_{m\times n},\boldsymbol{B}=(b_{ij})_{m\times n}$ 及 $k\in K$，定义加法运算和数乘运算如下：

$$\boldsymbol{A}+\boldsymbol{B}=(a_{ij}+b_{ij})_{m\times n},\quad k\boldsymbol{A}=(ka_{ij})_{m\times n}.$$

显然，V 是 K 上的线性空间，把这种线性空间称为**矩阵空间**.

例 6 正实数的全体记为 $\mathbf{R}^+$，即

$$\mathbf{R}^+=\left\{a \middle| a>0,a\in\mathbf{R}\right\},$$

在 $\mathbf{R}^+$ 中定义加法及数乘运算分别为

$$a\oplus b=ab,\quad \lambda\odot a=a^\lambda,$$

其中 $a,b\in\mathbf{R}^+,\lambda\in\mathbf{R}$. 证明 $\mathbf{R}^+$ 对上述加法和数乘构成 $\mathbf{R}$ 上的线性空间.

证 设 $a,b\in\mathbf{R}^+,\lambda\in\mathbf{R}$，有

$$a\oplus b=ab\in\mathbf{R}^+,\quad \lambda\odot a=a^\lambda\in\mathbf{R}^+,$$

即 $\mathbf{R}^+$ 对定义的加法“⊕”和数乘运算“⊙”是封闭的，并且有

(1) $a \oplus b = ab = ba = b \oplus a$；

(2) $(a \oplus b) \oplus c = (ab) \oplus c = (ab)c = a(bc) = a \oplus (bc) = a \oplus (b \oplus c)$；

(3) 在 $\mathbf{R}^+$ 中存在零元素 1，使对于任意 $a \in \mathbf{R}^+$，有 $a \oplus 1 = a \cdot 1 = a$；

(4) 对于任意 $a \in \mathbf{R}^+$，有负元素 $a^{-1} \in \mathbf{R}^+$，使得 $a \oplus a^{-1} = a \cdot a^{-1} = 1$；

(5) 存在单位数 $1 \in \mathbf{R}$，使 $1 \odot a = a^1 = a$；

(6) $\lambda \odot (\mu \odot a) = \lambda \odot a^{\mu} = (a^{\mu})^{\lambda} = a^{\lambda\mu} = (\lambda\mu) \odot a$；

(7) $(\lambda + \mu) \odot a = a^{\lambda+\mu} = a^{\lambda} a^{\mu} = a^{\lambda} \oplus a^{\mu} = (\lambda \odot a) \oplus (\mu \odot a)$；

(8) $\lambda \odot (a \oplus b) = (ab)^{\lambda} = a^{\lambda} b^{\lambda} = (\lambda \odot a) \oplus (\lambda \odot b)$ 其中 $a,b,c \in \mathbf{R}^+$，$\lambda, \mu \in \mathbf{R}$.

故 $\mathbf{R}^+$ 构成 $\mathbf{R}$ 上的线性空间.

从这个例子可以看到线性空间中定义的加法和数乘不一定是通常意义上的加法与数乘，只是人为地把这两种运算叫做加法与数乘.

定理 1　线性空间 V 中零元素是唯一的，任一元素的负元素也是唯一的.

证　(1) 设存在两个零元素 $\boldsymbol{\theta}_1$ 和 $\boldsymbol{\theta}_2$，则由于 $\boldsymbol{\theta}_1$ 和 $\boldsymbol{\theta}_2$ 均为零元素，按零元律有

$$\boldsymbol{\theta}_1 + \boldsymbol{\theta}_2 = \boldsymbol{\theta}_1 = \boldsymbol{\theta}_2 + \boldsymbol{\theta}_1 = \boldsymbol{\theta}_2,$$

所以

$$\boldsymbol{\theta}_1 = \boldsymbol{\theta}_2,$$

即 $\boldsymbol{\theta}_1$ 和 $\boldsymbol{\theta}_2$ 相同，与假设相矛盾，故只有一个零元素.

(2) 假设任意 $\boldsymbol{x} \in V$，存在两个负元素 $\boldsymbol{y}$ 和 $\boldsymbol{z}$，则根据负元律有

$$\boldsymbol{x} + \boldsymbol{y} = \boldsymbol{\theta} = \boldsymbol{x} + \boldsymbol{z},$$

$$\boldsymbol{y} = \boldsymbol{y} + \boldsymbol{\theta} = \boldsymbol{y} + (\boldsymbol{x} + \boldsymbol{z}) = (\boldsymbol{y} + \boldsymbol{x}) + \boldsymbol{z} = \boldsymbol{\theta} + \boldsymbol{z} = \boldsymbol{z},$$

即 $\boldsymbol{y}$ 和 $\boldsymbol{z}$ 相同，故负元素唯一.

定理 2　线性空间 V 中有如下恒等式成立：

$$0\boldsymbol{x} = \boldsymbol{\theta}, \quad k\boldsymbol{\theta} = \boldsymbol{\theta}, \quad (-1)\boldsymbol{x} = -\boldsymbol{x}.$$

证　设 $\boldsymbol{w} = 0\boldsymbol{x}$，则 $\boldsymbol{x} + \boldsymbol{w} = 1\boldsymbol{x} + 0\boldsymbol{x} = (1+0)\boldsymbol{x} = \boldsymbol{x}$，故 $\boldsymbol{w} = \boldsymbol{\theta}$；

设 $\boldsymbol{w} = k\boldsymbol{\theta}$，则 $k\boldsymbol{x} + \boldsymbol{w} = k\boldsymbol{x} + k\boldsymbol{\theta} = k(\boldsymbol{x} + \boldsymbol{\theta}) = k\boldsymbol{x}$，故 $\boldsymbol{w} = \boldsymbol{\theta}$；

设 $\boldsymbol{w} = (-1)\boldsymbol{x}$，则 $\boldsymbol{x} + \boldsymbol{w} = 1\boldsymbol{x} + (-1)\boldsymbol{x} = 0\boldsymbol{x} = \boldsymbol{\theta}$，故 $\boldsymbol{w} = -\boldsymbol{x}$.

二、线性空间的基与坐标

在线性代数中，我们已经了解 $\mathbf{R}^n$ 中向量组的代数性质诸如线性组合、线性相关与线性无关等，类似的概念和性质完全可延伸到一般的线性空间.

定义 2 设 $\boldsymbol{x}$ 和 $\boldsymbol{x}_1,\boldsymbol{x}_2,\cdots,\boldsymbol{x}_m$ 是数域 K 上线性空间 V 中的向量，且存在数域 K 中的一组数 $c_1,c_2,\cdots,c_m$，使得

$$\boldsymbol{x}=c_1\boldsymbol{x}_1+c_2\boldsymbol{x}_2+\cdots+c_m\boldsymbol{x}_m,$$

则称 $\boldsymbol{x}$ 为向量组 $\boldsymbol{x}_1,\boldsymbol{x}_2,\cdots,\boldsymbol{x}_m$ 的**线性组合**，此时也称向量 $\boldsymbol{x}$ 可由向量组 $\boldsymbol{x}_1,\boldsymbol{x}_2,\cdots,\boldsymbol{x}_m$ **线性表示**.

定义 3 如果存在一组不全为零的数 $c_1,c_2,\cdots,c_m\in K$，使得对于向量 $\boldsymbol{x}_1,\boldsymbol{x}_2,\cdots,\boldsymbol{x}_m\in V$ 有

$$c_1\boldsymbol{x}_1+c_2\boldsymbol{x}_2+\cdots+c_m\boldsymbol{x}_m=\boldsymbol{\theta},$$

则称向量组 $\boldsymbol{x}_1,\boldsymbol{x}_2,\cdots,\boldsymbol{x}_m$ **线性相关**，否则称为**线性无关**.

线性相关性概念是线性空间中非常重要的概念，有了线性相关性才有下面的线性空间的维数、基和坐标定义.

定义 4 线性空间 V 中最大线性无关向量组所含向量个数称为 V 的**维数**，记为 $\dim V$. 当 $\dim V<+\infty$（即为 n 或 0），称 V 为**有限维空间**，否则为**无限维空间**，记 $\dim V=+\infty$.

本书所涉及的空间一般只考虑有限维情况，对于无限维情况不涉及.

定义 5 设 V 是数域 K 上的线性空间，$\boldsymbol{x}_1,\boldsymbol{x}_2,\cdots,\boldsymbol{x}_r(r\geqslant 1)$ 是 V 中 r 个任意向量，如果满足

(1) $\boldsymbol{x}_1,\boldsymbol{x}_2,\cdots,\boldsymbol{x}_r$ 线性无关；

(2) V 中任一向量 $\boldsymbol{x}$ 均可由 $\boldsymbol{x}_1,\boldsymbol{x}_2,\cdots,\boldsymbol{x}_r$ 线性表示，

则称 $\boldsymbol{x}_1,\boldsymbol{x}_2,\cdots,\boldsymbol{x}_r$ 为 V 的一个**基**或**基底**，并称 $\boldsymbol{x}_1,\boldsymbol{x}_2,\cdots,\boldsymbol{x}_r$ 为该基的**基向量**.

基正是 V 中最大线性无关向量组，V 的维数正是基中所含元素的个数.

例 7 次数不超过 n 的实系数多项式全体记为 $P[x]_n$，即

$$P[x]_n=\left\{p_n\,\middle|\,p_n=a_nx^n+a_{n-1}x^{n-1}+\cdots+a_1x+a_0,a_n,\cdots,a_0\in\mathbf{R}\right\}$$

为 $n+1$ 维空间，$1,x,\cdots,x^n$ 可作为它的一个基.

例 8 矩阵空间 $V=\{\boldsymbol{A}\mid\boldsymbol{A}=(a_{ij})_{m\times n},a_{ij}\in K\}$ 为 mn 维空间，$\boldsymbol{E}_{ij}(i=1,2,\cdots,m;\ j=1,2,\cdots,n)$ 可作为它的一个基.

例 9 考虑全体复数所形成的集合 $\mathbf{C}$. 如果 $K=\mathbf{C}$（复数域），则该集合对复数加法和复数的乘法构成线性空间，其基可取为 1，空间维数为 1；如果取 $K=\mathbf{R}$（实数域），则该集合对复数加法及实数对复数的数乘构成线性空间，其基可取为 $\{1,\mathrm{i}\}$，空间维数为 2.

定义 6 称线性空间 V^n 的一个基 $\boldsymbol{x}_1,\boldsymbol{x}_2,\cdots,\boldsymbol{x}_n$ 为 V^n 的一个**坐标系**，设 $\boldsymbol{x}\in V^n$，

它在该基下的线性表示式为

$$\boldsymbol{x}=\xi_1\boldsymbol{x}_1+\xi_2\boldsymbol{x}_2+\cdots+\xi_n\boldsymbol{x}_n,$$

则称 $\xi_1,\xi_2,\cdots,\xi_n$ 为 $\boldsymbol{x}$ 在该坐标系中的**坐标**或**分量**，记为 $(\xi_1,\xi_2,\cdots,\xi_n)^{\mathrm{T}}$.

需要注意同一向量在不同坐标系下的坐标一般是不同的，但是在同一坐标系下的坐标却有下面的关系.

定理 3　线性空间 V^n 中，元素在给定基下的坐标唯一.

证　设 V^n 的一组基 $\boldsymbol{x}_1,\boldsymbol{x}_2,\cdots,\boldsymbol{x}_n$，对于任意 $\boldsymbol{x}\in V^n$，若

$$\boldsymbol{x}=\sum_{i=1}^{n}\xi_i\boldsymbol{x}_i=\sum_{i=1}^{n}\eta_i\boldsymbol{x}_i,$$

则有

$$(\xi_1-\eta_1)\boldsymbol{x}_1+\cdots+(\xi_n-\eta_n)\boldsymbol{x}_n=\boldsymbol{\theta},$$

因为 $\boldsymbol{x}_1,\boldsymbol{x}_2,\cdots,\boldsymbol{x}_n$ 线性无关，所以 $\xi_i-\eta_i=\boldsymbol{\theta}$，即

$$\xi_i=\eta_i\quad(i=1,2,\cdots,n).$$

一般来说，线性空间及其元素是抽象的对象，不同空间的元素完全可以具有千差万别的类别及性质，但坐标表示却把它们统一了起来，坐标表示把这种差别留给了基和基元素，由坐标所组成的新向量仅由数域中的数表示出来. 更进一步，原本抽象的“加法”及“数乘”经过坐标表示就演化为向量加法及数对向量的数乘.

例 10　矩阵空间 $V=\{\boldsymbol{A}\mid\boldsymbol{A}=(a_{ij})_{2\times2},a_{ij}\in\mathbf{R}\}$，当基为

$$\boldsymbol{E}_{11}=\begin{pmatrix}1&0\\0&0\end{pmatrix},\quad\boldsymbol{E}_{12}=\begin{pmatrix}0&1\\0&0\end{pmatrix},\quad\boldsymbol{E}_{21}=\begin{pmatrix}0&0\\1&0\end{pmatrix},\quad\boldsymbol{E}_{22}=\begin{pmatrix}0&0\\0&1\end{pmatrix},$$

则有

$$\boldsymbol{A}=a_{11}\boldsymbol{E}_{11}+a_{12}\boldsymbol{E}_{12}+a_{21}\boldsymbol{E}_{21}+a_{22}\boldsymbol{E}_{22},$$

其坐标为

$$\boldsymbol{\alpha}=(a_{11},a_{12},a_{21},a_{22})^{\mathrm{T}}.$$

当基为

$$\boldsymbol{D}_1=\begin{pmatrix}1&0\\0&0\end{pmatrix},\quad\boldsymbol{D}_2=\begin{pmatrix}1&1\\0&0\end{pmatrix},\quad\boldsymbol{D}_3=\begin{pmatrix}1&1\\1&0\end{pmatrix},\quad\boldsymbol{D}_4=\begin{pmatrix}1&1\\1&1\end{pmatrix},$$

则有

$$\begin{aligned}\boldsymbol{A}&=a_{11}\boldsymbol{D}_1+a_{12}(\boldsymbol{D}_2-\boldsymbol{D}_1)+a_{21}(\boldsymbol{D}_3-\boldsymbol{D}_2)+a_{22}(\boldsymbol{D}_4-\boldsymbol{D}_3)\\&=(a_{11}-a_{12})\boldsymbol{D}_1+(a_{12}-a_{21})\boldsymbol{D}_2+(a_{21}-a_{22})\boldsymbol{D}_3+a_{22}\boldsymbol{D}_4,\end{aligned}$$

其坐标为

$$\boldsymbol{\beta}=(a_{11}-a_{12},a_{12}-a_{21},a_{21}-a_{22},a_{22})^{\mathrm{T}}.$$

显然 $\boldsymbol{A}$ 在这两组基下的坐标不同.

若 $\boldsymbol{A}=\boldsymbol{E}_{11}$，则在上述两组基下的坐标都是 $(1,0,0,0)^{\mathrm{T}}$.

三、基变换与坐标变换

线性空间 V^n 中基是不唯一的，在不同基下同一向量的坐标一般是不同的，因此，需要研究基改变时坐标变换的规律.

设 $\boldsymbol{x}_1,\boldsymbol{x}_2,\cdots,\boldsymbol{x}_n$ 是 V^n 的基(Ⅰ)，$\boldsymbol{y}_1,\boldsymbol{y}_2,\cdots,\boldsymbol{y}_n$ 是 V^n 的基(Ⅱ)，由于两者都是基，所以可以相互线性表示

$$\boldsymbol{y}_j=\sum_{i=1}^{n}c_{ij}\boldsymbol{x}_i\quad(j=1,2,\cdots,n),$$

即

$$(\boldsymbol{y}_1,\boldsymbol{y}_2,\cdots,\boldsymbol{y}_n)=(\boldsymbol{x}_1,\boldsymbol{x}_2,\cdots,\boldsymbol{x}_n)\begin{pmatrix}c_{11}&c_{12}&\cdots&c_{1n}\\c_{21}&c_{22}&\cdots&c_{2n}\\\vdots&\vdots&&\vdots\\c_{n1}&c_{n2}&\cdots&c_{nn}\end{pmatrix}=(\boldsymbol{x}_1,\boldsymbol{x}_2,\cdots,\boldsymbol{x}_n)\boldsymbol{C},$$

其中 $\boldsymbol{C}$ 称为由基(Ⅰ)改变为基(Ⅱ)的**过渡矩阵**，上式就给出了基变换关系，可以证明，$\boldsymbol{C}$ 是可逆的. 我们还可以得到

$$(\boldsymbol{x}_1,\boldsymbol{x}_2,\cdots,\boldsymbol{x}_n)=(\boldsymbol{y}_1,\boldsymbol{y}_2,\cdots,\boldsymbol{y}_n)\boldsymbol{C}^{-1},$$

其中 $\boldsymbol{C}^{-1}$ 称为由基(Ⅱ)改变为基（Ⅰ）的过渡矩阵.

我们接着讨论向量的坐标变换问题，设 $\boldsymbol{x}\in V^n$，它在基(Ⅰ)和基(Ⅱ)下的坐标分别为 $\boldsymbol{\alpha},\boldsymbol{\beta}$，则有

$$\boldsymbol{x}=\xi_1\boldsymbol{x}_1+\xi_2\boldsymbol{x}_2+\cdots+\xi_n\boldsymbol{x}_n=(\boldsymbol{x}_1,\boldsymbol{x}_2,\cdots,\boldsymbol{x}_n)\boldsymbol{\alpha},$$

$$\boldsymbol{x}=\sum_{i=1}^{n}\xi_i'\boldsymbol{x}_i=(\boldsymbol{y}_1,\boldsymbol{y}_2,\cdots,\boldsymbol{y}_n)\boldsymbol{\beta}=(\boldsymbol{x}_1,\boldsymbol{x}_2,\cdots,\boldsymbol{x}_n)\boldsymbol{C}\boldsymbol{\beta},$$

可得 $\boldsymbol{\alpha}=\boldsymbol{C}\boldsymbol{\beta}$ 或者 $\boldsymbol{\beta}=\boldsymbol{C}^{-1}\boldsymbol{\alpha}$，称为**坐标变换公式**.

例 11　矩阵空间 $V=\{\boldsymbol{A}\mid\boldsymbol{A}=(a_{ij})_{2\times2},a_{ij}\in\mathbf{R}\}$ 的两个基为

(Ⅰ) $\boldsymbol{B}_1=\begin{pmatrix}1&0\\0&1\end{pmatrix},\boldsymbol{B}_2=\begin{pmatrix}1&0\\0&-1\end{pmatrix},\boldsymbol{B}_3=\begin{pmatrix}0&1\\1&0\end{pmatrix},\boldsymbol{B}_4=\begin{pmatrix}0&1\\-1&0\end{pmatrix}$；

(Ⅱ) $\boldsymbol{D}_1=\begin{pmatrix}1&1\\1&1\end{pmatrix},\boldsymbol{D}_2=\begin{pmatrix}1&1\\1&0\end{pmatrix},\boldsymbol{D}_3=\begin{pmatrix}1&1\\0&0\end{pmatrix},\boldsymbol{D}_4=\begin{pmatrix}1&0\\0&0\end{pmatrix}$.

(1)求由基(Ⅰ)改变为基(Ⅱ)的过渡矩阵；

(2)求由基(Ⅱ)改变为基(Ⅰ)的坐标变换公式.

解　采用中介法求过渡矩阵.

取基(Ⅲ)为 $\boldsymbol{E}_{11}=\begin{pmatrix}1&0\\0&0\end{pmatrix},\boldsymbol{E}_{12}=\begin{pmatrix}0&1\\0&0\end{pmatrix},\boldsymbol{E}_{21}=\begin{pmatrix}0&0\\1&0\end{pmatrix},\boldsymbol{E}_{22}=\begin{pmatrix}0&0\\0&1\end{pmatrix}$，由基(Ⅲ)改变为基(Ⅰ)的过渡矩阵为

$$\boldsymbol{C}_1=\begin{pmatrix}1&1&0&0\\0&0&1&1\\0&0&1&-1\\1&-1&0&0\end{pmatrix},$$

即

$$(\boldsymbol{B}_1,\boldsymbol{B}_2,\boldsymbol{B}_3,\boldsymbol{B}_4)=(\boldsymbol{E}_{11},\boldsymbol{E}_{12},\boldsymbol{E}_{21},\boldsymbol{E}_{22})\boldsymbol{C}_1,$$

由基(Ⅲ)改变为基(Ⅱ)的过渡矩阵为

$$\boldsymbol{C}_2=\begin{pmatrix}1&1&1&1\\1&1&1&0\\1&1&0&0\\1&0&0&0\end{pmatrix},$$

即

$$(\boldsymbol{D}_1,\boldsymbol{D}_2,\boldsymbol{D}_3,\boldsymbol{D}_4)=(\boldsymbol{E}_{11},\boldsymbol{E}_{12},\boldsymbol{E}_{21},\boldsymbol{E}_{22})\boldsymbol{C}_2,$$

所以有

$$(\boldsymbol{D}_1,\boldsymbol{D}_2,\boldsymbol{D}_3,\boldsymbol{D}_4)=(\boldsymbol{B}_1,\boldsymbol{B}_2,\boldsymbol{B}_3,\boldsymbol{B}_4)\boldsymbol{C}_1^{-1}\boldsymbol{C}_2,$$

于是基(Ⅰ)改变为基(Ⅱ)的过渡矩阵为

$$\boldsymbol{C}=\boldsymbol{C}_1^{-1}\boldsymbol{C}_2=\frac{1}{2}\begin{pmatrix}2&1&1&1\\0&1&1&1\\2&2&1&0\\0&0&1&0\end{pmatrix}.$$

(2) $\begin{pmatrix}\xi_1\\ \xi_2\\ \xi_3\\ \xi_4\end{pmatrix}=\boldsymbol{C}\begin{pmatrix}\eta_1\\ \eta_2\\ \eta_3\\ \eta_4\end{pmatrix}=\frac{1}{2}\begin{pmatrix}2\eta_1+\eta_2+\eta_3+\eta_4\\ \eta_2+\eta_3+\eta_4\\ 2\eta_1+2\eta_2+\eta_3\\ \eta_3\end{pmatrix}$.

四、线性子空间

定义 7 设V_1是数域K上的线性空间V的一个非空子集合，且对V已有的线性运算满足以下条件：

(1) 如果$\boldsymbol{x},\boldsymbol{y}\in V_1$，则$\boldsymbol{x}+\boldsymbol{y}\in V_1$；

(2) 如果$\boldsymbol{x}\in V_1,k\in K$，则$k\boldsymbol{x}\in V_1$，

则称V_1是V的一个**线性子空间**，简称为**子空间**.

线性子空间具有以下性质.

性质 1 线性子空间V_1也是线性空间，且$\dim V_1\leqslant\dim V$.

性质 2 $\{\boldsymbol{\theta}\}$是V的一个线性子空间，规定$\dim\{\boldsymbol{\theta}\}=0$.

性质 3 线性子空间V_1与线性空间V有共同的零元素；V_1中元素的负元素仍在V中.

显然$V\subseteq V,\{\boldsymbol{\theta}\}\subseteq V$，$V$与$\{\boldsymbol{\theta}\}$都是$V$的子空间，分别称为**全子空间**和**零子空间**. 它们称为线性空间V的**平凡子空间**，V的其余子空间称为**非平凡子空间**.

例 12 线性空间V中，子集V_1是V的子空间的充要条件是任意$\boldsymbol{x},\boldsymbol{y}\in V_1$，$k,l\in K$，有$k\boldsymbol{x}+l\boldsymbol{y}\in V_1$.

证 **充分性** 当$k=l=1$时，任意$\boldsymbol{x},\boldsymbol{y}\in V_1$，有$\boldsymbol{x}+\boldsymbol{y}\in V_1$.

当$l=0$时，任意$\boldsymbol{x},\boldsymbol{y}\in V_1$，$k\in K$，有$k\boldsymbol{x}=k\boldsymbol{x}+0\boldsymbol{y}\in V_1$.

故V_1是V的子空间.

必要性 任意$\boldsymbol{x}\in V_1$，$k\in K$，有$k\boldsymbol{x}\in V_1$，任意$\boldsymbol{y}\in V_1$，$l\in K$，有$l\boldsymbol{y}\in V_1$，所以$k\boldsymbol{x}+l\boldsymbol{y}\in V_1$.

设$\boldsymbol{x}_1,\boldsymbol{x}_2,\cdots,\boldsymbol{x}_m$为$V$中的元素，它们所有的线性组合的集合

$$V_1=\left\{\boldsymbol{x}=k_1\boldsymbol{x}_1+k_2\boldsymbol{x}_2+\cdots+k_m\boldsymbol{x}_m\,\middle|\,k_i\in K\right\},$$

则V_1是V子空间，称为由$\boldsymbol{x}_1,\boldsymbol{x}_2,\cdots,\boldsymbol{x}_m$**生(张)成的子空间**，记为$L(\boldsymbol{x}_1,\boldsymbol{x}_2,\cdots,\boldsymbol{x}_m)$或者$\mathrm{span}(\boldsymbol{x}_1,\boldsymbol{x}_2,\cdots,\boldsymbol{x}_m)$.

证 任意$\boldsymbol{x}\in V_1$，有

$$\boldsymbol{x}=k_1\boldsymbol{x}_1+k_2\boldsymbol{x}_2+\cdots+k_m\boldsymbol{x}_m,$$

任意$\boldsymbol{y}\in V_1$，有

$$\boldsymbol{y}=l_1\boldsymbol{x}_1+l_2\boldsymbol{x}_2+\cdots+l_m\boldsymbol{x}_m,$$

于是有

$$kx+ly=(kk_1+ll_1)x_1+(kk_2+ll_2)x_2+\cdots+(kk_m+ll_m)x_m\in V_1,$$

因此V_1是V的子空间.

性质 4　元素组$\boldsymbol{x}_1,\boldsymbol{x}_2,\cdots,\boldsymbol{x}_m$的最大无关组是$L(\boldsymbol{x}_1,\boldsymbol{x}_2,\cdots,\boldsymbol{x}_m)$的基.

性质 5　若线性空间V^n的基为$\boldsymbol{x}_1,\boldsymbol{x}_2,\cdots,\boldsymbol{x}_n$，则$V^n=L(\boldsymbol{x}_1,\boldsymbol{x}_2,\cdots,\boldsymbol{x}_n)$.

性质 6　若$\boldsymbol{x}_1,\boldsymbol{x}_2,\cdots,\boldsymbol{x}_m$线性无关，则$\dim\{L(\boldsymbol{x}_1,\boldsymbol{x}_2,\cdots,\boldsymbol{x}_m)\}=m$.

性质 7　零子空间就是由零元素生成的子空间$L(\boldsymbol{\theta})$.

矩阵的值域和核空间(零空间)的理论，在线性最小二乘问题和广义逆矩阵的理论中都占有重要的地位，现定义如下.

定义 8　设$\boldsymbol{A}=(a_{ij})\in\mathbf{C}^{m\times n}$，以$\boldsymbol{\alpha}_i(i=1,2,\cdots,n)$表示$\boldsymbol{A}$的第$i$个列向量，称子空间$L(\boldsymbol{\alpha}_1,\boldsymbol{\alpha}_2,\cdots,\boldsymbol{\alpha}_n)$为矩阵$\boldsymbol{A}$的**值域(列空间)**，记为

$$R(\boldsymbol{A})=L(\boldsymbol{\alpha}_1,\boldsymbol{\alpha}_2,\cdots,\boldsymbol{\alpha}_n).$$

由前面的论述及矩阵秩的概念知$R(\boldsymbol{A})\subseteq\mathbf{C}^m$，且有

$$\dim R(\boldsymbol{A})=\operatorname{rank}(\boldsymbol{A}).$$

例 13　设$\boldsymbol{A}=(a_{ij})\in\mathbf{C}^{m\times n}$，则矩阵$\boldsymbol{A}$的值域$R(\boldsymbol{A})=\{\boldsymbol{\beta}=\boldsymbol{A}\boldsymbol{x}\mid\boldsymbol{x}\in\mathbf{C}^n\}$.

证　任意$\boldsymbol{\beta}\in R(\boldsymbol{A})$，有

$$\boldsymbol{\beta}=k_1\boldsymbol{\alpha}_1+k_2\boldsymbol{\alpha}_2+\cdots+k_n\boldsymbol{\alpha}_n=(\boldsymbol{\alpha}_1,\boldsymbol{\alpha}_2,\cdots,\boldsymbol{\alpha}_n)\begin{pmatrix}k_1\\k_2\\\vdots\\k_n\end{pmatrix}=\boldsymbol{A}\boldsymbol{x}\in\{\boldsymbol{\beta}=\boldsymbol{A}\boldsymbol{x}\mid\boldsymbol{x}\in\mathbf{C}^n\};$$

任意$\boldsymbol{\beta}\in\{\boldsymbol{\beta}=\boldsymbol{A}\boldsymbol{x}\mid\boldsymbol{x}\in\mathbf{C}^n\}$，有

$$\boldsymbol{\beta}=\boldsymbol{A}\boldsymbol{x}=(\boldsymbol{\alpha}_1,\boldsymbol{\alpha}_2,\cdots,\boldsymbol{\alpha}_n)\begin{pmatrix}k_1\\k_2\\\vdots\\k_n\end{pmatrix}=k_1\boldsymbol{\alpha}_1+k_2\boldsymbol{\alpha}_2+\cdots+k_n\boldsymbol{\alpha}_n\in R(\boldsymbol{A}).$$

同样可定义$\boldsymbol{A}^{\mathrm{T}}$的值域(行空间)为

$$R(\boldsymbol{A}^{\mathrm{T}})=\{\boldsymbol{\alpha}=\boldsymbol{A}^{\mathrm{T}}\boldsymbol{x}\mid\boldsymbol{x}\in\mathbf{C}^m\}\subseteq\mathbf{C}^n,$$

且有

$$\dim R(\boldsymbol{A})=\dim R(\boldsymbol{A}^{\mathrm{T}})=\operatorname{rank}(\boldsymbol{A}).$$

定义 9 设 $\boldsymbol{A}=(a_{ij})\in\mathbf{C}^{m\times n}$，称集合 $\{\boldsymbol{x}|\boldsymbol{A}\boldsymbol{x}=\boldsymbol{0}\}$ 为 $\boldsymbol{A}$ 的**核空间(零空间)**，记为 $N(\boldsymbol{A})$，即

$$N(\boldsymbol{A})=\left\{\boldsymbol{x}\,\middle|\,\boldsymbol{A}\boldsymbol{x}=\boldsymbol{0},\boldsymbol{x}\in\mathbf{C}^n\right\}.$$

显然有

$$\dim N(\boldsymbol{A})=n-\operatorname{rank}(\boldsymbol{A}).$$

定理 4 (基扩定理) 设 V_1 是数域 K 上线性空间 V^n 的一个 m 维子空间，子空间 V_1 的基为 $\boldsymbol{x}_1,\boldsymbol{x}_2,\cdots,\boldsymbol{x}_m$，则存在 $\boldsymbol{x}_{m+1},\boldsymbol{x}_{m+2},\cdots,\boldsymbol{x}_n\in V^n$ 使得 $\boldsymbol{x}_1,\boldsymbol{x}_2,\cdots,\boldsymbol{x}_m,\boldsymbol{x}_{m+1},\boldsymbol{x}_{m+2},\cdots,\boldsymbol{x}_n$ 是 V^n 的一组基.

证 当 $m=n$ 时，定理显然成立.

当 $m<n$ 时，存在 $\boldsymbol{x}_{m+1}\in V^n$ 不能由 $\boldsymbol{x}_1,\boldsymbol{x}_2,\cdots,\boldsymbol{x}_m$ 线性表示，故 $\boldsymbol{x}_1,\boldsymbol{x}_2,\cdots,\boldsymbol{x}_m,\boldsymbol{x}_{m+1}$ 线性无关；若 $m+1=n$，则 $\boldsymbol{x}_1,\boldsymbol{x}_2,\cdots,\boldsymbol{x}_m,\boldsymbol{x}_{m+1}$ 是 V^n 的基；否则若 $m+1<n$ 时，存在 $\boldsymbol{x}_{m+2}\in V^n$ 不能由 $\boldsymbol{x}_1,\boldsymbol{x}_2,\cdots,\boldsymbol{x}_m,\boldsymbol{x}_{m+1}$ 线性表示，故 $\boldsymbol{x}_1,\boldsymbol{x}_2,\cdots,\boldsymbol{x}_m,\boldsymbol{x}_{m+1},\boldsymbol{x}_{m+2}$ 线性无关；若 $m+2=n$，则 $\boldsymbol{x}_1,\boldsymbol{x}_2,\cdots,\boldsymbol{x}_m,\boldsymbol{x}_{m+1},\boldsymbol{x}_{m+2}$ 是 V^n 的基；否则若 $m+2<n$……依次类推，结论成立.

五、子空间的交与和

接下来我们将讨论子空间的运算和生成子空间问题.

定义 10 设 V_1,V_2 是线性空间 V 的两个子空间，则

$$V_1\cap V_2=\left\{\boldsymbol{x}\,\middle|\,\boldsymbol{x}\in V_1,\boldsymbol{x}\in V_2\right\},$$

$$V_1+V_2=\left\{\boldsymbol{x}+\boldsymbol{y}\,\middle|\,\boldsymbol{x}\in V_1,\boldsymbol{y}\in V_2\right\}$$

分别称为 V_1 和 V_2 的**交与和**.

定理 5 若 V_1 和 V_2 是线性空间 V 的两个子空间，则 $V_1\cap V_2,V_1+V_2$ 均为 V 的子空间.

证 (1) 显然有 $\boldsymbol{\theta}\in V_1,\boldsymbol{\theta}\in V_2$，因此 $\boldsymbol{\theta}\in V_1\cap V_2$，即 $V_1\cap V_2$ 非空.

任意 $\boldsymbol{x},\boldsymbol{y}\in V_1\cap V_2$，有

$$\boldsymbol{x}+\boldsymbol{y}\in V_1,\quad \boldsymbol{x}+\boldsymbol{y}\in V_2,$$

所以

$$\boldsymbol{x}+\boldsymbol{y}\in V_1\cap V_2.$$

任意 $\boldsymbol{x}\in V_1\cap V_2,k\in K$ 有

$$k\boldsymbol{x}\in V_1,\quad k\boldsymbol{x}\in V_2,$$

所以

$$k\boldsymbol{x}\in V_1\cap V_2,$$

因此 $V_1\cap V_2$ 是 V 的一个子空间.

(2) 因为 $\boldsymbol{\theta}\in V_1,\boldsymbol{\theta}\in V_2$，所以有 $\boldsymbol{\theta}=\boldsymbol{\theta}+\boldsymbol{\theta}\in V_1+V_2$，即 V_1+V_2 非空.

任意 $\boldsymbol{x}_1,\boldsymbol{x}_2\in V_1$ 和 $\boldsymbol{y}_1,\boldsymbol{y}_2\in V_2$，有

$$(\boldsymbol{x}_1+\boldsymbol{y}_1)\in V_1+V_2,\quad (\boldsymbol{x}_2+\boldsymbol{y}_2)\in V_1+V_2,\quad (\boldsymbol{x}_1+\boldsymbol{x}_2)\in V_1,\quad (\boldsymbol{y}_1+\boldsymbol{y}_2)\in V_2,$$

于是

$$(\boldsymbol{x}_1+\boldsymbol{y}_1)+(\boldsymbol{x}_2+\boldsymbol{y}_2)=(\boldsymbol{x}_1+\boldsymbol{x}_2)+(\boldsymbol{y}_1+\boldsymbol{y}_2)\in V_1+V_2,$$

对 $k\in K,k\boldsymbol{x}_1\in V_1,k\boldsymbol{y}_1\in V_2$，有

$$k(\boldsymbol{x}_1+\boldsymbol{y}_1)=k\boldsymbol{x}_1+k\boldsymbol{y}_1\in V_1+V_2,$$

因此 V_1+V_2 是 V 的子空间.

例 14　在 $\mathbf{R}^2$ 中，$V_1=L(\boldsymbol{e}_1)$, $V_2=L(\boldsymbol{e}_2)$ 的并集为

$$V_1\cup V_2=\left\{\boldsymbol{\alpha}=(\xi_1,\xi_2)\middle|\xi_1\cdot\xi_2=0,\xi_i\in\mathbf{R}\right\}.$$

易见 $\boldsymbol{e}_1,\boldsymbol{e}_2\in V_1\cup V_2$，但是 $\boldsymbol{e}_1+\boldsymbol{e}_2=(1,1)\notin V_1\cup V_2$，故加法运算不封闭，因此 $V_1\cup V_2$ 不是 V 的子空间.

定理 6（维数公式）　若 V_1,V_2 是线性空间 V 的子空间，则有

$$\dim(V_1+V_2)+\dim(V_1\cap V_2)=\dim V_1+\dim V_2.$$

证　设 $\dim V_1=n_1,\dim V_2=n_2,\dim(V_1\cap V_2)=m$.

需要证明 $\dim(V_1+V_2)=n_1+n_2-m$.

设 $\boldsymbol{x}_1,\boldsymbol{x}_2,\cdots,\boldsymbol{x}_m$ 是 $V_1\cap V_2$ 的一个基，根据基扩定理存在

$\boldsymbol{y}_1,\boldsymbol{y}_2,\cdots,\boldsymbol{y}_{n_1-m}\in V_1$，使 $\boldsymbol{x}_1,\boldsymbol{x}_2,\cdots,\boldsymbol{x}_m,\boldsymbol{y}_1,\boldsymbol{y}_2,\cdots,\boldsymbol{y}_{n_1-m}$ 成为 V_1 的一个基；

$\boldsymbol{z}_1,\boldsymbol{z}_2,\cdots,\boldsymbol{z}_{n_2-m}\in V_2$，使 $\boldsymbol{x}_1,\boldsymbol{x}_2,\cdots,\boldsymbol{x}_m,\boldsymbol{z}_1,\boldsymbol{z}_2,\cdots,\boldsymbol{z}_{n_2-m}$ 成为 V_2 的一个基.

考察 $\boldsymbol{x}_1,\boldsymbol{x}_2,\cdots,\boldsymbol{x}_m,\boldsymbol{y}_1,\boldsymbol{y}_2,\cdots,\boldsymbol{y}_{n_1-m},\boldsymbol{z}_1,\boldsymbol{z}_2,\cdots,\boldsymbol{z}_{n_2-m}$，若能证明它为 V_1+V_2 的一个基，则有 $\dim(V_1+V_2)=n_1+n_2-m$.

因为 V_1 中任意元素都可以由 $\boldsymbol{x}_1,\boldsymbol{x}_2,\cdots,\boldsymbol{x}_m,\boldsymbol{y}_1,\boldsymbol{y}_2,\cdots,\boldsymbol{y}_{n_1-m}$ 线性表示，当然也可以由 $\boldsymbol{x}_1,\boldsymbol{x}_2,\cdots,\boldsymbol{x}_m,\boldsymbol{y}_1,\boldsymbol{y}_2,\cdots,\boldsymbol{y}_{n_1-m},\boldsymbol{z}_1,\boldsymbol{z}_2,\cdots,\boldsymbol{z}_{n_2-m}$ 线性表示，同理 V_2 中的任意元素也

可由 $\boldsymbol{x}_1,\boldsymbol{x}_2,\cdots,\boldsymbol{x}_m,\boldsymbol{y}_1,\boldsymbol{y}_2,\cdots,\boldsymbol{y}_{n_1-m},\boldsymbol{z}_1,\boldsymbol{z}_2,\cdots,\boldsymbol{z}_{n_2-m}$ 线性表示，所以

$$V_1+V_2=L(\boldsymbol{x}_1,\boldsymbol{x}_2,\cdots,\boldsymbol{x}_m,\boldsymbol{y}_1,\boldsymbol{y}_2,\cdots,\boldsymbol{y}_{n_1-m},\boldsymbol{z}_1,\boldsymbol{z}_2,\cdots,\boldsymbol{z}_{n_2-m}),$$

只需证明这 n_1+n_2-m 个向量线性无关.

假定存在一组数 $k_1,k_2,\cdots,k_m,p_1,p_2,\cdots,p_{n_1-m},q_1,q_2,\cdots,q_{n_2-m}$ 使

$$k_1\boldsymbol{x}_1+\cdots+k_m\boldsymbol{x}_m+p_1\boldsymbol{y}_1+\cdots+p_{n_1-m}\boldsymbol{y}_{n_1-m}+q_1\boldsymbol{z}_1+\cdots+q_{n_2-m}\boldsymbol{z}_{n_2-m}=\boldsymbol{\theta},$$

令

$$\boldsymbol{z}=q_1\boldsymbol{z}_1+\cdots+q_{n_2-m}\boldsymbol{z}_{n_2-m}=-k_1\boldsymbol{x}_1-\cdots-k_m\boldsymbol{x}_m-p_1\boldsymbol{y}_1-\cdots-p_{n_1-m}\boldsymbol{y}_{n_1-m},$$

所以

$$\boldsymbol{z}\in V_1\cap V_2,$$

则 $\boldsymbol{z}$ 可用 $\boldsymbol{x}_1,\boldsymbol{x}_2,\cdots,\boldsymbol{x}_m$ 线性表示，令

$$\boldsymbol{z}=-l_1\boldsymbol{x}_1-\cdots-l_m\boldsymbol{x}_m,$$

则有

$$l_1\boldsymbol{x}_1+\cdots+l_m\boldsymbol{x}_m+q_1\boldsymbol{z}_1+\cdots+q_{n_2-m}\boldsymbol{z}_{n_2-m}=\boldsymbol{\theta},$$

但 $\boldsymbol{x}_1,\boldsymbol{x}_2,\cdots,\boldsymbol{x}_m,\boldsymbol{z}_1,\boldsymbol{z}_2,\cdots,\boldsymbol{z}_{n_2-m}$ 是 V_2 的一组基，因此它们线性无关，即

$$l_1=\cdots=l_m=0,\quad q_1=\cdots=q_{n_2-m}=0,$$

从而有 $\boldsymbol{z}=\boldsymbol{\theta}$. 于是有

$$k_1\boldsymbol{x}_1+\cdots+k_m\boldsymbol{x}_m+p_1\boldsymbol{y}_1+\cdots+p_{n_1-m}\boldsymbol{y}_{n_1-m}=\boldsymbol{\theta},$$

但 $\boldsymbol{x}_1,\boldsymbol{x}_2,\cdots,\boldsymbol{x}_m,\boldsymbol{y}_1,\boldsymbol{y}_2,\cdots,\boldsymbol{y}_{n_1-m}$ 是 V_1 的一组基，因此它们线性无关，从而又有

$$k_1=\cdots=k_m=0,\quad p_1=\cdots=p_{n_1-m}=0,$$

于是 $\boldsymbol{x}_1,\boldsymbol{x}_2,\cdots,\boldsymbol{x}_m,\boldsymbol{y}_1,\boldsymbol{y}_2,\cdots,\boldsymbol{y}_{n_1-m},\boldsymbol{z}_1,\boldsymbol{z}_2,\cdots,\boldsymbol{z}_{n_2-m}$ 是线性无关的，可作为 V_1+V_2 的一组基. 所以 $\dim(V_1+V_2)=n_1+n_2-m$.

定义 11 设 V_1,V_2 是线性空间 V 的子空间，若其和空间 V_1+V_2 中的任一元素只能唯一地表示为 V_1 的一个元素与 V_2 的一个元素之和，即 $\forall\boldsymbol{x}\in V_1+V_2$，存在唯一的 $\boldsymbol{y}\in V_1,\boldsymbol{z}\in V_2$，使 $\boldsymbol{x}=\boldsymbol{y}+\boldsymbol{z}$，则称 V_1+V_2 为 V_1 与 V_2 的**直和**，记为 $V_1\oplus V_2$.

子空间的直和并不是一种特殊的和，仍然是

$$V_1+V_2=\{\boldsymbol{x}+\boldsymbol{y}\mid\boldsymbol{x}\in V_1,\boldsymbol{y}\in V_2\}.$$

例 15　(1) 在 $\mathbf{R}^3$ 中，取 $V_1 = L(\boldsymbol{e}_1, \boldsymbol{e}_2), V_2 = L(\boldsymbol{e}_2, \boldsymbol{e}_3)$ 时，有 $V_1 + V_2 = \mathbf{R}^3$，此时

$$\boldsymbol{x} = (1,2,3)^{\mathrm{T}} = (1,2,0)^{\mathrm{T}} + (0,0,3)^{\mathrm{T}}, \quad (1,2,0)^{\mathrm{T}} \in V_1, \quad (0,0,3)^{\mathrm{T}} \in V_2;$$

$$\boldsymbol{x} = (1,2,3)^{\mathrm{T}} = (1,1,0)^{\mathrm{T}} + (0,1,3)^{\mathrm{T}}, \quad (1,1,0)^{\mathrm{T}} \in V_1, \quad (0,1,3)^{\mathrm{T}} \in V_2,$$

分解不唯一.

(2) 在 $\mathbf{R}^3$ 中，取 $V_1 = L(\boldsymbol{e}_1), V_2 = L(\boldsymbol{e}_2, \boldsymbol{e}_3)$ 时，有 $V_1 + V_2 = \mathbf{R}^3$，此时

$$\boldsymbol{x} = (1,2,3)^{\mathrm{T}} = (1,0,0)^{\mathrm{T}} + (0,2,3)^{\mathrm{T}}, \quad (1,0,0)^{\mathrm{T}} \in V_1, \quad (0,2,3)^{\mathrm{T}} \in V_2,$$

分解唯一.

定理 7　设 V_1, V_2 是数域 K 上线性空间 V 的两个子空间，则下列命题等价：

(1) $V_1 + V_2$ 是直和；

(2) $V_1 + V_2$ 中零向量的表示法唯一，即若 $\boldsymbol{\theta} = \boldsymbol{x} + \boldsymbol{y} (\boldsymbol{x} \in V_1, \boldsymbol{y} \in V_2)$，则 $\boldsymbol{x} = \boldsymbol{\theta}$，$\boldsymbol{y} = \boldsymbol{\theta}$；

(3) $V_1 \cap V_2 = \{\boldsymbol{\theta}\}$；

(4) $\dim(V_1 + V_2) = \dim V_1 + \dim V_2$.

证　(1) $\Rightarrow$ (2)　显然成立.

(2) $\Rightarrow$ (3)　任取 $\boldsymbol{x} \in V_1 \cap V_2$，则零向量可表示为 $\boldsymbol{\theta} = \boldsymbol{x} + (-\boldsymbol{x}) (\boldsymbol{x} \in V_1, -\boldsymbol{x} \in V_2)$，由 (2) 知 $\boldsymbol{x} = \boldsymbol{\theta}$，所以 $V_1 \cap V_2 = \{\boldsymbol{\theta}\}$.

(3) $\Rightarrow$ (4)　由维数公式可得.

(4) $\Rightarrow$ (1)　由维数公式知 $\dim(V_1 \cap V_2) = 0$，即 $V_1 \cap V_2 = \{\boldsymbol{\theta}\}$，若 $\boldsymbol{x} \in V_1 \cap V_2$ 有两个表达式

$$\boldsymbol{x} = \boldsymbol{x}_1 + \boldsymbol{y}_1 = \boldsymbol{x}_2 + \boldsymbol{y}_2 \quad (\boldsymbol{x}_1, \boldsymbol{x}_2 \in V_1, \boldsymbol{y}_1, \boldsymbol{y}_2 \in V_2),$$

则有 $\boldsymbol{x}_1 - \boldsymbol{x}_2 = \boldsymbol{y}_2 - \boldsymbol{y}_1$，因 $\boldsymbol{x}_1 - \boldsymbol{x}_2 \in V_1, \boldsymbol{y}_2 - \boldsymbol{y}_1 \in V_2$，从而有

$$\boldsymbol{x}_1 - \boldsymbol{x}_2 = \boldsymbol{y}_2 - \boldsymbol{y}_1 \in V_1 \cap V_2,$$

于是 $\boldsymbol{x}_1 = \boldsymbol{x}_2, \boldsymbol{y}_1 = \boldsymbol{y}_2$，这说明 $\boldsymbol{x}$ 的分解式是唯一的，从而 $V_1 + V_2$ 是直和.

第二节　线性变换及其矩阵

一、线性变换及其运算

定义 1　设 V 是数域 K 上的线性空间，T 是 V 到自身的一个映射，使对于 V 中的任意元素 $\boldsymbol{x}$ 均存在唯一的 $\boldsymbol{y} \in V$ 与之对应，则称 T 是 V 的一个**变换**或**算子**，

记为

$$T\boldsymbol{x}=\boldsymbol{y},$$

称 $\boldsymbol{y}$ 为 $\boldsymbol{x}$ 在变换 T 下的**象**，$\boldsymbol{x}$ 为 $\boldsymbol{y}$ 的**原象**(或**象源**).

若变换 T 满足

$$T(k\boldsymbol{x}+l\boldsymbol{y})=k(T\boldsymbol{x})+l(T\boldsymbol{y}),$$

其中 $\boldsymbol{x},\boldsymbol{y}\in V,k,l\in K$，则称 T 为 V 的一个**线性变换**或**线性算子**.

性质 1 线性变换把零元素仍变为零元素.

$$T(\boldsymbol{\theta})=T(0\boldsymbol{x})=0T(\boldsymbol{x})=\boldsymbol{\theta}.$$

性质 2 负元素的象为原来元素的象的负元素.

$$T(-\boldsymbol{x})=(-1)T(\boldsymbol{x})=-T(\boldsymbol{x}).$$

性质 3 线性变换把线性相关的元素组仍变为线性相关的元素组.

设元素组 $\boldsymbol{x}_1,\boldsymbol{x}_2,\cdots,\boldsymbol{x}_m$ 线性相关，即存在一组不全为零的数 $k_1,k_2,\cdots,k_m$ 使得

$$\sum_{i=1}^{m}k_i\boldsymbol{x}_i=\boldsymbol{\theta},$$

则

$$T\left(\sum_{i=1}^{m}k_i\boldsymbol{x}_i\right)=\sum_{i=1}^{m}k_i(T\boldsymbol{x}_i)=T(\boldsymbol{\theta})=\boldsymbol{\theta},$$

所以 $T\boldsymbol{x}_1$ 线性相关.

性质 4 若 $\boldsymbol{x}_1,\boldsymbol{x}_2,\cdots,\boldsymbol{x}_m$ 线性无关，则 $T\boldsymbol{x}_1,T\boldsymbol{x}_2,\cdots,T\boldsymbol{x}_m$ 未必线性无关.

性质 5 T 是线性变换等价于对任意 $\boldsymbol{x},\boldsymbol{y}\in V,k\in K$ 有 $T(\boldsymbol{x}+\boldsymbol{y})=T\boldsymbol{x}+T\boldsymbol{y}$，$T(k\boldsymbol{x})=k(T\boldsymbol{x})$.

二、线性变换的值域和核

定义 2 设 T 是线性空间 V 的线性变换，V 中所有元素的象形成的集合，称为 T 的**值域**，用 $R(T)$ 表示，即

$$R(T)=\{T\boldsymbol{x}\,|\,\boldsymbol{x}\in V\}.$$

V 中所有被 T 变为零元素的原象构成的集合，称为 T 的**核**，用 $N(T)$ 表示，即

$$N(T)=\{\boldsymbol{x}\,|\,T\boldsymbol{x}=\boldsymbol{\theta},\boldsymbol{x}\in V\}.$$

定理 1　线性空间 V 的线性变换 T 的值域和核都是 V 的子空间.

证　因为 V 非空，所以 $R(T)$ 也是非空的.

任意 $\boldsymbol{\alpha},\boldsymbol{\beta}\in R(T)$，则存在 $\boldsymbol{x},\boldsymbol{y}\in V$，使 $T(\boldsymbol{x})=\boldsymbol{\alpha},T(\boldsymbol{y})=\boldsymbol{\beta}$，于是

$$\boldsymbol{\alpha}+\boldsymbol{\beta}=T(\boldsymbol{x})+T(\boldsymbol{y})=T(\boldsymbol{x}+\boldsymbol{y})\in R(T),$$

$$k\boldsymbol{\alpha}=kT(\boldsymbol{x})=T(k\boldsymbol{x})\in R(T),$$

即 $R(T)$ 对于线性运算是封闭的，所以 $R(T)$ 是 V 的线性子空间，也称为 T 的**象子空间**.

因为 $\boldsymbol{\theta}\in V,T(\boldsymbol{\theta})=\boldsymbol{\theta}$，故 $\boldsymbol{\theta}\in N(T)$，所以 $N(T)$ 非空.

对任意的 $\boldsymbol{\alpha},\boldsymbol{\beta}\in N(T)$，则 $T(\boldsymbol{\alpha})=\boldsymbol{\theta},T(\boldsymbol{\beta})=\boldsymbol{\theta}$，于是

$$T(\boldsymbol{\alpha}+\boldsymbol{\beta})=T(\boldsymbol{\alpha})+T(\boldsymbol{\beta})=\boldsymbol{\theta},\quad T(k\boldsymbol{\alpha})=kT(\boldsymbol{\alpha})=k\cdot\boldsymbol{\theta}=\boldsymbol{\theta},$$

即

$$\boldsymbol{\alpha}+\boldsymbol{\beta}\in N(T),\quad k\boldsymbol{\alpha}\in N(T),$$

故 $N(T)$ 对于线性运算是封闭的，所以 $N(T)$ 是 V 的线性子空间，也称为 T 的**核子空间**.

定义 3　象子空间的维数 $\dim R(T)$ 称为 T 的**秩**；核子空间的维数 $\dim N(T)$ 称为 T 的亏(或**零度**).

定理 2　设线性空间 V^n 的基为 $\boldsymbol{x}_1,\boldsymbol{x}_2,\cdots,\boldsymbol{x}_n$，$T$ 是 V^n 的线性变换，则 $R(T)=L(T\boldsymbol{x}_1,T\boldsymbol{x}_2,\cdots,T\boldsymbol{x}_n)$，$\dim R(T)+\dim N(T)=n$.

证　(1) 先证 $R(T)\subseteq L(T\boldsymbol{x}_1,T\boldsymbol{x}_2,\cdots,T\boldsymbol{x}_n)$.

任意 $\boldsymbol{y}\in R(T)$，存在 $\boldsymbol{x}\in V^n$，使得 $\boldsymbol{y}=T\boldsymbol{x}$，由于

$$\boldsymbol{x}=k_1\boldsymbol{x}_1+k_2\boldsymbol{x}_2+\cdots+k_n\boldsymbol{x}_n,$$

所以

$$\begin{aligned}\boldsymbol{y}=T(\boldsymbol{x})&=T(k_1\boldsymbol{x}_1+k_2\boldsymbol{x}_2+\cdots+k_n\boldsymbol{x}_n)=k_1(T\boldsymbol{x}_1)+k_2(T\boldsymbol{x}_2)+\cdots+k_n(T\boldsymbol{x}_n)\\&\in L(T\boldsymbol{x}_1,T\boldsymbol{x}_2,\cdots,T\boldsymbol{x}_n),\end{aligned}$$

即 $R(T)\subseteq L(T\boldsymbol{x}_1,T\boldsymbol{x}_2,\cdots,T\boldsymbol{x}_n)$.

再证 $R(T)\supseteq L(T\boldsymbol{x}_1,T\boldsymbol{x}_2,\cdots,T\boldsymbol{x}_n)$.

任意 $\boldsymbol{y}\in L(T\boldsymbol{x}_1,T\boldsymbol{x}_2,\cdots,T\boldsymbol{x}_n)$，存在 $k_1,k_2,\cdots,k_n$，使得

$$\boldsymbol{y}=k_1(T\boldsymbol{x}_1)+k_2(T\boldsymbol{x}_2)+\cdots+k_n(T\boldsymbol{x}_n),$$

由于 $\boldsymbol{x}_i\in V^n(i=1,2,\cdots,n)$，所以 $T\boldsymbol{x}_i\in R(T)$，于是

$$\boldsymbol{y}=k_1(T\boldsymbol{x}_1)+k_2(T\boldsymbol{x}_2)+\cdots+k_n(T\boldsymbol{x}_n)\in R(T),$$

即 $R(T)\supseteq L(T\boldsymbol{x}_1,T\boldsymbol{x}_2,\cdots,T\boldsymbol{x}_n)$，因此 $R(T)=L(T\boldsymbol{x}_1,T\boldsymbol{x}_2,\cdots,T\boldsymbol{x}_n)$.

(2) 设 $\dim N(T)=m$，且 $N(T)$ 的基为 $\boldsymbol{y}_1,\boldsymbol{y}_2,\cdots,\boldsymbol{y}_m$，将其扩充为 V^n 的基：$\boldsymbol{y}_1,\boldsymbol{y}_2,\cdots,\boldsymbol{y}_m,\boldsymbol{y}_{m+1},\boldsymbol{y}_{m+2},\cdots,\boldsymbol{y}_n$，则

$$R(T)=L(T\boldsymbol{y}_1,T\boldsymbol{y}_2,\cdots,T\boldsymbol{y}_m,T\boldsymbol{y}_{m+1},T\boldsymbol{y}_{m+1},\cdots,T\boldsymbol{y}_n)=L(T\boldsymbol{y}_{m+1},T\boldsymbol{y}_{m+1},\cdots,T\boldsymbol{y}_n),$$

设 $k_{m+1},k_{m+2},\cdots,k_n$，使得 $k_{m+1}T\boldsymbol{y}_{m+1}+k_{m+2}T\boldsymbol{y}_{m+2}+\cdots+k_nT\boldsymbol{y}_n=\boldsymbol{\theta}$，则

$$T(k_{m+1}\boldsymbol{y}_{m+1}+k_{m+2}\boldsymbol{y}_{m+2}+\cdots+k_n\boldsymbol{y}_n)=\boldsymbol{\theta}.$$

因为 T 是线性变换，所以 $k_{m+1}\boldsymbol{y}_{m+1}+k_{m+2}\boldsymbol{y}_{m+2}+\cdots+k_n\boldsymbol{y}_n\in N(T)$，故

$$k_{m+1}\boldsymbol{y}_{m+1}+k_{m+2}\boldsymbol{y}_{m+2}+\cdots+k_n\boldsymbol{y}_n=l_1\boldsymbol{y}_1+l_2\boldsymbol{y}_2+\cdots+l_m\boldsymbol{y}_m,$$

即

$$(-l_1)\boldsymbol{y}_1+(-l_2)\boldsymbol{y}_2+\cdots+(-l_m)\boldsymbol{y}_m+k_{m+1}\boldsymbol{y}_{m+1}+k_{m+2}\boldsymbol{y}_{m+2}+\cdots+k_n\boldsymbol{y}_n=\boldsymbol{\theta}.$$

因为 $\boldsymbol{y}_1,\boldsymbol{y}_2,\cdots,\boldsymbol{y}_m,\boldsymbol{y}_{m+1},\boldsymbol{y}_{m+1},\cdots,\boldsymbol{y}_n$ 线性无关，所以 $k_{m+1}=0,k_{m+2}=0,\cdots,k_n=0$. 因此 $T\boldsymbol{y}_{m+1},T\boldsymbol{y}_{m+2},\cdots,T\boldsymbol{y}_n$ 线性无关，从而 $\dim R(T)=n-m$，即 $\dim R(T)+m=n$.

例 1 矩阵空间 $\mathbf{R}^{2\times2}$ 中，给定矩阵 $\boldsymbol{A}=\begin{pmatrix}1&2\\0&3\end{pmatrix}$，线性变换 T 为

$$T(\boldsymbol{X})=\boldsymbol{AX}-\boldsymbol{XA}\quad(\forall\boldsymbol{X}\in\mathbf{R}^{2\times2}),$$

求 $R(T)$, $N(T)$ 的基和维数.

解 (1) 取 $\mathbf{R}^{2\times2}$ 的基为 $\boldsymbol{E}_{11},\boldsymbol{E}_{12},\boldsymbol{E}_{21},\boldsymbol{E}_{22}$，计算

$$T(\boldsymbol{E}_{11})=\boldsymbol{AE}_{11}-\boldsymbol{E}_{11}\boldsymbol{A}=\begin{pmatrix}0&-2\\0&0\end{pmatrix},$$

$$T(\boldsymbol{E}_{12})=\begin{pmatrix}0&-2\\0&0\end{pmatrix},\quad T(\boldsymbol{E}_{21})=\begin{pmatrix}2&0\\2&-2\end{pmatrix},\quad T(\boldsymbol{E}_{22})=\begin{pmatrix}0&2\\0&0\end{pmatrix},$$

基象组的坐标为

$$\boldsymbol{\eta}_1=\begin{pmatrix}0\\-2\\0\\0\end{pmatrix},\quad\boldsymbol{\eta}_2=\begin{pmatrix}0\\-2\\0\\0\end{pmatrix},\quad\boldsymbol{\eta}_3=\begin{pmatrix}2\\0\\2\\-2\end{pmatrix},\quad\boldsymbol{\eta}_4=\begin{pmatrix}0\\2\\0\\0\end{pmatrix},$$

该向量组的最大无关组为 $\boldsymbol{\eta}_1,\boldsymbol{\eta}_3$，故 $\dim R(T)=2$, 且 $R(T)$ 的一组基为 $T(\boldsymbol{E}_{11})$, $T(\boldsymbol{E}_{21})$；

(2) 设 $\boldsymbol{X}=\begin{pmatrix} x_1 & x_2 \\ x_3 & x_4 \end{pmatrix}\in N(T)$，由 $T(\boldsymbol{X})=\begin{pmatrix} 0 & 0 \\ 0 & 0 \end{pmatrix}$ 可得

$$\begin{pmatrix} 2x_3 & -2x_1-2x_2+2x_4 \\ 2x_3 & -2x_3 \end{pmatrix}=\begin{pmatrix} 0 & 0 \\ 0 & 0 \end{pmatrix},$$

于是

$$\begin{cases} 2x_3=0, \\ -2x_1-2x_2+2x_4=0, \\ 2x_3=0, \\ -2x_3=0, \end{cases}$$

解的基础解系为 $\begin{pmatrix} -1 \\ 1 \\ 0 \\ 0 \end{pmatrix},\begin{pmatrix} 1 \\ 0 \\ 0 \\ 1 \end{pmatrix}$，于是

$$\boldsymbol{B}_1=\begin{pmatrix} -1 & 1 \\ 0 & 0 \end{pmatrix},\quad \boldsymbol{B}_2=\begin{pmatrix} 1 & 0 \\ 0 & 1 \end{pmatrix},$$

并且 $\boldsymbol{B}_1,\boldsymbol{B}_2$ 线性无关，故 $\dim N(T)=2$，且 $N(T)$ 的一组基为 $\boldsymbol{B}_1,\boldsymbol{B}_2$.

三、线性变换的运算

(1) 恒等变换 T_e：任意 $\boldsymbol{x}\in V$，有 $T_e\boldsymbol{x}=\boldsymbol{x}$；

(2) 零变换 T_0：任意 $\boldsymbol{x}\in V$，有 $T_0\boldsymbol{x}=\boldsymbol{\theta}$；

(3) 变换的相等：T_1,T_2 是 V 的两个线性变换，任意 $\boldsymbol{x}\in V$，均有 $T_1\boldsymbol{x}=T_2\boldsymbol{x}$，则称 $T_1=T_2$；

(4) 线性变换的和 T_1+T_2：任意 $\boldsymbol{x}\in V$，有 $(T_1+T_2)\boldsymbol{x}=T_1\boldsymbol{x}+T_2\boldsymbol{x}$；

(5) 线性变换的数乘 KT：任意 $\boldsymbol{x}\in V$，有 $(kT)\boldsymbol{x}=k(T\boldsymbol{x})$，负变换 $(-T)\boldsymbol{x}=-(T\boldsymbol{x})$；

(6) 线性变换的乘积 T_1T_2：任意 $\boldsymbol{x}\in V$，有 $(T_1T_2)\boldsymbol{x}=T_1(T_2\boldsymbol{x})$；

(7) 逆变换 T^{-1}：任意 $\boldsymbol{x}\in V$，若存在线性变换 S 使得 $(ST)\boldsymbol{x}\equiv\boldsymbol{x}$，则称 S 为 T 的**逆变换**，记为 $S=T^{-1}$；

(8) 线性变换的多项式：

设 n 是正整数，T 是线性空间 V 的一个线性变换. 定义 T 的 n 次幂为

$$T^n=T^{n-1}T\quad (n=2,3,\cdots),$$

并规定 T 的零次幂为

$$T^0=T_e.$$

设 $f(t)=\sum_{i=0}^{n}a_it^i$ 是 t 的 n 次多项式，则 $f(T)=\sum_{i=0}^{n}a_iT^i$ 也是 V 的一个线性变换，称其为**线性变换 T 的多项式**.

需要说明的是：

(1) T_e 也称为单位变换；

(2) 和矩阵的乘积一样，线性变换的乘积不满足交换律；

(3) 不是所有的变换都具有逆变换，只有满秩变换才有逆变换，$ST=T_e$；

(4) 恒等变换、零变换、线性变换的和、乘积多项式及逆变换(若存在)均为线性变换.

四、线性变换的矩阵表示

我们前面已经把线性空间中的元素用坐标表示，这里我们还要将线性变换用矩阵表示，使线性变换与数产生关系，从而可将抽象的线性变换转化为具体的矩阵来处理.

设 T 是线性空间 V^n 的一个线性变换，且 $\boldsymbol{x}_1,\boldsymbol{x}_2,\cdots,\boldsymbol{x}_n$ 是 V^n 的一个基，任意 $\boldsymbol{x}\in V^n$，存在唯一的坐标表示

$$\boldsymbol{x}=(\boldsymbol{x}_1,\boldsymbol{x}_2,\cdots,\boldsymbol{x}_n)\begin{pmatrix}\xi_1\\ \xi_2\\ \vdots\\ \xi_n\end{pmatrix}=\xi_1\boldsymbol{x}_1+\xi_2\boldsymbol{x}_2+\cdots+\xi_n\boldsymbol{x}_n,$$

$$T\boldsymbol{x}=T(\xi_1\boldsymbol{x}_1+\xi_2\boldsymbol{x}_2+\cdots+\xi_n\boldsymbol{x}_n)=(T\boldsymbol{x}_1,T\boldsymbol{x}_2,\cdots,T\boldsymbol{x}_n)\begin{pmatrix}\xi_1\\ \xi_2\\ \vdots\\ \xi_n\end{pmatrix}$$

$$=\left[T(\boldsymbol{x}_1,\boldsymbol{x}_2,\cdots,\boldsymbol{x}_n)\right]\begin{pmatrix}\xi_1\\ \xi_2\\ \vdots\\ \xi_n\end{pmatrix}.$$

因此，要确定线性变换 T，只需确定基元素在该变换下的象就可以了. 因为基象组仍属于 V^n，故可设

$$Tx_i=(x_1,x_2,\cdots,x_n)\begin{pmatrix}a_{1i}\\a_{2i}\\\vdots\\a_{ni}\end{pmatrix}(i=1,2,\cdots,n),$$

则

$$T(x_1,x_2,\cdots,x_n)=(x_1,x_2,\cdots,x_n)\begin{pmatrix}a_{11}&a_{12}&\cdots&a_{1n}\\a_{21}&a_{22}&\cdots&a_{2n}\\\vdots&\vdots&&\vdots\\a_{n1}&a_{n2}&\cdots&a_{nn}\end{pmatrix}=(x_1,x_2,\cdots,x_n)A.$$

我们把 A 称为 T 在 V^n 的基 $x_1,x_2,\cdots,x_n$ 下的**矩阵**.

当 V^n 的基 $x_1,x_2,\cdots,x_n$ 和线性变换 T 给定时，矩阵 A 是唯一的，并且容易得到单位变换在任何基下的矩阵是单位矩阵，零变换在任何基下的矩阵是零矩阵.

例 2　在 $\mathbf{R}^{2\times2}$ 中，给定矩阵 $A=\begin{pmatrix}0&1\\3&0\end{pmatrix}$，线性变换

$$T(X)=XA\quad(\forall X\in\mathbf{R}^{2\times2}).$$

求线性变换 T 的基（Ⅰ）$E_{11}=\begin{pmatrix}1&0\\0&0\end{pmatrix},E_{12}=\begin{pmatrix}0&1\\0&0\end{pmatrix},E_{21}=\begin{pmatrix}0&0\\1&0\end{pmatrix},E_{22}=\begin{pmatrix}0&0\\0&1\end{pmatrix}$和基（Ⅱ）$D_1=\begin{pmatrix}1&1\\1&1\end{pmatrix},D_2=\begin{pmatrix}1&1\\1&0\end{pmatrix},D_3=\begin{pmatrix}1&1\\0&0\end{pmatrix},D_4=\begin{pmatrix}1&0\\0&0\end{pmatrix}$所对应的矩阵.

解　在基（Ⅰ）下

$$T(E_{11})=E_{11}A=\begin{pmatrix}0&1\\0&0\end{pmatrix},\quad T(E_{12})=E_{12}A=\begin{pmatrix}3&0\\0&0\end{pmatrix},$$

$$T(E_{21})=E_{21}A=\begin{pmatrix}0&0\\1&0\end{pmatrix},\quad T(E_{22})=E_{22}A=\begin{pmatrix}0&0\\3&0\end{pmatrix},$$

T 在基（Ⅰ）的矩阵为

$$A_1=\begin{pmatrix}0&3&0&0\\1&0&0&0\\0&0&0&3\\0&0&1&0\end{pmatrix};$$

在基(Ⅱ)下

$$T(\boldsymbol{D}_1)=\boldsymbol{D}_1\boldsymbol{A}=\begin{pmatrix}3&1\\3&1\end{pmatrix}=1\boldsymbol{D}_1+2\boldsymbol{D}_2-2\boldsymbol{D}_3+2\boldsymbol{D}_4,$$

$$T(\boldsymbol{D}_2)=\boldsymbol{D}_2\boldsymbol{A}=\begin{pmatrix}3&1\\0&1\end{pmatrix}=1\boldsymbol{D}_1-1\boldsymbol{D}_2+1\boldsymbol{D}_3+2\boldsymbol{D}_4,$$

$$T(\boldsymbol{D}_3)=\boldsymbol{D}_3\boldsymbol{A}=\begin{pmatrix}3&1\\0&0\end{pmatrix}=0\boldsymbol{D}_1+0\boldsymbol{D}_2+1\boldsymbol{D}_3+2\boldsymbol{D}_4,$$

$$T(\boldsymbol{D}_4)=\boldsymbol{D}_4\boldsymbol{A}=\begin{pmatrix}0&1\\0&0\end{pmatrix}=0\boldsymbol{D}_1+0\boldsymbol{D}_2+1\boldsymbol{D}_3-1\boldsymbol{D}_4.$$

T 在基(Ⅱ)的矩阵为

$$\boldsymbol{A}_2=\begin{pmatrix}1&1&0&0\\2&-1&0&0\\-2&1&1&1\\2&2&2&-1\end{pmatrix},$$

可见 $\boldsymbol{A}_1\neq\boldsymbol{A}_2$.

定理 3 设 $\boldsymbol{x}_1,\boldsymbol{x}_2,\cdots,\boldsymbol{x}_n$ 是 V^n 的一个基，T_1,T_2 在该基下的矩阵分别为 $\boldsymbol{A},\boldsymbol{B}$，则

(1) $(T_1+T_2)(\boldsymbol{x}_1,\boldsymbol{x}_2,\cdots,\boldsymbol{x}_n)=(\boldsymbol{x}_1,\boldsymbol{x}_2,\cdots,\boldsymbol{x}_n)(\boldsymbol{A}+\boldsymbol{B})$；

(2) $kT_1(\boldsymbol{x}_1,\boldsymbol{x}_2,\cdots,\boldsymbol{x}_n)=(\boldsymbol{x}_1,\boldsymbol{x}_2,\cdots,\boldsymbol{x}_n)(k\boldsymbol{A})$；

(3) $(T_1T_2)(\boldsymbol{x}_1,\boldsymbol{x}_2,\cdots,\boldsymbol{x}_n)=(\boldsymbol{x}_1,\boldsymbol{x}_2,\cdots,\boldsymbol{x}_n)(\boldsymbol{A}\boldsymbol{B})$；

(4) $T^{-1}(\boldsymbol{x}_1,\boldsymbol{x}_2,\cdots,\boldsymbol{x}_n)=(\boldsymbol{x}_1,\boldsymbol{x}_2,\cdots,\boldsymbol{x}_n)\boldsymbol{A}^{-1}$.

推论 1 设 $f(t)=\sum_{i=0}^{n}a_it^i$ 为纯量 t 的 n 次多项式，T 为线性空间 V^n 的一个线性变换，且在 V^n 的基 $\boldsymbol{x}_1,\boldsymbol{x}_2,\cdots,\boldsymbol{x}_n$ 下的矩阵为 $\boldsymbol{A}$，则

$$f(T)(\boldsymbol{x}_1,\boldsymbol{x}_2,\cdots,\boldsymbol{x}_n)=(\boldsymbol{x}_1,\boldsymbol{x}_2,\cdots,\boldsymbol{x}_n)f(\boldsymbol{A}),$$

其中

$$f(T)=a_0T_e+a_1T+a_2T^2+\cdots+a_nT^n,$$

$$f(\boldsymbol{A})=a_0\boldsymbol{E}+a_1\boldsymbol{A}+a_2\boldsymbol{A}^2+\cdots+a_n\boldsymbol{A}^n.$$

推论 2 设线性变换 T 在 V^n 基 $\boldsymbol{x}_1,\boldsymbol{x}_2,\cdots,\boldsymbol{x}_n$ 下的矩阵为 $\boldsymbol{A}$，元素 x 在该基下的坐标为 $(\xi_1,\xi_2,\cdots,\xi_n)^{\mathrm{T}}$，则 $T\boldsymbol{x}$ 在该基下的坐标 $(\eta_1,\eta_2,\cdots,\eta_n)^{\mathrm{T}}$ 满足

$$\begin{pmatrix}\eta_1\\\eta_2\\\vdots\\\eta_n\end{pmatrix}=A\begin{pmatrix}\xi_1\\\xi_2\\\vdots\\\xi_n\end{pmatrix}.$$

定理 4　设 T 在 V^n 的两组基 $\boldsymbol{x}_1,\boldsymbol{x}_2,\cdots,\boldsymbol{x}_n$ 及 $\boldsymbol{x}_1',\boldsymbol{x}_2',\cdots,\boldsymbol{x}_n'$ 的矩阵分别为 $\boldsymbol{A}$ 和 $\boldsymbol{B}$，且 $(\boldsymbol{x}_1',\boldsymbol{x}_2',\cdots,\boldsymbol{x}_n')=(\boldsymbol{x}_1,\boldsymbol{x}_2,\cdots,\boldsymbol{x}_n)\boldsymbol{C}$，则

$$\boldsymbol{B}=\boldsymbol{C}^{-1}\boldsymbol{A}\boldsymbol{C}.$$

证　根据假设有

$$T(\boldsymbol{x}_1,\boldsymbol{x}_2,\cdots,\boldsymbol{x}_n)=(\boldsymbol{x}_1,\boldsymbol{x}_2,\cdots,\boldsymbol{x}_n)\boldsymbol{A},$$

$$T(\boldsymbol{x}_1',\boldsymbol{x}_2',\cdots,\boldsymbol{x}_n')=(\boldsymbol{x}_1',\boldsymbol{x}_2',\cdots,\boldsymbol{x}_n')\boldsymbol{B},$$

由于

$$\begin{aligned}T(\boldsymbol{x}_1',\boldsymbol{x}_2',\cdots,\boldsymbol{x}_n')&=T(\boldsymbol{x}_1,\boldsymbol{x}_2,\cdots,\boldsymbol{x}_n)\boldsymbol{C}\\&=(\boldsymbol{x}_1,\boldsymbol{x}_2,\cdots,\boldsymbol{x}_n)\boldsymbol{A}\boldsymbol{C}=(\boldsymbol{x}_1',\boldsymbol{x}_2',\cdots,\boldsymbol{x}_n')\boldsymbol{C}^{-1}\boldsymbol{A}\boldsymbol{C},\end{aligned}$$

即 $\boldsymbol{B}=\boldsymbol{C}^{-1}\boldsymbol{A}\boldsymbol{C}$.

定义 4　设 $\boldsymbol{A}$ 和 $\boldsymbol{B}$ 为数域 K 上的两个 n 阶矩阵，如果存在 K 上的 n 阶非奇异矩阵 $\boldsymbol{P}$，使得 $\boldsymbol{B}=\boldsymbol{P}^{-1}\boldsymbol{A}\boldsymbol{P}$，则称 $\boldsymbol{A}$ **相似** $\boldsymbol{B}$，记为 $\boldsymbol{A}\sim\boldsymbol{B}$.

相似矩阵有以下三个基本性质.

反身性：$\boldsymbol{A}\sim\boldsymbol{A}$；

对称性：若 $\boldsymbol{A}\sim\boldsymbol{B}$，则 $\boldsymbol{B}\sim\boldsymbol{A}$；

传递性：若 $\boldsymbol{A}\sim\boldsymbol{B}$，$\boldsymbol{B}\sim\boldsymbol{C}$，则 $\boldsymbol{A}\sim\boldsymbol{C}$.

定理 5　n 阶方阵 $\boldsymbol{A}$ 和 $\boldsymbol{B}$ 相似的充要条件是 $\boldsymbol{A}$ 和 $\boldsymbol{B}$ 为同一线性变换在不同基下的矩阵.

证　**必要性**　已知 $\boldsymbol{A}$ 和 $\boldsymbol{B}$ 相似，即存在可逆矩阵 $\boldsymbol{P}$，使得 $\boldsymbol{B}=\boldsymbol{P}^{-1}\boldsymbol{A}\boldsymbol{P}$，选取一个基 $\boldsymbol{x}_1,\boldsymbol{x}_2,\cdots,\boldsymbol{x}_n$，定义

$$T(\boldsymbol{x}_1,\boldsymbol{x}_2,\cdots,\boldsymbol{x}_n)=(\boldsymbol{x}_1,\boldsymbol{x}_2,\cdots,\boldsymbol{x}_n)\boldsymbol{A},$$

考虑 $(\boldsymbol{x}_1',\boldsymbol{x}_2',\cdots,\boldsymbol{x}_n')=(\boldsymbol{x}_1,\boldsymbol{x}_2,\cdots,\boldsymbol{x}_n)\boldsymbol{P}$ 可作为基，且

$$\begin{aligned}T(\boldsymbol{x}_1',\boldsymbol{x}_2',\cdots,\boldsymbol{x}_n')&=T(\boldsymbol{x}_1,\boldsymbol{x}_2,\cdots,\boldsymbol{x}_n)\boldsymbol{P}\\&=(\boldsymbol{x}_1,\boldsymbol{x}_2,\cdots,\boldsymbol{x}_n)\boldsymbol{A}\boldsymbol{P}\\&=(\boldsymbol{x}_1',\boldsymbol{x}_2',\cdots,\boldsymbol{x}_n')\boldsymbol{P}^{-1}\boldsymbol{A}\boldsymbol{P}\\&=(\boldsymbol{x}_1',\boldsymbol{x}_2',\cdots,\boldsymbol{x}_n')\boldsymbol{B},\end{aligned}$$

所以 $\boldsymbol{A}$ 和 $\boldsymbol{B}$ 为同一线性变换在不同基下的矩阵.

充分性的证明由相似矩阵定义的证明给出.

五、矩阵的特征值和特征向量

定义 5 设 $\boldsymbol{A}$ 为 n 阶方阵, 如果存在数 λ 及非零向量 $\boldsymbol{x}$ 满足

$$\boldsymbol{A}\boldsymbol{x}=\lambda\boldsymbol{x},$$

则 λ 称为 $\boldsymbol{A}$ 的**特征值**, $\boldsymbol{x}$ 称为 λ 对应的**特征向量**.

上式可写成

$$(\lambda\boldsymbol{E}-\boldsymbol{A})\boldsymbol{x}=\boldsymbol{0}.$$

它是 n 个方程 n 个未知量的齐次线性方程组, 有非零解的充要条件是其系数行列式 $|\lambda\boldsymbol{E}-\boldsymbol{A}|=0$, 即

$$\begin{vmatrix} \lambda-a_{11} & a_{12} & \cdots & a_{1n} \\ a_{21} & \lambda-a_{21} & \cdots & a_{2n} \\ \vdots & \vdots & & \vdots \\ a_{n1} & a_{n2} & \cdots & \lambda-a_{nn} \end{vmatrix}=0,$$

上式左边是 λ 的 n 次多项式, 称为 $\boldsymbol{A}$ 的**特征多项式**, 记作 $\varphi(\lambda)$. 相应地, 方程 $\varphi(\lambda)=0$ 称为 $\boldsymbol{A}$ 的**特征方程**.

例 3 设 $\boldsymbol{A}=\begin{pmatrix} 1 & 2 & 2 \\ 2 & 1 & 2 \\ 2 & 2 & 1 \end{pmatrix}$, 求其特征值和特征向量.

解 特征多项式

$$|\lambda\boldsymbol{E}-\boldsymbol{A}|=\begin{vmatrix} \lambda-1 & -2 & -2 \\ -2 & \lambda-1 & -2 \\ -2 & -2 & \lambda-1 \end{vmatrix}=(\lambda+1)^2(\lambda-5),$$

特征值为 $\lambda_1=\lambda_2=-1, \lambda_3=5$.

属于特征值 $\lambda_1=\lambda_2=-1$ 的特征向量 $(-\boldsymbol{E}-\boldsymbol{A})\boldsymbol{x}=\boldsymbol{0}$,

$$\begin{pmatrix} -2 & -2 & -2 \\ -2 & -2 & -2 \\ -2 & -2 & -2 \end{pmatrix}\begin{pmatrix} \xi_1 \\ \xi_2 \\ \xi_3 \end{pmatrix}=\boldsymbol{0},$$

$$\xi_1+\xi_2+\xi_3=0,$$

$$\begin{cases}\xi_1 = \xi_1, \\ \xi_2 = \xi_2, \\ \xi_3 = -\xi_1 - \xi_2,\end{cases}$$

基础解系为 $\boldsymbol{x}_1 = (1,0,-1)^{\mathrm{T}}, \boldsymbol{x}_2 = (0,1,-1)^{\mathrm{T}}$，特征值 $\lambda_1 = \lambda_2 = -1$ 对应的全部特征向量是 $k_1\boldsymbol{x}_1 + k_2\boldsymbol{x}_2$（$k_1, k_2$ 不全为零）.

属于特征值 $\lambda_3 = 5$ 的特征向量 $(5\boldsymbol{E} - \boldsymbol{A})\boldsymbol{x} = \boldsymbol{0}$,

$$\begin{pmatrix} 4 & -2 & -2 \\ -2 & 4 & -2 \\ -2 & -2 & 4 \end{pmatrix}\begin{pmatrix}\xi_1 \\ \xi_2 \\ \xi_3\end{pmatrix} = \boldsymbol{0},$$

$$\xi_1 = \xi_2 = \xi_3,$$

基础解系为 $\boldsymbol{x}_3 = (1,1,1)^{\mathrm{T}}$，特征值 $\lambda_3 = 5$ 对应的全部特征向量是 $k_3\boldsymbol{x}_3$ $(k_3 \neq 0)$.

六、线性变换的特征值和特征向量

定义 6　设 T 是数域 K 上的线性空间 V^n 的线性变换，且对 K 中的某一数 λ_0，存在非零向量 $\boldsymbol{x} \in V^n$，使得

$$T\boldsymbol{x} = \lambda_0 \boldsymbol{x}$$

成立，则称 λ_0 为 T 的**特性值**，$\boldsymbol{x}$ 为 T 的属于 λ_0 的**特性向量**.

由线性变换的定义知，若 $\boldsymbol{x}$ 为 T 的属于特征值 λ_0 的特征向量，当 $k \neq 0$ 时，$k\boldsymbol{x}$ 也是属于 λ_0 的特征向量. 因此，特征向量不是被特征值唯一确定，但是特征值却被特征向量唯一确定.

设线性空间 V^n 的基为 $\boldsymbol{x}_1, \boldsymbol{x}_2, \cdots, \boldsymbol{x}_n$，线性变换 T 在该基下的矩阵为 $\boldsymbol{A} = (a_{ij})_{n\times n}$，$T$ 的特征值为 λ_0，对应的特征向量为 $\boldsymbol{x} = \xi_1\boldsymbol{x}_1 + \xi_2\boldsymbol{x}_2 + \cdots + \xi_n\boldsymbol{x}_n$，从而得 $\boldsymbol{x}$ 的坐标为 $\boldsymbol{\beta} = (\xi_1, \xi_2, \cdots, \xi_n)^{\mathrm{T}}$，$T\boldsymbol{x}$ 的坐标为 $\boldsymbol{A\beta}$，$\lambda_0\boldsymbol{x}$ 的坐标为 $\lambda_0\boldsymbol{\beta}$. 因为 $T\boldsymbol{x} = \lambda_0\boldsymbol{x} \Leftrightarrow \boldsymbol{A\beta} = \lambda_0\boldsymbol{\beta}$，所以 T 的特征值与 $\boldsymbol{A}$ 的特征值相同，T 对于特征值 λ_0 的特征向量的坐标就是 $\boldsymbol{A}$ 的对应于 λ_0 的特征向量.

例 4　设 $\boldsymbol{D} = \begin{pmatrix} 1 & 1 \\ 0 & 1 \end{pmatrix}$，线性空间 $V = \left\{\boldsymbol{X} = (x_{ij})_{2\times 2} \middle| x_{11} + x_{22} = 0, x_{ij} \in \mathbf{R}\right\}$，线性变换 $T\boldsymbol{X} = \boldsymbol{D}^{\mathrm{T}}\boldsymbol{X} - \boldsymbol{X}^{\mathrm{T}}\boldsymbol{D}\left(\forall \boldsymbol{X} \in V\right)$，求 T 的特征值和特征向量.

解　对于任意 $\boldsymbol{X} \in V$，有

$$\boldsymbol{X}=\begin{pmatrix}x_{11}&x_{12}\\x_{21}&-x_{11}\end{pmatrix}=\begin{pmatrix}x_{11}&0\\0&-x_{11}\end{pmatrix}+\begin{pmatrix}0&x_{12}\\0&0\end{pmatrix}+\begin{pmatrix}0&0\\x_{21}&0\end{pmatrix}$$

$$=x_{11}\begin{pmatrix}1&0\\0&-1\end{pmatrix}+x_{12}\begin{pmatrix}0&1\\0&0\end{pmatrix}+x_{21}\begin{pmatrix}0&0\\1&0\end{pmatrix},$$

从而可得 V 的一组基为

$$\boldsymbol{X}_1=\begin{pmatrix}1&0\\0&-1\end{pmatrix},\quad \boldsymbol{X}_2=\begin{pmatrix}0&1\\0&0\end{pmatrix},\quad \boldsymbol{X}_3=\begin{pmatrix}0&0\\1&0\end{pmatrix},$$

由公式得

$$T\boldsymbol{X}_1=\begin{pmatrix}0&-1\\1&0\end{pmatrix},\quad T\boldsymbol{X}_2=\begin{pmatrix}0&1\\-1&0\end{pmatrix},\quad T\boldsymbol{X}_3=\begin{pmatrix}0&-1\\1&0\end{pmatrix},$$

故 T 在基下的矩阵为

$$\boldsymbol{A}=\begin{pmatrix}0&0&0\\-1&1&-1\\1&-1&1\end{pmatrix}.$$

$\boldsymbol{A}$ 的特征值和特征向量

$$\lambda_1=\lambda_2=0,\quad \boldsymbol{\alpha}_1=\begin{pmatrix}1\\1\\0\end{pmatrix},\quad \boldsymbol{\alpha}_2=\begin{pmatrix}0\\1\\1\end{pmatrix};\quad \lambda_3=2,\quad \boldsymbol{\alpha}_3=\begin{pmatrix}0\\1\\-1\end{pmatrix},$$

T 的特征值和特征向量

$$\lambda_1=\lambda_2=0,\quad \boldsymbol{Y}_1=(\boldsymbol{X}_1,\boldsymbol{X}_2,\boldsymbol{X}_3)\boldsymbol{\alpha}_1=\begin{pmatrix}1&1\\0&-1\end{pmatrix},$$

$$\boldsymbol{Y}_2=(\boldsymbol{X}_1,\boldsymbol{X}_2,\boldsymbol{X}_3)\boldsymbol{\alpha}_2=\begin{pmatrix}0&1\\1&0\end{pmatrix},$$

$$\lambda_3=2,\quad \boldsymbol{Y}_3=(\boldsymbol{X}_1,\boldsymbol{X}_2,\boldsymbol{X}_3)\boldsymbol{\alpha}_3=\begin{pmatrix}0&1\\-1&0\end{pmatrix}.$$

例 5 设 T 是线性空间 V^n 的线性变换，λ_0 是 T 的一个特征值，则

$$V_{\lambda_0}=\left\{\boldsymbol{x}\,\middle|\,T\boldsymbol{x}=\lambda_0\boldsymbol{x},\boldsymbol{x}\in V^n\right\}$$

是 V^n 的一个线性子空间.

证　因为$\boldsymbol{\theta} \in V, T\boldsymbol{\theta} = \lambda_0 \boldsymbol{\theta}$，所以$\boldsymbol{\theta} \in V_{\lambda_0}$，即$V_{\lambda_0}$非空.

设任意$\boldsymbol{x}, \boldsymbol{y} \in V_{\lambda_0}, k \in K$，有

$$T(\boldsymbol{x}+\boldsymbol{y}) = T\boldsymbol{x} + T\boldsymbol{y} = \lambda_0 \boldsymbol{x} + \lambda_0 \boldsymbol{y} = \lambda_0 (\boldsymbol{x}+\boldsymbol{y}),$$

$$T(k\,\boldsymbol{x}) = kT\boldsymbol{x} = k(\lambda_0 \boldsymbol{x}) = \lambda_0 (k\,\boldsymbol{x}),$$

即V_{λ_0}对于线性运算是封闭的，从而V_{λ_0}是V^n的一个线性子空间.

定义 7　设T是线性空间V^n的线性变换，λ_0是T的一个特征值，称V^n的子空间V_{λ_0}为T的属于λ_0的**特征子空间.**

由行列式的展开法则可得n阶矩阵$\boldsymbol{A} = (a_{ij})_{n\times n}$的特征多项式

$$\varphi(\lambda) = \det(\lambda \boldsymbol{E} - \boldsymbol{A}) = \lambda^n - (a_{11} + a_{22} + \cdots + a_{nn})\lambda^{n-1} + \cdots + (-1)^n \det \boldsymbol{A},$$

如果$\boldsymbol{A}$有n个特征值$\lambda_1, \lambda_2, \cdots, \lambda_n$，则由上式知

$$\sum_{i=1}^{n} \lambda_i = \sum_{i=1}^{n} a_{ii}, \quad \lambda_1 \lambda_2 \cdots \lambda_n = \det \boldsymbol{A},$$

引入记号

$$\mathrm{tr}\boldsymbol{A} = \sum_{i=1}^{n} a_{ii}$$

称为矩阵$\boldsymbol{A}$的**迹**.

定理 6　设$\boldsymbol{A}, \boldsymbol{B}$分别为$m\times n$和$n\times m$矩阵，则$\mathrm{tr}(\boldsymbol{AB}) = \mathrm{tr}(\boldsymbol{BA})$.

定理 7　若$\boldsymbol{A}$相似于$\boldsymbol{B}$，则$\mathrm{tr}\boldsymbol{A} = \mathrm{tr}\boldsymbol{B}$.

定理 8 (Schur 引理)　任意$\boldsymbol{A} = (a_{ij})_{n\times n} \in \mathbf{C}^{n\times n}$相似于上三角矩阵，即存在满秩矩阵$\boldsymbol{P}$，使$\boldsymbol{P}^{-1}\boldsymbol{AP}$为上三角矩阵，其主对角上的元素都是$\boldsymbol{A}$的特征值.

证　(归纳法)　当$n=1$时结论成立.

假设对$n-1$阶矩阵结论成立，取$\boldsymbol{A}$一个特征值λ_1(必存在)及属于λ_1的特征向量$\boldsymbol{x}_1$，作满秩矩阵$\boldsymbol{P}_1 = (\boldsymbol{x}_1, \cdots)$(即$\boldsymbol{x}_1$为$\boldsymbol{P}_1$的第一列向量)，从而有$\boldsymbol{AP}_1 = (\boldsymbol{Ax}_1, \cdots) = (\lambda_1 \boldsymbol{x}_1, \cdots)$，进而有

$$\boldsymbol{P}_1^{-1}\boldsymbol{Ax}_1 = \boldsymbol{P}_1^{-1}(\lambda_1 \boldsymbol{x}_1) = \lambda_1 \boldsymbol{P}_1^{-1}\boldsymbol{x}_1 = \lambda_1 \begin{pmatrix} 1 \\ 0 \\ \vdots \\ 0 \end{pmatrix},$$

故有

$$\boldsymbol{P}_1^{-1}\boldsymbol{AP}_1 = (\boldsymbol{P}_1^{-1}\boldsymbol{Ax}_1, \cdots) = \begin{pmatrix} \lambda_1 & * \\ 0 & \boldsymbol{A}_1 \end{pmatrix},$$

其中，A_1 为 $n-1$ 阶矩阵，由假设存在 $n-1$ 阶可逆阵 Q_1，使得 $Q_1^{-1}A_1Q_1$ 为上三角矩阵，即

$$Q_1^{-1}A_1Q_1=\begin{pmatrix}\lambda_2 & & *\\ & \ddots & \\ \mathbf{0} & & \lambda_n\end{pmatrix},$$

令 $P_2=\begin{pmatrix}1 & \mathbf{0}\\ \mathbf{0} & Q_1\end{pmatrix}$，显然 $P_2^{-1}=\begin{pmatrix}1 & \mathbf{0}\\ \mathbf{0} & Q_1^{-1}\end{pmatrix}$，令 $P=P_1P_2$，则 $P^{-1}=P_2^{-1}P_1^{-1}$，故

$$P^{-1}AP=\begin{pmatrix}1 & \mathbf{0}\\ \mathbf{0} & Q_1^{-1}\end{pmatrix}\begin{pmatrix}\lambda_1 & *\\ \mathbf{0} & A_1\end{pmatrix}\begin{pmatrix}1 & \mathbf{0}\\ \mathbf{0} & Q_1\end{pmatrix}=\begin{pmatrix}\lambda_1 & *'\\ \mathbf{0} & Q_1^{-1}AQ_1\end{pmatrix}$$

$$=\begin{pmatrix}\lambda_1 & & & *'\\ & \lambda_2 & & \\ & & \ddots & \\ \mathbf{0} & & & \lambda_n\end{pmatrix},$$

故结论成立.

定理 9 (Hamilton-Cayley)　设 $A=(a_{ij})_{n\times n}\in \mathbf{C}^{n\times n}$，其特征多项式为 $\varphi(\lambda)=|\lambda E-A|$，则必有 $\varphi(A)=O_{n\times n}$.

证　(由 Schur 引理可直接证明)设

$$\varphi(\lambda)=(\lambda-\lambda_1)(\lambda-\lambda_2)\cdots(\lambda-\lambda_n),P^{-1}AP=\begin{pmatrix}\lambda_1 & & & *'\\ & \lambda_2 & & \\ 0 & & \ddots & \\ & & & \lambda_n\end{pmatrix},$$

直接验算，有

$$\varphi(P^{-1}AP)=P^{-1}\varphi(A)P=(P^{-1}AP-\lambda_1E)\cdots(P^{-1}AP-\lambda_nE)=O_{n\times n},$$

故 $\varphi(A)=O_{n\times n}$.

例 6　设 $A=\begin{pmatrix}-1 & 1 & 0\\ -4 & 3 & 0\\ 1 & 0 & 2\end{pmatrix}$，试计算 $A^7-A^5-19A^4+28A^3+6A-4E$.

解　$\varphi(\lambda)=|\lambda E-A|=\lambda^3-4\lambda^2+5\lambda-2$，令

$$g(\lambda)=\lambda^7-\lambda^5-19\lambda^4+28\lambda^3+6\lambda-4,$$

由多项式除法，$g(\lambda)=\varphi(\lambda)h(\lambda)-3\lambda^2+22\lambda-8$，所以

$$g(A)=\varphi(A)h(A)-3A^2+22A-8E=-3A^2+22A-8E$$

$$=\begin{pmatrix} -21 & 16 & 0 \\ -64 & 43 & 0 \\ 19 & -3 & 24 \end{pmatrix}.$$

由 Hamilton-Cayley 定理知，任意 $\boldsymbol{A}=(a_{ij})_{n\times n}\in \mathbf{C}^{n\times n}$，必存在使其零化的多项式，由此我们有以下定义.

定义 8　首项系数为1，次数最小，且以矩阵 $\boldsymbol{A}$ 为根的 λ 的多项式，称为 $\boldsymbol{A}$ 的**最小多项式**，记为 $m(\lambda)$.

若 $f(\lambda)=1$，则 $f(\boldsymbol{A})=\boldsymbol{E}\neq\boldsymbol{O}$，所以 $m(\lambda)$ 的次数要大于或者等于1，又有 $\varphi(\lambda)=|\lambda\boldsymbol{E}-\boldsymbol{A}|$，由定理 9 知 $\varphi(\boldsymbol{A})=\boldsymbol{O}$，所以 $m(\lambda)$ 的次数要小于或者等于 n.

定理 10　若多项式 $f(\lambda)$ 满足 $f(\boldsymbol{A})=\boldsymbol{O}$，则 $m(\lambda)$ 整除 $f(\lambda)$，且 $m(\lambda)$ 是唯一的.

证　反证法. 假设 $m(\lambda)$ 不能整除 $f(\lambda)$，则

$$f(\lambda)=m(\lambda)g(\lambda)+r(\lambda),\quad r(\lambda)\neq 0,$$

其中 $r(\lambda)$ 的次数小于 $m(\lambda)$ 的次数，于是有

$$f(\boldsymbol{A})=m(\boldsymbol{A})g(\boldsymbol{A})+r(\boldsymbol{A}),$$

由条件知 $r(\boldsymbol{A})=0$，这与 $m(\lambda)$ 是 $\boldsymbol{A}$ 的最小多项式相矛盾.

设 $m(\lambda)$ 和 $\widetilde{m}(\lambda)$ 都是 $\boldsymbol{A}$ 的最小多项式，则 $m(\lambda)$ 和 $\widetilde{m}(\lambda)$ 可以互相整除，又因为它们的首项系数都为1，所以 $m(\lambda)=\widetilde{m}(\lambda)$.

定理 11　矩阵 $\boldsymbol{A}$ 的最小多项式 $m(\lambda)$ 与其特征多项式 $\varphi(\lambda)$ 的零点相同(不计重数).

证　由定理 9 和定理 10 知 $m(\lambda)$ 的零点是 $\varphi(\lambda)$ 的零点，再设 λ_0 是 $\varphi(\lambda)$ 的零点，则有

$$\boldsymbol{A}\boldsymbol{x}=\lambda_0\boldsymbol{x}\ (\boldsymbol{x}\neq\boldsymbol{0})\quad \text{或}\quad m(\boldsymbol{A})\boldsymbol{x}=m(\lambda_0)\boldsymbol{x},$$

因为 $m(\boldsymbol{A})=\boldsymbol{O}$，所以 $m(\lambda_0)\boldsymbol{x}=\boldsymbol{0}$，从而 $m(\lambda_0)=\boldsymbol{0}$. 故 λ_0 是 $m(\lambda)$ 的一个零点.

由定理 11 知，$m(\lambda)$ 一定含 $\varphi(\lambda)$ 的全部单因式，但 $m(\lambda)$ 不一定是 $\varphi(\lambda)$ 的全部单因式的乘积.

例 7　求矩阵 $\boldsymbol{A}=\begin{pmatrix} 7 & 4 & -1 \\ 4 & 7 & -1 \\ -4 & -4 & 4 \end{pmatrix}$ 的最小多项式.

解　$\varphi(\lambda)=|\lambda\boldsymbol{E}-\boldsymbol{A}|=(\lambda-3)^2(\lambda-12)$，由定理 11 知 $m(\lambda)=\varphi(\lambda)$ 或者 $m(\lambda)=(\lambda-3)(\lambda-12)$，经验证 $(\boldsymbol{A}-3\boldsymbol{E})(\boldsymbol{A}-12\boldsymbol{E})=\boldsymbol{O}$，所以

$$m(\lambda)=(\lambda-3)(\lambda-12).$$

七、对角矩阵

定义 9 若n阶方阵$\boldsymbol{A}$相似于一个对角阵，则称$\boldsymbol{A}$为**可对角化矩阵**.

对角矩阵是比较简单的一类矩阵，它们的和、乘积及逆(若存在)仍是对角矩阵，其对角线上的元素即为它的特征值.

定理 12 在线性空间V^n中，线性变换T在某组基下的矩阵为对角矩阵的充要条件是T有n个线性无关的特征向量.

证 **必要性** 设V^n的基为$\boldsymbol{x}_1,\boldsymbol{x}_2,\cdots,\boldsymbol{x}_n$，且

$$T(\boldsymbol{x}_1,\boldsymbol{x}_2,\cdots,\boldsymbol{x}_n)=(\boldsymbol{x}_1,\boldsymbol{x}_2,\cdots,\boldsymbol{x}_n)\boldsymbol{\Lambda},$$

其中$\boldsymbol{\Lambda}=\mathrm{diag}(\lambda_1,\lambda_2,\cdots,\lambda_n)$，则有

$$(T\boldsymbol{x}_1,T\boldsymbol{x}_2,\cdots,T\boldsymbol{x}_n)=(\boldsymbol{x}_1,\boldsymbol{x}_2,\cdots,\boldsymbol{x}_n)\begin{pmatrix}\lambda_1&&&\\&\lambda_2&&\\&&\ddots&\\&&&\lambda_n\end{pmatrix}=(\lambda_1\boldsymbol{x}_1,\lambda_2\boldsymbol{x}_2,\cdots,\lambda_n\boldsymbol{x}_n),$$

因此

$$T\boldsymbol{x}_j=\lambda_j\boldsymbol{x}_j\quad(j=1,2,\cdots,n),$$

$\boldsymbol{x}_1,\boldsymbol{x}_2,\cdots,\boldsymbol{x}_n$是$T$的$n$个线性无关的特征向量.

充分性 设T有n个线性无关的特征向量$\boldsymbol{y}_1,\boldsymbol{y}_2,\cdots,\boldsymbol{y}_n$，即

$$T\boldsymbol{y}_j=\lambda_j\boldsymbol{y}_j\quad(j=1,2,\cdots,n),$$

取$\boldsymbol{y}_1,\boldsymbol{y}_2,\cdots,\boldsymbol{y}_n$为$V^n$的基，则有

$$\begin{aligned}T(\boldsymbol{y}_1,\boldsymbol{y}_2,\cdots,\boldsymbol{y}_n)&=(T\boldsymbol{y}_1,T\boldsymbol{y}_2,\cdots,T\boldsymbol{y}_n)=(\lambda_1\boldsymbol{y}_1,\lambda_2\boldsymbol{y}_2,\cdots,\lambda_n\boldsymbol{y}_n)\\&=(\boldsymbol{y}_1,\boldsymbol{y}_2,\cdots,\boldsymbol{y}_n)\begin{pmatrix}\lambda_1&&&\\&\lambda_2&&\\&&\ddots&\\&&&\lambda_n\end{pmatrix}.\end{aligned}$$

定理 13 设$\boldsymbol{A}=(a_{ij})_{n\times n}\in\mathbf{C}^{n\times n}$，则$\boldsymbol{A}$可对角化的充要条件是$\boldsymbol{A}$有$n$个线性无关的特征向量.

证 设存在可逆矩阵$\boldsymbol{P}$，使得

$$\boldsymbol{P}^{-1}\boldsymbol{A}\boldsymbol{P}=\mathrm{diag}(\delta_1,\delta_2,\cdots,\delta_n),$$

令 $\boldsymbol{P}=(\boldsymbol{\eta}_1,\boldsymbol{\eta}_2,\cdots,\boldsymbol{\eta}_n)$，故上式可写成

$$\boldsymbol{A}(\boldsymbol{\eta}_1,\boldsymbol{\eta}_2,\cdots,\boldsymbol{\eta}_n)=(\boldsymbol{\eta}_1,\boldsymbol{\eta}_2,\cdots,\boldsymbol{\eta}_n)\begin{pmatrix}\delta_1 & & & \\ & \delta_2 & & \\ & & \ddots & \\ & & & \delta_n\end{pmatrix},$$

即 $\boldsymbol{A}\boldsymbol{\eta}_i=\delta_i\boldsymbol{\eta}_i(i=1,2,\cdots,n)$，这说明 $\boldsymbol{\eta}_i$ 是 $\boldsymbol{A}$ 的属于 δ_i 的特征向量，而 $\boldsymbol{P}$ 可逆，故 $\boldsymbol{\eta}_1,\boldsymbol{\eta}_2,\cdots,\boldsymbol{\eta}_n$ 线性无关，反之亦然.

推论 3　若 n 阶方阵 $\boldsymbol{A}$ 恰有 n 个互异特征值，则它必可对角化，反之不然.

计算可对角化矩阵 $\boldsymbol{A}$ 的高次 $\boldsymbol{A}^k$（k 较大时），可利用其特征值将其简化.

例 8　设 $\boldsymbol{A}=\begin{pmatrix}2 & 1\\ 2 & 3\end{pmatrix}$，求 $\boldsymbol{A}^{100}$.

解　$|\lambda\boldsymbol{E}-\boldsymbol{A}|=\begin{vmatrix}\lambda-2 & -1\\ -2 & \lambda-3\end{vmatrix}=(\lambda-1)(\lambda-4)$，则 $\boldsymbol{A}$ 的特征值 $\lambda=1,\lambda=4$，相应于 $\lambda=1,\lambda=4$ 的特征向量，取 $\boldsymbol{\eta}_1=(1,-1)^{\mathrm{T}},\boldsymbol{\eta}_2=(1,2)^{\mathrm{T}}$，令

$$\boldsymbol{P}=(\boldsymbol{\eta}_1,\boldsymbol{\eta}_2)=\begin{pmatrix}1 & 1\\ -1 & 2\end{pmatrix},$$

故有 $\boldsymbol{P}^{-1}\boldsymbol{A}\boldsymbol{P}=\begin{pmatrix}1 & 0\\ 0 & 4\end{pmatrix}$，所以

$$\boldsymbol{A}^{100}=\left(\boldsymbol{P}\begin{pmatrix}1 & 0\\ 0 & 4\end{pmatrix}\boldsymbol{P}^{-1}\right)^{100}=\boldsymbol{P}\begin{pmatrix}1 & 0\\ 0 & 4^{100}\end{pmatrix}\boldsymbol{P}^{-1}$$

$$=\begin{pmatrix}1 & 1\\ -1 & 2\end{pmatrix}\begin{pmatrix}1 & 0\\ 0 & 4^{100}\end{pmatrix}\begin{pmatrix}\dfrac{2}{3} & -\dfrac{1}{3}\\ \dfrac{1}{3} & \dfrac{1}{3}\end{pmatrix}=\begin{pmatrix}\dfrac{2+4^{100}}{3} & \dfrac{-1+4^{100}}{3}\\ \dfrac{-2+2\times4^{100}}{3} & \dfrac{1+2\times4^{100}}{3}\end{pmatrix}.$$

例 9　设矩阵空间 $\mathbf{R}^{2\times2}$ 的子空间为

$$V=\{\boldsymbol{X}=(x_{ij})_{2\times2}\mid x_{11}+x_{12}+x_{21}=0,x_{ij}\in\mathbf{R}\},$$

V 中的线性变换为 $T(\boldsymbol{X})=\boldsymbol{X}+\boldsymbol{X}^{\mathrm{T}}\,(\forall\boldsymbol{X}\in V)$，求 V 的一个基，使 T 在该基下的矩阵为对角矩阵.

解　先求 V 的基，任意 $\boldsymbol{X}\in V$，有

$$\boldsymbol{X}=\begin{pmatrix}-x_{12}-x_{21} & x_{12}\\ x_{21} & x_{22}\end{pmatrix}=\begin{pmatrix}-x_{12} & x_{12}\\ 0 & 0\end{pmatrix}+\begin{pmatrix}-x_{21} & 0\\ x_{21} & 0\end{pmatrix}+\begin{pmatrix}0 & 0\\ 0 & x_{22}\end{pmatrix}$$

$$=x_{12}\begin{pmatrix}-1 & 1\\ 0 & 0\end{pmatrix}+x_{21}\begin{pmatrix}-1 & 0\\ 1 & 0\end{pmatrix}+x_{22}\begin{pmatrix}0 & 0\\ 0 & 1\end{pmatrix}.$$

容易验证 $\boldsymbol{X}_1=\begin{pmatrix}-1 & 1\\ 0 & 0\end{pmatrix},\boldsymbol{X}_2=\begin{pmatrix}-1 & 0\\ 1 & 0\end{pmatrix},\boldsymbol{X}_3=\begin{pmatrix}0 & 0\\ 0 & 1\end{pmatrix}$ 线性无关，故 $\boldsymbol{X}_1,\boldsymbol{X}_2,\boldsymbol{X}_3$ 是 V 的基.

由线性变换的定义可得

$$T(\boldsymbol{X}_1)=\boldsymbol{X}_1+\boldsymbol{X}_1^{\mathrm{T}}=\begin{pmatrix}-2 & 1\\ 1 & 0\end{pmatrix}=1\boldsymbol{X}_1+1\boldsymbol{X}_2+0\boldsymbol{X}_3,$$

$$T(\boldsymbol{X}_2)=\boldsymbol{X}_2+\boldsymbol{X}_2^{\mathrm{T}}=\begin{pmatrix}-2 & 1\\ 1 & 0\end{pmatrix}=1\boldsymbol{X}_1+1\boldsymbol{X}_2+0\boldsymbol{X}_3,$$

$$T(\boldsymbol{X}_3)=\boldsymbol{X}_3+\boldsymbol{X}_3^{\mathrm{T}}=\begin{pmatrix}0 & 0\\ 0 & 2\end{pmatrix}=0\boldsymbol{X}_1+0\boldsymbol{X}_2+2\boldsymbol{X}_3,$$

T 在基 $\boldsymbol{X}_1,\boldsymbol{X}_2,\boldsymbol{X}_3$ 下的矩阵为

$$\boldsymbol{A}=\begin{pmatrix}1 & 1 & 0\\ 1 & 1 & 0\\ 0 & 0 & 2\end{pmatrix},$$

求 $\boldsymbol{P}$ 使得

$$\boldsymbol{P}^{-1}\boldsymbol{A}\boldsymbol{P}=\boldsymbol{\Lambda},\quad \boldsymbol{\Lambda}=\begin{pmatrix}0 & & \\ & 0 & \\ & & 2\end{pmatrix},\quad \boldsymbol{P}=\begin{pmatrix}1 & 1 & 0\\ -1 & 1 & 0\\ 0 & 0 & 1\end{pmatrix},$$

由 $(\boldsymbol{Y}_1,\boldsymbol{Y}_2,\boldsymbol{Y}_3)=(\boldsymbol{X}_1,\boldsymbol{X}_2,\boldsymbol{X}_3)\boldsymbol{P}$ 求得

$$\boldsymbol{Y}_1=\begin{pmatrix}0 & 1\\ -1 & 0\end{pmatrix},\quad \boldsymbol{Y}_2=\begin{pmatrix}-2 & 1\\ 1 & 0\end{pmatrix},\quad \boldsymbol{Y}_3=\begin{pmatrix}0 & 0\\ 0 & 1\end{pmatrix},$$

T 在基 $\boldsymbol{Y}_1,\boldsymbol{Y}_2,\boldsymbol{Y}_3$ 下的矩阵为 $\boldsymbol{\Lambda}$.

八、不变子空间

定义 10 设 T 是线性空间 V 的线性变换，V_1 是 V 的一个子空间，如果对于任意 $\boldsymbol{x}\in V_1$，都有 $T\boldsymbol{x}\in V_1$，则称 V_1 是 T 的**不变子空间**.

显然，整个线性空间 V 和 $\{\boldsymbol{0}\}$ 是 V 上所有线性变换 T 的不变子空间，称 V 和

$\{\mathbf{0}\}$ 为 T 的**平凡不变子空间**，其他不变子空间称为 T 的**非平凡不变子空间**.

例 10　线性空间 V 上线性变换 T 的特征子空间 $V_{\lambda_0}=\{\boldsymbol{x}\,|\,T\boldsymbol{x}=\lambda_0\boldsymbol{x},\boldsymbol{x}\in V\}$ 是 T 的不变子空间.

证　任意 $\boldsymbol{x}\in V_{\lambda_0}$，都有 $T\boldsymbol{x}=\lambda_0\boldsymbol{x}\in V_{\lambda_0}$.

例 11　线性空间 V 上线性变换 T 的值域 $R(T)$ 和核 $N(T)$ 都是 T 的不变子空间.

证　任意 $\boldsymbol{x}\in R(T)$，都有 $T\boldsymbol{x}\in R(T)$，任意 $\boldsymbol{x}\in N(T)$，都有 $T\boldsymbol{x}=\mathbf{0}\in N(T)$.

例 12　若 V_1 与 V_2 是 T 的不变子空间，则 $V_1\cap V_2,V_1+V_2$ 也是 T 的不变子空间.

证　任意 $\boldsymbol{x}\in V_1\cap V_2$，有 $T\boldsymbol{x}\in V_1,T\boldsymbol{x}\in V_2$，从而有

$$T\boldsymbol{x}\in V_1\cap V_2,$$

所以 $V_1\cap V_2$ 是 T 的不变子空间.

任意 $\boldsymbol{x}\in V_1+V_2$，有 $\boldsymbol{x}=\boldsymbol{x}_1+\boldsymbol{x}_2,\boldsymbol{x}_1\in V_1,\boldsymbol{x}_2\in V_2$，从而有

$$T\boldsymbol{x}=T\boldsymbol{x}_1+T\boldsymbol{x}_2,\quad T\boldsymbol{x}_1\in V_1,\quad T\boldsymbol{x}_2\in V_2,$$

即

$$T\boldsymbol{x}\in V_1+V_2,$$

所以 V_1+V_2 是 T 的不变子空间.

定理 14　设 T 是线性空间 V^n 的线性变换，V_1 与 V_2 是 T 的不变子空间，且 $V^n=V_1\oplus V_2$，T 在 V_1 的基 $\boldsymbol{x}_1,\cdots,\boldsymbol{x}_{n_1}$ 下的矩阵为 $\boldsymbol{A}_1$，T 在 V_2 的基 $\boldsymbol{y}_1,\cdots,\boldsymbol{y}_{n_2}$ 下的矩阵为 $\boldsymbol{A}_2$，则 T 在 V^n 的基 $\boldsymbol{x}_1,\cdots,\boldsymbol{x}_{n_1},\boldsymbol{y}_1,\cdots,\boldsymbol{y}_{n_2}$ 下的矩阵为

$$\boldsymbol{A}=\begin{pmatrix}\boldsymbol{A}_1 & \boldsymbol{O}\\ \boldsymbol{O} & \boldsymbol{A}_2\end{pmatrix}.$$

证　因为

$$(T\boldsymbol{x}_1,\cdots,T\boldsymbol{x}_{n_1})=(\boldsymbol{x}_1,\cdots,\boldsymbol{x}_{n_1})\boldsymbol{A}_1,\quad (T\boldsymbol{y}_1,\cdots,T\boldsymbol{y}_{n_2})=(\boldsymbol{y}_1,\cdots,\boldsymbol{y}_{n_2})\boldsymbol{A}_2,$$

所以

$$\begin{aligned}T(\boldsymbol{x}_1,\cdots,\boldsymbol{x}_{n_1},\boldsymbol{y}_1,\cdots,\boldsymbol{y}_{n_2})&=[(T\boldsymbol{x}_1,\cdots,T\boldsymbol{x}_{n_1}),(T\boldsymbol{y}_1,\cdots,T\boldsymbol{y}_{n_2})]\\&=[(\boldsymbol{x}_1,\cdots,\boldsymbol{x}_{n_1})\boldsymbol{A}_1,(\boldsymbol{y}_1,\cdots,\boldsymbol{y}_{n_2})\boldsymbol{A}_2]\\&=[(\boldsymbol{x}_1,\cdots,\boldsymbol{x}_{n_1}),(\boldsymbol{y}_1,\cdots,\boldsymbol{y}_{n_2})]\begin{pmatrix}\boldsymbol{A}_1 & \boldsymbol{O}\\ \boldsymbol{O} & \boldsymbol{A}_2\end{pmatrix}\\&=(\boldsymbol{x}_1,\cdots,\boldsymbol{x}_{n_1},\boldsymbol{y}_1,\cdots,\boldsymbol{y}_{n_2})\boldsymbol{A}.\end{aligned}$$

若T在V^n的基$\boldsymbol{x}_1,\cdots,\boldsymbol{x}_{n_1},\boldsymbol{y}_1,\cdots,\boldsymbol{y}_{n_2}$下的矩阵$\boldsymbol{A}=\begin{pmatrix}\boldsymbol{A}_1 & \boldsymbol{O}\\ \boldsymbol{O} & \boldsymbol{A}_2\end{pmatrix}$, 则$V_1=L(\boldsymbol{x}_1,\cdots,\boldsymbol{x}_{n_1})$与$V_2=L(\boldsymbol{y}_1,\cdots,\boldsymbol{y}_{n_2})$都是$T$的不变子空间，且$V^n=V_1\oplus V_2$.

九、λ-矩阵理论

我们先引入λ-矩阵这个工具，为后面把矩阵化为 Jordan 标准形做准备.

定义 11 设K是一个数域，λ是一个文字，若矩阵$\boldsymbol{A}$的每个元素均为λ的多项式，则称$\boldsymbol{A}$为数域K上的**λ-矩阵**，记为$\boldsymbol{A}(\lambda)$.

对于λ-矩阵，可仿照一般的矩阵定义加法、减法、乘法、数乘等运算.

定义 12 设$\boldsymbol{A}(\lambda)$中有一个$r(r\geqslant 1)$级子式不为零，而所有的$r+1$级子式(如果有的话)全为零，则称$\boldsymbol{A}(\lambda)$的秩为r，记为$\operatorname{rank}(\boldsymbol{A})$.

例 13 若$\boldsymbol{A}_1(\lambda)=\begin{pmatrix}\lambda & 0\\ 0 & 0\end{pmatrix},\boldsymbol{A}_2(\lambda)=\begin{pmatrix}\lambda & 0\\ 0 & 1\end{pmatrix}$，则

$$\operatorname{rank}(\boldsymbol{A}_1)=1,\quad \operatorname{rank}(\boldsymbol{A}_2)=2.$$

定义 13 设$\boldsymbol{A}(\lambda)$是n阶方阵，若存在n阶方阵$\boldsymbol{B}(\lambda)$，使得

$$\boldsymbol{A}(\lambda)\boldsymbol{B}(\lambda)=\boldsymbol{B}(\lambda)\boldsymbol{A}(\lambda)=\boldsymbol{E},$$

则称$\boldsymbol{A}(\lambda)$是**可逆的**，$\boldsymbol{B}(\lambda)$称为$\boldsymbol{A}(\lambda)$的**逆矩阵**，记为$\boldsymbol{A}^{-1}(\lambda)$，即$\boldsymbol{A}^{-1}(\lambda)=\boldsymbol{B}(\lambda)$. 和数字矩阵一样，方阵$\boldsymbol{A}(\lambda)$如果可逆，则其逆矩阵是唯一的.

定理 15 方阵$\boldsymbol{A}(\lambda)$可逆的充要条件是$|\boldsymbol{A}(\lambda)|$是一个非零常数.

证 充分性 设

$$d=|\boldsymbol{A}(\lambda)|$$

是一个非零的数，$\boldsymbol{A}^*(\lambda)$是$\boldsymbol{A}(\lambda)$的伴随矩阵，从而有

$$\boldsymbol{A}(\lambda)\frac{1}{d}\boldsymbol{A}^*(\lambda)=\frac{1}{d}\boldsymbol{A}^*(\lambda)\boldsymbol{A}(\lambda)=\boldsymbol{E},$$

因此，$\boldsymbol{A}(\lambda)$可逆.

反过来，如果$\boldsymbol{A}(\lambda)$可逆，则对$\boldsymbol{A}(\lambda)\boldsymbol{B}(\lambda)=\boldsymbol{E}$的两边取行列式，

$$|\boldsymbol{A}(\lambda)||\boldsymbol{B}(\lambda)|=|\boldsymbol{E}|=1,$$

因为$|\boldsymbol{A}(\lambda)|$与$|\boldsymbol{B}(\lambda)|$都是$\lambda$的多项式，所以由它们的乘积是1可以推知，它们都是零次多项式，也就是非零的数.

定义 14 λ-矩阵的初等变换有以下三类变换：

(1) 矩阵的两行(列)互换位置；

(2)矩阵的某一行(列)乘以非零常数 k；

(3)矩阵的某一行(列)加另一行(列)的 $\varphi(\lambda)$ 倍，$\varphi(\lambda)$ 是一个多项式.

上述三种初等变换有相应的三种初等矩阵：

$$\boldsymbol{P}(i,j),\quad \boldsymbol{P}(i(k)),\quad \boldsymbol{P}(i(\varphi),j),$$

且施行行变换左乘初等矩阵，施行列变换则右乘初等矩阵，显见三种初等矩阵的行列式均为非零常数(可逆)，故它们左(右)乘 λ-矩阵并不改变 λ-矩阵的秩.

定义 15　若矩阵 $\boldsymbol{A}(\lambda)$ 经过一系列初等变换化为 $\boldsymbol{B}(\lambda)$，则称 $\boldsymbol{A}(\lambda)$ 与 $\boldsymbol{B}(\lambda)$ 是**等价**，记为 $\boldsymbol{A}(\lambda)\simeq\boldsymbol{B}(\lambda)$.

定理 16　任一非零的 n 阶方阵 $\boldsymbol{A}(\lambda)$ 都等价于一个对角形矩阵

$$\begin{pmatrix} d_1(\lambda) & & & & & & \\ & d_2(\lambda) & & & & & \\ & & \ddots & & & & \\ & & & d_r(\lambda) & & & \\ & & & & 0 & & \\ & & & & & \ddots & \\ & & & & & & 0 \end{pmatrix},$$

其中 $r\geqslant 1$ 为 $\boldsymbol{A}(\lambda)$ 的秩，$d_i(\lambda)(i=1,\cdots,r)$ 都是首项系数为1的多项式，且 $d_i(\lambda)\mid d_{i+1}(\lambda)(i=1,\cdots,r-1)$，此对角形矩阵称为 $\boldsymbol{A}(\lambda)$ 的 **Smith 标准形**.

此定理可用数学归纳法证明，这里略去.

例 14　设 $\boldsymbol{A}(\lambda)=\begin{pmatrix} 1-\lambda & \lambda^2 & \lambda \\ \lambda & \lambda & -\lambda \\ 1+\lambda^2 & \lambda^2 & -\lambda^2 \end{pmatrix}$，求其 Smith 标准形.

解

$$\boldsymbol{A}(\lambda)\to\begin{pmatrix} 1 & \lambda^2 & \lambda \\ 0 & \lambda & -\lambda \\ 1 & \lambda^2 & -\lambda^2 \end{pmatrix}\to\begin{pmatrix} 1 & \lambda^2 & \lambda \\ 0 & \lambda & -\lambda \\ 0 & 0 & -\lambda^2-\lambda \end{pmatrix}\to\begin{pmatrix} 1 & 0 & 0 \\ 0 & \lambda & -\lambda \\ 0 & 0 & -\lambda^2-\lambda \end{pmatrix}$$

$$\to\begin{pmatrix} 1 & 0 & 0 \\ 0 & \lambda & 0 \\ 0 & 0 & -\lambda^2-\lambda \end{pmatrix}\to\begin{pmatrix} 1 & 0 & 0 \\ 0 & \lambda & 0 \\ 0 & 0 & \lambda(\lambda+1) \end{pmatrix}.$$

定义 16　设 $\boldsymbol{A}(\lambda)$ 矩阵的秩为 r，对于正整数 k，$1\leqslant k\leqslant r$，$\boldsymbol{A}(\lambda)$ 中必有非零的 k 级子式，$\boldsymbol{A}(\lambda)$ 中全部 k 级子式的首项系数为1的最大公因式 $D_k(\lambda)$ 称为 $\boldsymbol{A}(\lambda)$ 的 k 级**行列式因子**.

显然当$r \geqslant 1$时，$\boldsymbol{A}(\lambda)$有r个行列式因子$D_1(\lambda), D_2(\lambda), \cdots, D_r(\lambda)$.

定理 17 等价矩阵具有相同的秩和相同的各阶行列式因子，且

(1) $D_{k-1}(\lambda) | D_k(\lambda), k = 2,3,\cdots,r$；

(2)$D_1(\lambda) = d_1(\lambda), D_2(\lambda) = d_1(\lambda)d_2(\lambda), \cdots, D_r(\lambda) = d_1(\lambda)d_2(\lambda)\cdots d_r(\lambda)$,其中$d_1(\lambda)$, $d_2(\lambda), \cdots, d_r(\lambda)$称为$\boldsymbol{A}(\lambda)$矩阵的不变因子；

(3) $\boldsymbol{A}(\lambda)$矩阵的 Smith 标准形是唯一的.

考虑λ-矩阵$\lambda\boldsymbol{E} - \boldsymbol{A}$可得$\boldsymbol{A}$的最小多项式为$m(\lambda) = d_n(\lambda) = \dfrac{D_n(\lambda)}{D_{n-1}(\lambda)}$. 我们还可以用求行列式因子的方法求不变因子，从而得到 Smith 标准形.

例 15 设$\boldsymbol{A}(\lambda) = \begin{pmatrix} 1-\lambda & \lambda^2 & \lambda \\ \lambda & \lambda & -\lambda \\ 1+\lambda^2 & \lambda^2 & -\lambda^2 \end{pmatrix}$，求其 Smith 标准形.

解 因为$a_{11}(\lambda)$与$a_{21}(\lambda)$互素，故$D_1(\lambda) = 1$.

又因为

$$\begin{vmatrix} 1-\lambda & \lambda^2 \\ \lambda & \lambda \end{vmatrix} = \lambda(1-\lambda-\lambda^2), \quad \begin{vmatrix} \lambda^2 & \lambda \\ \lambda & -\lambda \end{vmatrix} = \lambda^2(1-\lambda),$$

显然λ是每个 2 阶子式的公因子，故$D_2(\lambda) = \lambda$, $D_3(\lambda) = \lambda^2(\lambda+1)$，则 Smith 标准形为

$$\begin{pmatrix} 1 & 0 & 0 \\ 0 & \lambda & 0 \\ 0 & 0 & \lambda(\lambda+1) \end{pmatrix}.$$

与不变因子密切相关的是初等因子，下面引入初等因子的概念.

定义 17 矩阵$\boldsymbol{A}(\lambda)$的每个次数大于零的不变因子分解成互不相同的一次因式方幂的乘积，所有这些一次因式方幂(相同的必须按照出现的次数计算)称为矩阵$\boldsymbol{A}(\lambda)$的**初等因子**.

例 16 已知$\boldsymbol{A} = \begin{pmatrix} -1 & 1 & 0 \\ -4 & 3 & 0 \\ 1 & 0 & 2 \end{pmatrix}$，求$\lambda\boldsymbol{E} - \boldsymbol{A}$的初等因子.

解 $\lambda\boldsymbol{E} - \boldsymbol{A} = \begin{pmatrix} \lambda+1 & -1 & 0 \\ 4 & \lambda-3 & 0 \\ -1 & 0 & \lambda-2 \end{pmatrix}$, $D_1(\lambda) = 1$,

$$\begin{vmatrix} 4 & \lambda-3 \\ -1 & 0 \end{vmatrix} = \lambda - 3, \quad \begin{vmatrix} 4 & 0 \\ -1 & \lambda-2 \end{vmatrix} = 4(\lambda-2),$$

显然两者互质，所以

$$D_2(\lambda)=1, \quad D_3(\lambda)=|\lambda\boldsymbol{E}-\boldsymbol{A}|=(\lambda-2)(\lambda-1)^2,$$

所以不变因子为

$$d_1(\lambda)=1, \quad d_2(\lambda)=1, \quad d_3(\lambda)=(\lambda-2)(\lambda-1)^2,$$

全体初等因子为

$$(\lambda-1)^2, \quad (\lambda-2).$$

十、Jordan 标准形

定义 18 设 $\boldsymbol{A}=(a_{ij})_{n\times n}\in\mathbf{C}^{n\times n}$，特征矩阵 $\lambda\boldsymbol{E}-\boldsymbol{A}$ 的初等因子为

$$(\lambda-\lambda_1)^{k_1}, (\lambda-\lambda_2)^{k_2}, \cdots, (\lambda-\lambda_t)^{k_t}, \quad k_1+k_2+\cdots+k_t=n,$$

此处 $i\neq j$ 时可能有 $\lambda_i=\lambda_j$，作 k_i 级矩阵

$$\boldsymbol{J}_i=\begin{pmatrix} \lambda_i & 1 & & & \boldsymbol{O} \\ & \lambda_i & 1 & & \\ & & \ddots & \ddots & \\ & & & \lambda_i & 1 \\ \boldsymbol{O} & & & & \lambda_i \end{pmatrix}_{k_i\times k_i} \qquad (i=1,2,\cdots,t),$$

称 $\boldsymbol{J}_i$ 为 $\boldsymbol{A}$ 的 Jordan 块，作 n 级矩阵

$$\boldsymbol{J}=\begin{pmatrix} \boldsymbol{J}_1 & & & \boldsymbol{O} \\ & \boldsymbol{J}_2 & & \\ & & \ddots & \\ \boldsymbol{O} & & & \boldsymbol{J}_t \end{pmatrix},$$

称 $\boldsymbol{J}$ 为 $\boldsymbol{A}$ 的 **Jordan 标准形**.

定理 18 设 $\boldsymbol{A}$ 的 Jordan 标准形为 $\boldsymbol{J}$，则存在可逆矩阵 $\boldsymbol{P}$，使得 $\boldsymbol{P}^{-1}\boldsymbol{A}\boldsymbol{P}=\boldsymbol{J}$.

例 17 求矩阵 $\boldsymbol{A}=\begin{pmatrix} -1 & -2 & 6 \\ -1 & 0 & 3 \\ -1 & -1 & 4 \end{pmatrix}$ 的 Jordan 标准形.

解 $$\lambda\boldsymbol{E}-\boldsymbol{A}=\begin{pmatrix}\lambda+1 & 2 & -6\\ 1 & \lambda & -3\\ 1 & 1 & \lambda-4\end{pmatrix}\to\begin{pmatrix}1 & 0 & 0\\ 0 & \lambda-1 & 0\\ 0 & 0 & (\lambda-1)^2\end{pmatrix},$$

故 $\lambda\boldsymbol{E}-\boldsymbol{A}$ 的初等因子为 $(\lambda-1),(\lambda-1)^2$，故 $\boldsymbol{A}$ 的 Jordan 标准形为

$$\boldsymbol{J}=\begin{pmatrix}1 & 0 & 0\\ 0 & 1 & 1\\ 0 & 0 & 1\end{pmatrix}.$$

第三节 欧氏空间和酉空间

在线性空间中，向量之间的基本运算仅是线性运算. 我们看到，诸如坐标、基底及维数也反映出了空间的一些几何特点，然而，若以解析几何中讨论过的通常的三维向量空间 $\mathbf{R}^3$ 作为线性空间的一个模型，就会发现在 $\mathbf{R}^3$ 中诸如向量的长度、向量间的夹角等度量概念，在线性空间的理论中并未得到反映. 而度量性质在众多实际问题中是无所不在的，故建立更为完善的数学模型是必要的. 因此我们将度量引入一般的线性空间，得到了欧氏空间和酉空间这两个特殊的线性空间.

一、欧氏空间

定义 1 设 V 是实数域 $\mathbf{R}$ 上的线性空间，如果 V 中任意向量 $\boldsymbol{x},\boldsymbol{y}$，按某一规则存在一个实数与之对应，记为 $(\boldsymbol{x},\boldsymbol{y})$，若它满足

(1) **对称性** $(\boldsymbol{x},\boldsymbol{y})=(\boldsymbol{y},\boldsymbol{x})$；

(2) **可加性** $(\boldsymbol{x},\boldsymbol{y}+\boldsymbol{z})=(\boldsymbol{x},\boldsymbol{y})+(\boldsymbol{x},\boldsymbol{z})$；

(3) **齐次性** $(k\boldsymbol{x},\boldsymbol{y})=k(\boldsymbol{x},\boldsymbol{y})(\forall k\in\mathbf{R})$；

(4) **非负性** $(\boldsymbol{x},\boldsymbol{x})\geqslant 0$，当且仅当 $\boldsymbol{x}=\boldsymbol{\theta}$ 时，$(\boldsymbol{x},\boldsymbol{y})=0$，

则称 $(\boldsymbol{x},\boldsymbol{y})$ 为 $\boldsymbol{x}$ 与 $\boldsymbol{y}$ 的**内积**，定义了内积的实线性空间称为 **Euclid 空间**简称为**欧氏空间**或**实内积空间**.

下面再看两个欧氏空间的例子.

例 1 线性空间 $\mathbf{R}^n$ 中，$\boldsymbol{x}=(\xi_1,\xi_2,\cdots,\xi_n)^{\mathrm{T}},\boldsymbol{y}=(\eta_1,\eta_2,\cdots,\eta_n)^{\mathrm{T}}$，定义

(1) $(\boldsymbol{x},\boldsymbol{y})=\xi_1\eta_1+\xi_2\eta_2+\cdots+\xi_n\eta_n$；

(2) $(\boldsymbol{x},\boldsymbol{y})=d_1\xi_1\eta_1+d_2\xi_2\eta_2+\cdots+d_n\xi_n\eta_n\left(d_i>0,i=1,2,\cdots,n\right)$.

显然，(1) 和 (2) 适合内积的四个条件，对于一个给定的线性空间，可以定义多种内积，这样 $\mathbf{R}^n$ 就成为一个欧氏空间.

例 2　线性空间 $\mathbf{R}^{m\times n}$ 中，$\boldsymbol{A}=(a_{ij})_{m\times n},\boldsymbol{B}=(b_{ij})_{m\times n}$，规定

$$(\boldsymbol{A},\boldsymbol{B})=\sum_{i=1}^{m}\sum_{j=1}^{n}a_{ij}b_{ij}=\mathrm{tr}(\boldsymbol{A}\boldsymbol{B}^{\mathrm{T}}).$$

可验证满足内积的四个条件，故 $\mathbf{R}^{m\times n}$ 也构成一个欧氏空间.

定义 2　设欧氏空间 V^n 的基为 $\boldsymbol{x}_1,\boldsymbol{x}_2,\cdots,\boldsymbol{x}_n$，则对 V^n 中任意向量 $\boldsymbol{x},\boldsymbol{y}$，有

$$\boldsymbol{x}=\xi_1\boldsymbol{x}_1+\xi_2\boldsymbol{x}_2+\cdots+\xi_n\boldsymbol{x}_n,\quad \boldsymbol{y}=\eta_1\boldsymbol{x}_1+\eta_2\boldsymbol{x}_2+\cdots+\eta_n\boldsymbol{x}_n,$$

可得

$$(\boldsymbol{x},\boldsymbol{y})=\sum_{i,j=1}^{n}\xi_i\eta_j(\boldsymbol{x}_i,\boldsymbol{x}_j),$$

令 $\boldsymbol{A}=(a_{ij})_{n\times n},a_{ij}=(\boldsymbol{x}_i,\boldsymbol{x}_j)$，则有

$$(\boldsymbol{x},\boldsymbol{y})=\sum_{i,j=1}^{n}\xi_i\eta_j(x_i,x_j)=(\xi_1,\xi_2,\cdots,\xi_n)\boldsymbol{A}\begin{pmatrix}\eta_1\\\eta_2\\\vdots\\\eta_n\end{pmatrix},$$

其中

$$\boldsymbol{A}=(a_{ij})_{n\times n}=\begin{pmatrix}(\boldsymbol{x}_1,\boldsymbol{x}_1)&(\boldsymbol{x}_1,\boldsymbol{x}_2)&\cdots&(\boldsymbol{x}_1,\boldsymbol{x}_n)\\(\boldsymbol{x}_2,\boldsymbol{x}_1)&(\boldsymbol{x}_2,\boldsymbol{x}_2)&\cdots&(\boldsymbol{x}_2,\boldsymbol{x}_n)\\\vdots&\vdots&&\vdots\\(\boldsymbol{x}_n,\boldsymbol{x}_1)&(\boldsymbol{x}_n,\boldsymbol{x}_2)&\cdots&(\boldsymbol{x}_n,\boldsymbol{x}_n)\end{pmatrix}$$

称为 V^n 关于基 $\boldsymbol{x}_1,\boldsymbol{x}_2,\cdots,\boldsymbol{x}_n$ 的**度量矩阵**.

因为 $(\boldsymbol{x}_i,\boldsymbol{x}_j)=(\boldsymbol{x}_j,\boldsymbol{x}_i)$，所以有 $a_{ij}=a_{ji}$，即 $\boldsymbol{A}$ 是一个对称矩阵，又因为对任意向量 $\boldsymbol{x}\neq\boldsymbol{\theta}$，有 $(\boldsymbol{x},\boldsymbol{x})>0$，故 $\boldsymbol{A}$ 为正定矩阵.

例 3　设 $\boldsymbol{x}_1,\boldsymbol{x}_2,\cdots,\boldsymbol{x}_n$ 和 $\boldsymbol{y}_1,\boldsymbol{y}_2,\cdots,\boldsymbol{y}_n$ 分别是欧氏空间 V^n 的两组基，且 V^n 在两组基下的度量矩阵分别为 $\boldsymbol{A}=(a_{ij})_{n\times n}$ 和 $\boldsymbol{B}=(b_{ij})_{n\times n}$. 求证 $\boldsymbol{A}$ 和 $\boldsymbol{B}$ 合同，即不同基下的度量矩阵是合同的.

证　设 $(\boldsymbol{y}_1,\boldsymbol{y}_2,\cdots,\boldsymbol{y}_n)=(\boldsymbol{x}_1,\boldsymbol{x}_2,\cdots,\boldsymbol{x}_n)\boldsymbol{C}$，其中 $\boldsymbol{C}=(c_{ij})_{n\times n}$ 为过渡矩阵，则有

$$b_{ij}=(\boldsymbol{y}_i,\boldsymbol{y}_j)=(c_{1i},c_{2i},\cdots,c_{ni})\boldsymbol{A}\begin{pmatrix}c_{1j}\\c_{2j}\\\vdots\\c_{nj}\end{pmatrix},$$

$$(b_{i1},b_{i2},\cdots,b_{in})=(c_{1i},c_{2i},\cdots,c_{ni})\boldsymbol{AC},$$

$$\boldsymbol{B}=\begin{pmatrix} b_{11} & b_{12} & \cdots, & b_{1n} \\ \vdots & \vdots & & \vdots \\ b_{n1} & b_{n2} & \cdots & b_{nn} \end{pmatrix}=\begin{pmatrix} c_{11} & c_{12} & \cdots & c_{n1} \\ \vdots & \vdots & & \vdots \\ c_{1n} & c_{2n} & \cdots & c_{nn} \end{pmatrix}\boldsymbol{AC}=\boldsymbol{C}^{\mathrm{T}}\boldsymbol{AC}.$$

由此我们知道“内积值”的计算与基的选取无关.

在 $\mathbf{R}^3$ 中我们知道 $\boldsymbol{x}$ 的长度(大小)为 $\sqrt{(\boldsymbol{x},\boldsymbol{x})}$，我们将此推广到一般欧氏空间中.

定义 3 设欧氏空间 V，对 V 中任意向量 $\boldsymbol{x}$，称非负实数 $\sqrt{(\boldsymbol{x},\boldsymbol{x})}$ 为 $\boldsymbol{x}$ 的**长度**(**模或范数**)，记为 $|\boldsymbol{x}|$.

定理 1 设欧氏空间 V，则对任意 $\boldsymbol{x},\boldsymbol{y}\in V$ 及 $k\in\mathbf{R}$，有

(1) $|k\boldsymbol{x}|=|k||\boldsymbol{x}|$；

(2) $|\boldsymbol{x}+\boldsymbol{y}|^2+|\boldsymbol{x}-\boldsymbol{y}|^2=2(|\boldsymbol{x}|^2+|\boldsymbol{y}|^2)$；

(3) $|(\boldsymbol{x},\boldsymbol{y})|\leqslant|\boldsymbol{x}||\boldsymbol{y}|$，当且仅当 $\boldsymbol{x},\boldsymbol{y}$ 线性相关时等号成立；

(4) $|\boldsymbol{x}+\boldsymbol{y}|\leqslant|\boldsymbol{x}|+|\boldsymbol{y}|$.

证明 (1),(2) 直接由定义可得.

(3) 任意 $\boldsymbol{x},\boldsymbol{y}\in V$ 及 $t\in\mathbf{R}$，由

$$(\boldsymbol{x}-t\boldsymbol{y},\boldsymbol{x}-t\boldsymbol{y})\geqslant 0,$$

即 $(\boldsymbol{y},\boldsymbol{y})t^2-2(\boldsymbol{x},\boldsymbol{y})t+(\boldsymbol{x},\boldsymbol{x})\geqslant 0$，由初等不等式知 $(\boldsymbol{x},\boldsymbol{y})^2-(\boldsymbol{x},\boldsymbol{x})(\boldsymbol{y},\boldsymbol{y})\leqslant 0$, 即有 $|(\boldsymbol{x},\boldsymbol{y})|\leqslant|\boldsymbol{x}||\boldsymbol{y}|$.

还可进一步证明等号成立当且仅当 $\boldsymbol{x},\boldsymbol{y}$ 是线性相关.

(4) 由 (3) 可得.

(3) 式又称为 Cauchy 不等式，其有广泛的应用，如有

$$\left|\sum_{i=1}^{n}\xi_i\eta_i\right|\leqslant\left(\sum_{i=1}^{n}\xi_i^2\right)^{\frac{1}{2}}\left(\sum_{i=1}^{n}\eta_i^2\right)^{\frac{1}{2}},$$

$$\left|\int_a^b f(x)g(x)\mathrm{d}x\right|\leqslant\left(\int_a^b f^2(x)\mathrm{d}x\right)^{\frac{1}{2}}\left(\int_a^b g^2(x)\mathrm{d}x\right)^{\frac{1}{2}},$$

这些都是常用的基本不等式.

在欧氏空间中可引入两个非零向量间的夹角 φ，有

$$\varphi=\langle\boldsymbol{x},\boldsymbol{y}\rangle=\arccos\frac{(\boldsymbol{x},\boldsymbol{y})}{|\boldsymbol{x}||\boldsymbol{y}|}\quad(0\leqslant\varphi\leqslant\pi).$$

二、正交性

定义 4　在欧氏空间V中，若向量$\boldsymbol{x},\boldsymbol{y}$满足$(\boldsymbol{x},\boldsymbol{y})=0$，则称$\boldsymbol{x}$与$\boldsymbol{y}$**正交**（**垂直或直交**），记为$\boldsymbol{x}\perp\boldsymbol{y}$.

零向量与任意向量均正交；若$\boldsymbol{x}\perp\boldsymbol{y}$，且$\boldsymbol{x}$与$\boldsymbol{y}$线性相关，则此两向量中至少有一个是零向量.

定义 5　在欧氏空间V中，若$\boldsymbol{x}_1,\boldsymbol{x}_2,\cdots,\boldsymbol{x}_n$满足$(\boldsymbol{x}_i,\boldsymbol{x}_j)=0(i\neq j)$，称$\boldsymbol{x}_1$，$\boldsymbol{x}_2,\cdots$，$\boldsymbol{x}_n$为**正交向量组**.

定理 2　欧氏空间V中，向量$\boldsymbol{x},\boldsymbol{y}$正交的充要条件是$|\boldsymbol{x}+\boldsymbol{y}|^2=|\boldsymbol{x}|^2+|\boldsymbol{y}|^2$.

证　**必要性**　因为向量$\boldsymbol{x},\boldsymbol{y}$正交，所以

$$|\boldsymbol{x}+\boldsymbol{y}|^2=(\boldsymbol{x}+\boldsymbol{y},\boldsymbol{x}+\boldsymbol{y})=(\boldsymbol{x},\boldsymbol{x})+2(\boldsymbol{x},\boldsymbol{y})+(\boldsymbol{y},\boldsymbol{y})=|\boldsymbol{x}|^2+|\boldsymbol{y}|^2.$$

充分性

$$|\boldsymbol{x}+\boldsymbol{y}|^2=(\boldsymbol{x}+\boldsymbol{y},\boldsymbol{x}+\boldsymbol{y})=(\boldsymbol{x},\boldsymbol{x})+2(\boldsymbol{x},\boldsymbol{y})+(\boldsymbol{y},\boldsymbol{y})=|\boldsymbol{x}|^2+|\boldsymbol{y}|^2,$$

则有$(\boldsymbol{x},\boldsymbol{y})=0$，即$\boldsymbol{x},\boldsymbol{y}$正交.

定理 3　欧氏空间V中，若$\boldsymbol{x}_1,\boldsymbol{x}_2,\cdots,\boldsymbol{x}_n$两两正交且非零，则$\boldsymbol{x}_1,\boldsymbol{x}_2,\cdots,\boldsymbol{x}_n$线性无关.

证　设正交向量组$\boldsymbol{x}_1,\boldsymbol{x}_2,\cdots,\boldsymbol{x}_n$有一线性关系

$$k_1\boldsymbol{x}_1+k_2\boldsymbol{x}_2+\cdots+k_n\boldsymbol{x}_n=\boldsymbol{\theta},$$

用$\boldsymbol{x}_i$与等式两边作内积，即得

$$k_i(\boldsymbol{x}_i,\boldsymbol{x}_i)=0,$$

由于$\boldsymbol{x}_i\neq\boldsymbol{\theta}$，有$(\boldsymbol{x}_i,\boldsymbol{x}_i)>0$，从而$k_i=0(i=1,2,\cdots,n)$，故结论成立.

欧氏空间V^n中，两两正交的非零元素的个数不会超过n个.

定义 6　欧氏空间V^n中，若$\boldsymbol{x}_1,\boldsymbol{x}_2,\cdots,\boldsymbol{x}_n$两两正交且非零，称$\boldsymbol{x}_1,\boldsymbol{x}_2,\cdots,\boldsymbol{x}_n$为$V^n$的**正交基**；若还有$|\boldsymbol{x}_i|=1(i=1,2,\cdots,n)$，则称$\boldsymbol{x}_1,\boldsymbol{x}_2,\cdots,\boldsymbol{x}_n$为$V^n$的**标准正交基**.

定理 4　n维欧氏空间的任一基$\boldsymbol{x}_1,\boldsymbol{x}_2,\cdots,\boldsymbol{x}_n$均可找到一组标准正交基.

证　证明是构造性的，称之为 Gram-Schmidt 正交化方法.

取$\boldsymbol{y}_1=\boldsymbol{x}_1$，令$\boldsymbol{y}_2=\boldsymbol{x}_2+k_{21}\boldsymbol{y}_1$，此处由正交条件$(\boldsymbol{y}_1,\boldsymbol{y}_2)=0$来确定$k$，由

$$(\boldsymbol{y}_1,\boldsymbol{y}_2)=(\boldsymbol{x}_2+k_{21}\boldsymbol{y}_1,\boldsymbol{y}_1)=(\boldsymbol{x}_2,\boldsymbol{y}_1)+k_{21}(\boldsymbol{y}_1,\boldsymbol{y}_1)=0,$$

可得

$$k_{21}=-\frac{(\boldsymbol{x}_2,\boldsymbol{y}_1)}{(\boldsymbol{y}_1,\boldsymbol{y}_1)},$$

从而 $\boldsymbol{y}_1,\boldsymbol{y}_2$ 正交，再令 $\boldsymbol{y}_3=\boldsymbol{x}_3+k_{31}\boldsymbol{y}_1+k_{32}\boldsymbol{y}_2$，由正交条件，$(\boldsymbol{y}_3,\boldsymbol{y}_1)=(\boldsymbol{y}_3,\boldsymbol{y}_2)=0$ 确定 k_{31},k_{32} 为

$$k_{31}=-\frac{(\boldsymbol{x}_3,\boldsymbol{y}_1)}{(\boldsymbol{y}_1,\boldsymbol{y}_1)},\quad k_{32}=-\frac{(\boldsymbol{x}_3,\boldsymbol{y}_2)}{(\boldsymbol{y}_2,\boldsymbol{y}_2)},$$

从而 $\boldsymbol{y}_1,\boldsymbol{y}_2,\boldsymbol{y}_3$ 两两正交，继续下去，设已知 m 个两两正交非零向量 $\boldsymbol{y}_1,\boldsymbol{y}_2,\cdots,\boldsymbol{y}_m$，令 $\boldsymbol{y}_{m+1}=\boldsymbol{x}_{m+1}+\sum\limits_{i=1}^{m}k_{m+1,i}\boldsymbol{y}_i$，由正交条件，$(\boldsymbol{y}_{m+1},\boldsymbol{y}_j)=0(j=1,2,\cdots,m)$ 确定 $k_{m+1,j}=-\dfrac{(\boldsymbol{x}_{m+1},\boldsymbol{y}_j)}{(\boldsymbol{y}_j,\boldsymbol{y}_j)}(j=1,2,\cdots,m)$ 故可得 $\boldsymbol{y}_{m+1}$. 依此步骤，这样可由基 $\boldsymbol{x}_1,\boldsymbol{x}_2,\cdots,\boldsymbol{x}_n$ 构造出 n 个两两正交非零向量 $\boldsymbol{y}_1,\boldsymbol{y}_2,\cdots,\boldsymbol{y}_n$，从而为 V 的一个正交基，再将其单位化(规范化)，令 $\boldsymbol{z}_j=\dfrac{1}{|\boldsymbol{y}_j|}\boldsymbol{y}_j\left(j=1,2,\cdots,n\right)$，则 $\boldsymbol{z}_1,\boldsymbol{z}_2,\cdots,\boldsymbol{z}_n$ 为 V 的一个标准正交基.

性质 1 设欧氏空间 V^n 的标准正交基为 $\boldsymbol{x}_1,\boldsymbol{x}_2,\cdots,\boldsymbol{x}_n$，且 $\boldsymbol{x}=\xi_1\boldsymbol{x}_1+\xi_2\boldsymbol{x}_2+\cdots+\xi_n\boldsymbol{x}_n$，$\boldsymbol{y}=\eta_1\boldsymbol{x}_1+\eta_2\boldsymbol{x}_2+\cdots+\eta_n\boldsymbol{x}_n$，则有

(1) $\xi_i=(\boldsymbol{x},\boldsymbol{x}_i),\eta_j=(\boldsymbol{y},\boldsymbol{x}_j)$；

(2) 基 $\boldsymbol{x}_1,\boldsymbol{x}_2,\cdots,\boldsymbol{x}_n$ 的度量矩阵 $\boldsymbol{A}=\boldsymbol{E}$；

(3) $(\boldsymbol{x},\boldsymbol{y})=\xi_1\eta_1+\xi_2\eta_2+\cdots+\xi_n\eta_n$.

例 4 在 $\mathbf{R}^4$ 中，取一组基

$$\boldsymbol{x}_1=(1,1,0,0)^{\mathrm{T}},\quad \boldsymbol{x}_2=(1,0,1,0)^{\mathrm{T}},\quad \boldsymbol{x}_3=(-1,0,0,1)^{\mathrm{T}},\quad \boldsymbol{x}_4=(1,-1,-1,1)^{\mathrm{T}},$$

将其正交单位化.

解 先正交化

$$\boldsymbol{y}_1=\boldsymbol{x}_1=(1,1,0,0)^{\mathrm{T}},$$

$$\boldsymbol{y}_2=\boldsymbol{x}_2-\frac{(\boldsymbol{x}_2,\boldsymbol{y}_1)}{(\boldsymbol{y}_1,\boldsymbol{y}_1)}\boldsymbol{y}_1=\left(\frac{1}{2},-\frac{1}{2},1,0\right)^{\mathrm{T}},$$

$$\boldsymbol{y}_3=\boldsymbol{x}_3-\frac{(\boldsymbol{x}_3,\boldsymbol{y}_1)}{(\boldsymbol{y}_1,\boldsymbol{y}_1)}\boldsymbol{y}_1-\frac{(\boldsymbol{x}_3,\boldsymbol{y}_2)}{(\boldsymbol{y}_2,\boldsymbol{y}_2)}\boldsymbol{y}_2=\left(-\frac{1}{3},\frac{1}{3},\frac{1}{3},1\right)^{\mathrm{T}},$$

$$\boldsymbol{y}_4=\boldsymbol{x}_4-\frac{(\boldsymbol{x}_4,\boldsymbol{y}_1)}{(\boldsymbol{y}_1,\boldsymbol{y}_1)}\boldsymbol{y}_1-\frac{(\boldsymbol{x}_4,\boldsymbol{y}_2)}{(\boldsymbol{y}_2,\boldsymbol{y}_2)}\boldsymbol{y}_2-\frac{(\boldsymbol{x}_4,\boldsymbol{y}_3)}{(\boldsymbol{y}_3,\boldsymbol{y}_3)}\boldsymbol{y}_3=(1,-1,-1,1)^{\mathrm{T}}.$$

再单位化

$$\boldsymbol{z}_1=\frac{1}{|\boldsymbol{y}_1|}\boldsymbol{y}_1=\left(\frac{\sqrt{2}}{2},\frac{\sqrt{2}}{2},0,0\right)^{\mathrm{T}},$$

$$z_2=\frac{1}{|y_2|}y_2=\left(\frac{\sqrt{6}}{6},-\frac{\sqrt{6}}{6},\frac{\sqrt{6}}{3},0\right)^{\mathrm{T}},$$

$$z_3=\frac{1}{|y_3|}y_3=\left(-\frac{\sqrt{12}}{12},\frac{\sqrt{12}}{12},\frac{\sqrt{12}}{12},\frac{\sqrt{12}}{4}\right)^{\mathrm{T}},$$

$$z_4=\frac{1}{|y_4|}y_4=\left(\frac{1}{2},-\frac{1}{2},-\frac{1}{2},\frac{1}{2}\right)^{\mathrm{T}}.$$

定义 7　欧氏空间V中，W是V的非空子集，$x\in V$，若任意$y\in W$，都有$x\perp y$，则称x与W**正交**，记为$x\perp W$. 对于V中两个非空子集W_1,W_2，若任意$x\in W_1$，任意$y\in W_2$，都有$x\perp y$，则称W_1与W_2是**正交的**，记为$W_1\perp W_2$.

定理 5　W是欧氏空间V的子空间，x与W正交的充要条件是x与W的每个基向量正交，且$W^{\perp}=\{x\in V\,|\,x\perp W\}$仍是$V$的子空间.

证　必要性易证.

充分性　设子空间W的基为$x_1,x_2,\cdots,x_m$，则任意$y\in W$有

$$y=k_1x_1+k_2x_2+\cdots+k_mx_m,$$

因为$x\perp x_j$,所以$(x,x_j)=0$，从而可得$(x,y)=0$，即$x\perp W$.

因为$\mathbf{0}\in W^{\perp}$，所以$W^{\perp}$非空. 任意$x,y\in W^{\perp}$，则对任意$z\in W$，有

$$(x+y,z)=(x,z)+(y,z)=0,$$

即$x+y\in W^{\perp}$，对任意的$k\in\mathbf{R}$，有

$$(kx,z)=k(x,z)=0,$$

即$kx\in W^{\perp}$. 故$W^{\perp}$是V的子空间(称$W^{\perp}$是W的**正交补**).

定理 6　设W是欧氏空间V^n的子空间，则必有$V^n=W\oplus W^{\perp}$.

证　若$W=\{\theta\}$，则$W^{\perp}=V^n$.

若$W=V^n$，则$W^{\perp}=\{\theta\}$.

设$\dim W=m<n$, W的标准正交基为$x_1,x_2,\cdots,x_m$，先证$V^n=W+W^{\perp}$，只需证明$V^n\subseteq W+W^{\perp}$即可.

任取$x\in V^n$令$a_i=(x_i,x)(i=1,2,\cdots,m)$，则

$$y=a_1x_1+a_2x_2+\cdots+a_mx_m\in W,$$

再令$z=x-y$，因为

$$(z,x_i)=(x-y,x_i)=(x,x_i)-(y,x_i)=0,$$

所以 $z\in W^{\perp}$，从而有

$$\boldsymbol{x}=\boldsymbol{y}+\boldsymbol{z},\quad \boldsymbol{y}\in W,\quad \boldsymbol{z}\in W^{\perp},$$

即 $\boldsymbol{x}\in W+W^{\perp}$.

再证 $W\cap W^{\perp}=\{\boldsymbol{\theta}\}$.

任意 $\boldsymbol{x}\in W\cap W^{\perp}$，有 $\boldsymbol{x}\in W$ 且 $\boldsymbol{x}\in W^{\perp}$，于是有 $(\boldsymbol{x},\boldsymbol{x})=0$，可得 $\boldsymbol{x}=\boldsymbol{\theta}$，故结论成立.

定理 7 设 $\boldsymbol{A}=(a_{ij})_{m\times n}\in\mathbf{R}^{m\times n}$，则

(1) $[R(\boldsymbol{A})]^{\perp}=N(\boldsymbol{A}^{\mathrm{T}})$，且 $\mathbf{R}^{m}=R(\boldsymbol{A})\oplus N(\boldsymbol{A}^{\mathrm{T}})$；

(2) $[R(\boldsymbol{A}^{\mathrm{T}})]^{\perp}=N(\boldsymbol{A})$，且 $\mathbf{R}^{n}=R(\boldsymbol{A}^{\mathrm{T}})\oplus N(\boldsymbol{A})$.

证 划分 $\boldsymbol{A}=(\boldsymbol{\eta}_1,\boldsymbol{\eta}_2,\cdots,\boldsymbol{\eta}_n),\boldsymbol{\eta}_i\in\mathbf{R}^{m}$,

$$\boldsymbol{W}\triangleq R(\boldsymbol{A})L(\boldsymbol{\eta}_1,\boldsymbol{\eta}_2,\cdots,\boldsymbol{\eta}_n)\subseteq\mathbf{R}^{m},$$

$$\begin{aligned}W^{\perp}&=\left\{\boldsymbol{y}\middle|\boldsymbol{y}\in\mathbf{R}^{m}\text{且}\boldsymbol{y}\perp(k_1\boldsymbol{\eta}_1+k_2\boldsymbol{\eta}_2+\cdots+k_n\boldsymbol{\eta}_n)\right\}\subseteq\mathbf{R}^{m}\\&=\left\{\boldsymbol{y}\middle|\boldsymbol{y}\in\mathbf{R}^{m}\text{且}\boldsymbol{y}\perp\boldsymbol{\eta}_i,i=1,2,\cdots,n\right\}\\&=\left\{\boldsymbol{y}\middle|\boldsymbol{y}\in\mathbf{R}^{m}\text{且}\boldsymbol{\eta}_i^{\mathrm{T}}\boldsymbol{y}=\boldsymbol{0},i=1,2,\cdots,n\right\}\\&=\left\{\boldsymbol{y}\middle|\boldsymbol{y}\in\mathbf{R}^{m}\text{且}\boldsymbol{A}^{\mathrm{T}}\boldsymbol{y}=\boldsymbol{0}\right\}=N(\boldsymbol{A}^{\mathrm{T}}),\end{aligned}$$

由定理 6 可得

$$\mathbf{R}^{m}=W\oplus W^{\perp}=R(\boldsymbol{A})\oplus N(\boldsymbol{A}^{\mathrm{T}}),$$

对 $\boldsymbol{A}^{\mathrm{T}}$ 应用上述结果可得 $\left[R(\boldsymbol{A}^{\mathrm{T}})\right]^{\perp}=N(\boldsymbol{A})$，再利用定理 6 可得 $\mathbf{R}^{n}=R(\boldsymbol{A}^{\mathrm{T}})\oplus N(\boldsymbol{A})$，故结论成立.

三、正交变换与正交矩阵

在解析几何中，我们熟知的旋转反射变换使向量长度保持不变，将此类变换推广到欧氏空间，即考虑使度量不变的一类变换，它在实际应用中是很常见的，故在此我们对这类变换进行讨论.

定义 8 设 T 是欧氏空间 V 的一个线性变换，若对 V 中任意向量 $\boldsymbol{x}$ 恒有

$$(T\boldsymbol{x},T\boldsymbol{x})=(\boldsymbol{x},\boldsymbol{x}),$$

则称 T 是 V 的一个**正交变换**.

正交变换即保持向量的长度不变.

定理 8　线性变换 T 为正交变换的充要条件是对于欧氏空间 V 中任意向量 $\boldsymbol{x},\boldsymbol{y}$ 都有

$$(T\boldsymbol{x},T\boldsymbol{y})=(\boldsymbol{x},\boldsymbol{y}).$$

证　充分性　取 $\boldsymbol{y}=\boldsymbol{x}$，则任意 $\boldsymbol{x}\in V$，有 $(T\boldsymbol{x},T\boldsymbol{x})=(\boldsymbol{x},\boldsymbol{x})$.

必要性　设 T 是正交变换，任意 $\boldsymbol{x},\boldsymbol{y}\in V$ 有 $\boldsymbol{x}-\boldsymbol{y}\in V$，于是

$$(T(\boldsymbol{x}-\boldsymbol{y}),T(\boldsymbol{x}-\boldsymbol{y}))=(\boldsymbol{x}-\boldsymbol{y},\boldsymbol{x}-\boldsymbol{y}),$$

并且有

$$\begin{aligned}(T(\boldsymbol{x}-\boldsymbol{y}),T(\boldsymbol{x}-\boldsymbol{y}))&=(T\boldsymbol{x}-T\boldsymbol{y},T\boldsymbol{x}-T\boldsymbol{y})\\&=(T\boldsymbol{x},T\boldsymbol{x})-2(T\boldsymbol{x},T\boldsymbol{y})+(T\boldsymbol{y},T\boldsymbol{y})\\&=(\boldsymbol{x},\boldsymbol{x})-2(T\boldsymbol{x},T\boldsymbol{y})+(\boldsymbol{y},\boldsymbol{y}),\end{aligned}$$

$$(\boldsymbol{x}-\boldsymbol{y},\boldsymbol{x}-\boldsymbol{y})=(\boldsymbol{x},\boldsymbol{x})-2(\boldsymbol{x},\boldsymbol{y})+(\boldsymbol{y},\boldsymbol{y}),$$

因此有

$$(T\boldsymbol{x},T\boldsymbol{y})=(\boldsymbol{x},\boldsymbol{y}).$$

定理 9　设 T 是欧氏空间 V 的一个线性变换，则下面的命题是等价的：

(1) T 是正交变换；

(2) 任意 $\boldsymbol{x}\in V,|T\boldsymbol{x}|=|\boldsymbol{x}|$；

(3) 若 $\boldsymbol{x}_1,\boldsymbol{x}_2,\cdots,\boldsymbol{x}_n$ 是 V 的标准正交基，则 $T\boldsymbol{x}_1,T\boldsymbol{x}_2,\cdots,T\boldsymbol{x}_n$ 也是 V 的标准正交基；

(4) T 在 V 的标准正交基下的矩阵 $\boldsymbol{A}$ 满足 $\boldsymbol{A}^{\mathrm{T}}=\boldsymbol{A}^{-1}(\boldsymbol{A}^{\mathrm{T}}\boldsymbol{A}=\boldsymbol{E})$.

证　(1) $\Rightarrow$ (2)　由任意 $\boldsymbol{x}\in V,(T\boldsymbol{x},T\boldsymbol{x})=(\boldsymbol{x},\boldsymbol{x})$，开方即得.

(2) $\Rightarrow$ (3)　由条件 $|T\boldsymbol{x}_i|=|\boldsymbol{x}_i|=1,i=1,2,\cdots,n,i\neq j$ 时，由 $|T(\boldsymbol{x}_i+\boldsymbol{x}_j)|^2=|\boldsymbol{x}_i+\boldsymbol{x}_j|^2$ 展开有

$$\left(T\boldsymbol{x}_i,T\boldsymbol{x}_i\right)+2\left(T\boldsymbol{x}_i,T\boldsymbol{x}_j\right)+\left(T\boldsymbol{x}_j,T\boldsymbol{x}_j\right)=\left(\boldsymbol{x}_i,\boldsymbol{x}_i\right)+2\left(\boldsymbol{x}_i,\boldsymbol{x}_j\right)+\left(\boldsymbol{x}_j,\boldsymbol{x}_j\right),$$

故有 $\left(T\boldsymbol{x}_i,T\boldsymbol{x}_j\right)=\left(\boldsymbol{x}_i,\boldsymbol{x}_j\right)=0(i\neq j)$，即 $T\boldsymbol{x}_1,T\boldsymbol{x}_2,\cdots,T\boldsymbol{x}_n$ 是 V 的标准正交基.

(3) $\Rightarrow$ (4)　$\boldsymbol{x}_1,\boldsymbol{x}_2,\cdots,\boldsymbol{x}_n$ 是 V 的标准正交基，令

$$T(\boldsymbol{x}_1,\boldsymbol{x}_2,\cdots,\boldsymbol{x}_n)=(T\boldsymbol{x}_1,T\boldsymbol{x}_2,\cdots,T\boldsymbol{x}_n)=(\boldsymbol{x}_1,\boldsymbol{x}_2,\cdots,\boldsymbol{x}_n)\boldsymbol{A},$$

其中 $\boldsymbol{A}$ 是两组标准正交基的过渡矩阵，令 $\boldsymbol{A}=(a_{ij})_{n\times n}$，由上式可得

$$Tx_i=\sum_{k=1}^{n}a_{ki}x_k \quad (i=1,2,\cdots,n),$$

所以

$$(Tx_i,Tx_j)=\left(\sum_{k=1}^{n}a_{ki}x_k,\sum_{l=1}^{n}a_{lj}x_l\right)=\sum_{l,k=1}^{n}a_{ki}a_{lj}(x_k,x_l)$$

$$=\sum_{k=1}^{n}a_{ki}a_{kj}=(A^{\mathrm{T}}A)_{ij}=\begin{cases}1, & i=j,\\0, & i\neq j,\end{cases}$$

因此 $A^{\mathrm{T}}A=E$.

(4) ⇒ (1) $T(x_1,x_2,\cdots,x_n)=(Tx_1,Tx_2,\cdots,Tx_n)=(x_1,x_2,\cdots,x_n)A$, $A^{\mathrm{T}}A=E$. 由上面知

$$(Tx_i,Tx_j)=(A^{\mathrm{T}}A)_{ij}=\begin{cases}1, & i=j,\\0, & i\neq j,\end{cases}$$

故 $Tx_1,Tx_2,\cdots,Tx_n$ 是 V 的标准正交基. 所以任意 $x,y\in V$, 设

$$x=\sum_{i=1}^{n}\xi_i x_i,\quad y=\sum_{j=1}^{n}\eta_j x_j,$$

有

$$(Tx,Ty)=\left(\sum_{i=1}^{n}\xi_i Tx_i,\sum_{j=1}^{n}\eta_j Tx_j\right)=\sum_{i,j=1}^{n}\xi_i\eta_j(Tx_i,Tx_j)=\sum_{i=1}^{n}\xi_i\eta_i=(x,y),$$

故 T 是正交变换.

定义 9 若实方阵 A 满足 $A^{\mathrm{T}}A=E$, 则称 A 为**正交矩阵**.

推论 1 设 A 是正交矩阵, 则有

(1) A 是非奇异的, 且 $|A|=\pm1$;

(2) A^{-1} 也是正交矩阵;

(3) 正交矩阵的乘积还是正交矩阵;

(4) A 的特征值的模为 1.

四、对称变换和对称矩阵

定义 10 设 T 是欧氏空间 V 的一个线性变换, 若对 V 中任意两个向量 x,y 都有

$$(Tx,y)=(x,Ty),$$

则称 T 是 V 的**对称变换**.

定理 10　欧氏空间 V^n 的标准正交基为 $\boldsymbol{x}_1,\boldsymbol{x}_2,\cdots,\boldsymbol{x}_n$, T 是 V^n 的一个线性变换, 并且有 $T(\boldsymbol{x}_1,\boldsymbol{x}_2,\cdots,\boldsymbol{x}_n)=(\boldsymbol{x}_1,\boldsymbol{x}_2,\cdots,\boldsymbol{x}_n)\boldsymbol{A}$, 则 T 是对称变换的充要条件是 $\boldsymbol{A}$ 为对称矩阵.

证　设 $\boldsymbol{A}=(a_{ij})_{n\times n}$, 则

$$T\boldsymbol{x}_i=a_{1i}\boldsymbol{x}_1+a_{2i}\boldsymbol{x}_2+\cdots+a_{ni}\boldsymbol{x}_n,\quad (T\boldsymbol{x}_i,\boldsymbol{x}_j)=a_{ji},$$

$$T\boldsymbol{x}_j=a_{1j}\boldsymbol{x}_1+a_{2j}\boldsymbol{x}_2+\cdots+a_{nj}\boldsymbol{x}_n,\quad (T\boldsymbol{x}_j,\boldsymbol{x}_i)=a_{ij}.$$

必要性　设 T 是对称变换 $(T\boldsymbol{x}_i,\boldsymbol{x}_j)=(\boldsymbol{x}_i,T\boldsymbol{x}_j)$, 则有 $a_{ji}=a_{ij}$, 即 $\boldsymbol{A}^{\mathrm{T}}=\boldsymbol{A}$.

充分性　设 $\boldsymbol{A}$ 是对称矩阵, 对任意 $\boldsymbol{x},\boldsymbol{y}\in V^n$, 有

$$\boldsymbol{x}=(\boldsymbol{x}_1,\boldsymbol{x}_2,\cdots,\boldsymbol{x}_n)\begin{pmatrix}\xi_1\\ \xi_2\\ \vdots\\ \xi_n\end{pmatrix},\quad T\boldsymbol{x}=(\boldsymbol{x}_1,\boldsymbol{x}_2,\cdots,\boldsymbol{x}_n)\boldsymbol{A}\begin{pmatrix}\xi_1\\ \xi_2\\ \vdots\\ \xi_n\end{pmatrix},$$

$$\boldsymbol{y}=(\boldsymbol{x}_1,\boldsymbol{x}_2,\cdots,\boldsymbol{x}_n)\begin{pmatrix}\eta_1\\ \eta_2\\ \vdots\\ \eta_n\end{pmatrix},\quad T\boldsymbol{y}=(\boldsymbol{x}_1,\boldsymbol{x}_2,\cdots,\boldsymbol{x}_n)\boldsymbol{A}\begin{pmatrix}\eta_1\\ \eta_2\\ \vdots\\ \eta_n\end{pmatrix},$$

可得

$$(T\boldsymbol{x},\boldsymbol{y})=(\xi_1,\xi_2,\cdots,\xi_n)\boldsymbol{A}^{\mathrm{T}}\begin{pmatrix}\eta_1\\ \eta_2\\ \vdots\\ \eta_n\end{pmatrix}=(\xi_1,\xi_2,\cdots,\xi_n)\boldsymbol{A}\begin{pmatrix}\eta_1\\ \eta_2\\ \vdots\\ \eta_n\end{pmatrix}=(\boldsymbol{x},T\boldsymbol{y}),$$

即 T 是对称变换.

定理 11　设 $\boldsymbol{A}$ 是实对称矩阵, 则 $\boldsymbol{A}$ 的特征值皆为实数.

证　设 $\boldsymbol{A}$ 是实对称矩阵, λ 是它的特征值, $\boldsymbol{x}=(\xi_1,\xi_2,\cdots,\xi_n)^{\mathrm{T}}$ 是属于特征值 λ 的特征向量, 即

$$\boldsymbol{A}\boldsymbol{x}=\lambda\boldsymbol{x},$$

两边取共轭, 得

$$\overline{\boldsymbol{A}\boldsymbol{x}}=\overline{\lambda\boldsymbol{x}},$$

由共轭复数的性质，有

$$\overline{A}\ \overline{x}=\overline{\lambda}\ \overline{x},$$

再取转置，我们知道 $\overline{A}=A$, $A^{\mathrm{T}}=A$，从而有

$$\overline{\lambda}\overline{x}^{\mathrm{T}}=\overline{x}^{\mathrm{T}}\overline{A}^{\mathrm{T}}=\overline{x}^{\mathrm{T}}A,$$

上式两边都右乘以 x，得

$$\overline{\lambda}\overline{x}^{\mathrm{T}}x=\overline{x}^{\mathrm{T}}Ax=\lambda\overline{x}^{\mathrm{T}}x,$$

即

$$(\lambda-\overline{\lambda})\overline{x}^{\mathrm{T}}x=\mathbf{0},$$

同时有

$$\overline{x}^{\mathrm{T}}x=\overline{\xi_1}\xi_1+\overline{\xi_2}\xi_2+\cdots+\overline{\xi_n}\xi_n\neq 0,$$

故有 $\lambda=\overline{\lambda}$，从而 λ 为实数.

定理 12 设 A 是实对称矩阵，则属于 A 的不同特征值的特征向量是正交的.

证 设 λ_1,λ_2 是实对称矩阵 A 的两个不同的特征值，其对应的特征向量分别为 x_1,x_2，即

$$Ax_1=\lambda_1x_1,\quad Ax_2=\lambda_2x_2,$$

由于

$$\lambda_1x_1^{\mathrm{T}}=x_1^{\mathrm{T}}A,$$

因此

$$\lambda_1x_1^{\mathrm{T}}x_2=x_1^{\mathrm{T}}Ax_2=\lambda_2x_1^{\mathrm{T}}x_2,$$

即

$$(\lambda_1-\lambda_2)x_1^{\mathrm{T}}x_2=\mathbf{0},$$

因为 $\lambda_1\neq\lambda_2$，所以有

$$(x_1,x_2)=x_1^{\mathrm{T}}x_2=0,$$

即 x_1,x_2 正交.

欧氏空间是针对实数域 $\mathbf{R}$ 的线性空间而言，我们将要介绍的酉空间实际上是复数域 $\mathbf{C}$ 上的内积空间.

五、酉空间

定义 11　设 V 是复数域 $\mathbf{C}$ 上的线性空间，对于 V 中任意两个向量 $\boldsymbol{x},\boldsymbol{y}$ 均按某一规则存在一个复数与之对应，记为 $(\boldsymbol{x},\boldsymbol{y})$，若它满足

(1) **共轭对称性**　$(\boldsymbol{x},\boldsymbol{y})=\overline{(\boldsymbol{y},\boldsymbol{x})}$；

(2) **同加性**　$(\boldsymbol{x},\boldsymbol{y}+\boldsymbol{z})=(\boldsymbol{x},\boldsymbol{y})+(\boldsymbol{x},\boldsymbol{z})$；

(3) **齐次性**　$(k\boldsymbol{x},\boldsymbol{y})=k(\boldsymbol{x},\boldsymbol{y})$；

(4) **非负性**　$(\boldsymbol{x},\boldsymbol{x})\geqslant 0$，当且仅当 $\boldsymbol{x}=\boldsymbol{\theta}$ 时，$(\boldsymbol{x},\boldsymbol{x})=0$，

则称 $(\boldsymbol{x},\boldsymbol{y})$ 为 $\boldsymbol{x}$ 与 $\boldsymbol{y}$ 的**内积**，定义了内积的复线性空间，称为**酉空间**.

由于酉空间的讨论与欧氏空间的讨论很类似，有一套平行的理论，因此这里只简单地列出重要的结论，而不详细论证.

首先由内积的定义可以得到

(1) $(\boldsymbol{x},k\boldsymbol{y})=\bar{k}(\boldsymbol{x},\boldsymbol{y})$.

(2) $(\boldsymbol{x}+\boldsymbol{y},\boldsymbol{z})=(\boldsymbol{x},\boldsymbol{z})+(\boldsymbol{y},\boldsymbol{z})$.

(3) $\sqrt{(\boldsymbol{x},\boldsymbol{x})}=|\boldsymbol{x}|$ 称为 $\boldsymbol{x}$ 的**长度(模)**.

(4) Cauchy 不等式仍然成立，即对任意向量 $\boldsymbol{x},\boldsymbol{y}$ 有

$$|(\boldsymbol{x},\boldsymbol{y})|\leqslant|\boldsymbol{x}||\boldsymbol{y}|,$$

当且仅当 $\boldsymbol{x},\boldsymbol{y}$ 线性相关时，等号成立.

(5) 当 $(\boldsymbol{x},\boldsymbol{y})=0$ 时，称为 $\boldsymbol{x},\boldsymbol{y}$ **正交**或**垂直**，记为 $\boldsymbol{x}\perp\boldsymbol{y}$.

在 n 维酉空间中，我们同样可以定义正交基和标准正交基，并且关于标准正交基也有下述一些重要性质.

(6) 任意一组线性无关的向量可以用 Gram-Schmidt 正交化，并扩充成为一组标准正交基.

(7) 任一非零酉空间都存在正交基和标准正交基.

类似于欧氏空间的正交变换和对称变换，可以引进酉空间的酉变换和 Hermite 变换.

(8) 设 T 是酉空间 V 的一个线性变换，若对 V 中任意向量 $\boldsymbol{x}$ 恒有

$$(T\boldsymbol{x},T\boldsymbol{x})=(\boldsymbol{x},\boldsymbol{x}),$$

则称 T 为 V 的**酉变换**.

(9) 线性变换 T 为酉变换充要条件是对于 T 酉空间 V 中任意向量 $\boldsymbol{x},\boldsymbol{y}$ 都有

$$(T\boldsymbol{x},T\boldsymbol{y})=(\boldsymbol{x},\boldsymbol{y}).$$

(10)对n阶复矩阵$\boldsymbol{A}$，用$\overline{\boldsymbol{A}}$表示以$\boldsymbol{A}$的元素的共轭复数作元素的矩阵. 如$\boldsymbol{A}$满足$\boldsymbol{A}^{\mathrm{H}}\boldsymbol{A}=\boldsymbol{A}\boldsymbol{A}^{\mathrm{H}}=\boldsymbol{E}$（$\boldsymbol{A}^{\mathrm{H}}$表示矩阵$\boldsymbol{A}$的共轭转置矩阵），就称$\boldsymbol{A}$为**酉矩阵**，酉矩阵的行列式的绝对值等于1.

(11)酉空间的线性变换是酉变换的充要条件是它对于标准正交基下的矩阵是酉矩阵.

(12)设T是酉空间V的一个线性变换，若对V中任意两个向量$\boldsymbol{x},\boldsymbol{y}$都有

$$(T\boldsymbol{x},\boldsymbol{y})=(\boldsymbol{x},T\boldsymbol{y}),$$

则称T是V的**Hermite变换或酉对称变换**.

(13)酉空间的线性变换是Hermite变换的充要条件是它对于标准正交基下的矩阵是Hermite矩阵，即$\boldsymbol{A}^{\mathrm{H}}=\boldsymbol{A}$.

(14)Hermite矩阵的特征值为实数，它的属于不同特征值的特征向量必正交.

(15)若$\boldsymbol{A}$是Hermite矩阵，则存在酉矩阵$\boldsymbol{U}$，使得

$$\boldsymbol{U}^{\mathrm{H}}\boldsymbol{A}\boldsymbol{U}=\boldsymbol{\Lambda}.$$

(16)V是酉空间，W是V的子空间，$W^{\perp}$是W的正交补，则$V=W\oplus W^{\perp}$.

定义12 若$\boldsymbol{A}\in\mathbf{C}^{n\times n}$满足$\boldsymbol{A}^{\mathrm{H}}\boldsymbol{A}=\boldsymbol{A}\boldsymbol{A}^{\mathrm{H}}$，则称$\boldsymbol{A}$为**正规矩阵**.

定理13 设$\boldsymbol{A}\in\mathbf{C}^{n\times n}$，则$\boldsymbol{A}$酉相似于对角矩阵的充要条件是$\boldsymbol{A}$为正规矩阵.

证 必要性 设存在酉矩阵$\boldsymbol{U}$，使得$\boldsymbol{U}^{\mathrm{H}}\boldsymbol{A}\boldsymbol{U}=\boldsymbol{\Lambda}$(对角矩阵)，则有

$$\boldsymbol{A}=\boldsymbol{U}\boldsymbol{\Lambda}\boldsymbol{U}^{\mathrm{H}},\quad \boldsymbol{A}^{\mathrm{H}}=\boldsymbol{U}\overline{\boldsymbol{\Lambda}}\boldsymbol{U}^{\mathrm{H}},$$

$$\boldsymbol{A}^{\mathrm{H}}\boldsymbol{A}=\boldsymbol{U}\overline{\boldsymbol{\Lambda}}\boldsymbol{U}^{\mathrm{H}}\boldsymbol{U}\boldsymbol{\Lambda}\boldsymbol{U}^{\mathrm{H}}=\boldsymbol{U}\boldsymbol{\Lambda}\overline{\boldsymbol{\Lambda}}\boldsymbol{U}^{\mathrm{H}}=\boldsymbol{U}\boldsymbol{\Lambda}\boldsymbol{U}^{\mathrm{H}}\boldsymbol{U}\overline{\boldsymbol{\Lambda}}\boldsymbol{U}^{\mathrm{H}}=\boldsymbol{A}\boldsymbol{A}^{\mathrm{H}}.$$

充分性 已知$\boldsymbol{A}^{\mathrm{H}}\boldsymbol{A}=\boldsymbol{A}\boldsymbol{A}^{\mathrm{H}}$，由定理知，存在酉矩阵$\boldsymbol{U}$，使得

$$\boldsymbol{U}^{\mathrm{H}}\boldsymbol{A}\boldsymbol{U}=\begin{pmatrix} b_{11} & b_{12} & \cdots & b_{1n} \\ & b_{22} & \cdots & b_{2n} \\ & & \ddots & \vdots \\ & & & b_{nn} \end{pmatrix}=\boldsymbol{B},$$

于是有

$$\boldsymbol{B}^{\mathrm{H}}\boldsymbol{B}=\boldsymbol{U}^{\mathrm{H}}\boldsymbol{A}^{\mathrm{H}}\boldsymbol{U}\boldsymbol{U}^{\mathrm{H}}\boldsymbol{A}\boldsymbol{U}=\boldsymbol{U}^{\mathrm{H}}\boldsymbol{A}^{\mathrm{H}}\boldsymbol{A}\boldsymbol{U}=\boldsymbol{U}^{\mathrm{H}}\boldsymbol{A}\boldsymbol{A}^{\mathrm{H}}\boldsymbol{U}=\boldsymbol{U}^{\mathrm{H}}\boldsymbol{A}\boldsymbol{U}\boldsymbol{U}^{\mathrm{H}}\boldsymbol{A}^{\mathrm{H}}\boldsymbol{U}=\boldsymbol{B}\boldsymbol{B}^{\mathrm{H}},$$

比较以上矩阵的对角线元素可得

$$b_{12}=0,b_{13}=0,\cdots,b_{1n}=0,$$

$$b_{23}=0,\cdots,b_{2n}=0,$$

$$\cdots\cdots$$

$$b_{n-1,n}=0,$$

也就是 $\boldsymbol{B}=\operatorname{diag}(b_{11},b_{22},\cdots,b_{nn})$，即 $\boldsymbol{A}$ 相似于对角矩阵.

习　题　一

1. 判断下列集合关于指定的加法和数量乘法是否构成实数域 $\mathbf{R}$ 上的线性空间.

(1) 全体 n 阶实对称矩阵，对矩阵的加法和数乘矩阵运算；

(2) 全体 n 阶实可逆矩阵，对矩阵的加法和数乘矩阵运算；

(3) 全体形如 $\begin{pmatrix} a & b \\ -b & 0 \end{pmatrix}$ 的矩阵，对矩阵的加法和数乘矩阵运算；

(4) 设 $\boldsymbol{A},\boldsymbol{B}\in\mathbf{R}^{n\times n}$，定义加法 $\oplus$ 为

$$\boldsymbol{A}\oplus\boldsymbol{B}=\boldsymbol{AB}-\boldsymbol{BA},$$

数乘矩阵运算为通常矩阵的数乘矩阵运算.

2. 证明在实函数空间中，1, $\sin^2 x,\cos 2x$ 是线性相关的.

3. 在 $\mathbf{R}^{2\times 2}$ 中，试证 $\boldsymbol{A}_1=\begin{pmatrix} 1 & 0 \\ 1 & 1 \end{pmatrix}$，$\boldsymbol{A}_2=\begin{pmatrix} 1 & 1 \\ 1 & 0 \end{pmatrix}$，$\boldsymbol{A}_3=\begin{pmatrix} 1 & 1 \\ 0 & 1 \end{pmatrix}$，$\boldsymbol{A}_4=\begin{pmatrix} 1 & 1 \\ 1 & 1 \end{pmatrix}$ 线性无关.

4. 给定矩阵 $\boldsymbol{B}\in\mathbf{R}^{n\times n}$，判断 $\mathbf{R}^{n\times n}$ 的子集

$$V_1=\{\boldsymbol{A}\mid \boldsymbol{AB}=\boldsymbol{BA},\ \boldsymbol{A}\in\mathbf{R}^{n\times n}\}$$

是否构成子空间.

5. 求实数域上多项式空间 $P[x]_3$ 的子空间

$$V_1=\left\{f(x)\middle| f(x)=a_3x^3+a_2x^2+a_1x+a_0, a_0+a_1+a_2=0, a_1+a_2+a_3=0\right\}$$

的基和维数.

6. 设 $f(x)=5x^3+3x^2+x+2\in P[x]_3$.

(1) 求 $f(x)$ 在基 $1,x-1,(x-1)^2,(x-1)^3$ 下的坐标；

(2) 求基 $1,x-1,(x-1)^2,(x-1)^3$ 到基 $1,x+1,(x+1)^2,(x+1)^3$ 的过渡矩阵；

(3) 用坐标变换公式，求 $f(x)$ 在基 $1,x+1,(x+1)^2,(x+1)^3$ 下的坐标.

7. 在 $\mathbf{R}^{2\times 2}$ 中取两组基分别为

(Ⅰ)：$\boldsymbol{A}_1=\begin{pmatrix} 1 & 1 \\ 1 & 1 \end{pmatrix},\boldsymbol{A}_2=\begin{pmatrix} 1 & 1 \\ -1 & -1 \end{pmatrix},\boldsymbol{A}_3=\begin{pmatrix} 1 & -1 \\ 1 & -1 \end{pmatrix},\boldsymbol{A}_4=\begin{pmatrix} 1 & -1 \\ -1 & 1 \end{pmatrix}$；

(Ⅱ)：$\boldsymbol{B}_1=\begin{pmatrix} 1 & -1 \\ 1 & 3 \end{pmatrix},\boldsymbol{B}_2=\begin{pmatrix} 1 & 2 \\ -2 & 0 \end{pmatrix},\boldsymbol{B}_3=\begin{pmatrix} 0 & 0 \\ 2 & -2 \end{pmatrix},\boldsymbol{B}_4=\begin{pmatrix} 1 & -1 \\ -1 & 1 \end{pmatrix}$.

(1) 求基(Ⅰ)到基(Ⅱ)的过渡矩阵；

(2) 求对两组基有相同坐标的所有向量.

8. 设 $\mathbf{R}^{2\times2}$ 的两个子空间为

$$V_1=\left\{\boldsymbol{A}\middle|\boldsymbol{A}=\begin{pmatrix}a_{11}&a_{12}\\a_{21}&a_{22}\end{pmatrix},a_{11}-a_{12}+a_{21}+a_{22}=0\right\},$$

$$V_2=L(\boldsymbol{B}_1,\boldsymbol{B}_2),\quad \boldsymbol{B}_1=\begin{pmatrix}1&0\\2&3\end{pmatrix},\quad \boldsymbol{B}_2=\begin{pmatrix}1&-1\\0&1\end{pmatrix}.$$

(1)将 V_1+V_2 表示成生成子空间；

(2)求 V_1+V_2 的基和维数；

(3)求 $V_1\cap V_2$ 的基和维数.

9. 已知 $\mathbf{R}^3$ 中的线性变换 T 在基 $\boldsymbol{\alpha}_1=(-1,1,1)^{\mathrm{T}},\boldsymbol{\alpha}_2=(1,0,-1)^{\mathrm{T}},\boldsymbol{\alpha}_3=(0,1,1)^{\mathrm{T}}$ 下的矩阵是

$$\begin{pmatrix}1&0&1\\1&1&0\\-1&2&1\end{pmatrix},$$

求 T 在基 $\boldsymbol{\beta}_1=(1,0,0)^{\mathrm{T}},\boldsymbol{\beta}_2=(0,1,0)^{\mathrm{T}},\boldsymbol{\beta}_3=(0,0,1)^{\mathrm{T}}$ 下的矩阵.

10. 矩阵空间 $\mathbf{R}^{2\times2}$ 中，给定矩阵 $\boldsymbol{A}=\begin{pmatrix}1&1\\1&1\end{pmatrix}$，线性变换 T 为

$$T(\boldsymbol{X})=\boldsymbol{XA}\qquad(\forall\boldsymbol{X}\in\mathbf{R}^{2\times2}).$$

(1)求 $R(T),N(T)$ 的基和维数；(2)求线性变换 T 的特征值和特征向量.

11. 已知

$$\boldsymbol{A}=\begin{pmatrix}1&0&0&0\\-1&-1&-1&0\\1&1&1&0\\2&2&2&0\end{pmatrix},$$

求 $\boldsymbol{A}$ 的最小多项式，并计算 $\boldsymbol{A}^{200}$.

12. 求下列矩阵的 Jordan 标准形 $\boldsymbol{J}$.

(1) $\begin{pmatrix}3&0&8\\3&-1&6\\-2&0&-5\end{pmatrix}$；　(2) $\begin{pmatrix}2&1&4\\0&2&0\\0&3&1\end{pmatrix}$；　(3) $\begin{pmatrix}1&2&3&4\\0&1&2&3\\0&0&1&2\\0&0&0&1\end{pmatrix}$；　(4) $\begin{pmatrix}0&-1&0&0\\1&0&0&0\\0&0&3&-2\\0&0&2&-1\end{pmatrix}$.

13. 设 $\boldsymbol{A}=\begin{pmatrix}2&-1&-1\\2&-1&-2\\-1&-1&2\end{pmatrix}$，求可逆矩阵 $\boldsymbol{P}$，使得 $\boldsymbol{P}^{-1}\boldsymbol{AP}=\boldsymbol{J}$.

14. 设 $\boldsymbol{\alpha}_1=(1,0,2,0)^{\mathrm{T}},\boldsymbol{\alpha}_2=(0,2,0,3)^{\mathrm{T}},\boldsymbol{\alpha}_3=(2,6,4,9)^{\mathrm{T}}$，试把生成子空间 $L(\boldsymbol{\alpha}_1,\boldsymbol{\alpha}_2,\boldsymbol{\alpha}_3)$ 的基扩充为实内积空间 $\mathbf{R}^4$ 的一组基，并求 $\mathbf{R}^4$ 的一组标准正交基.

15. 设

$$\varepsilon_1 = e^{ax}\cos bx, \quad \varepsilon_2 = e^{ax}\sin bx, \quad \varepsilon_3 = xe^{ax}\cos bx,$$

$$\varepsilon_4 = xe^{ax}\sin bx, \quad \varepsilon_5 = \frac{1}{2}x^2e^{ax}\cos bx, \quad \varepsilon_6 = \frac{1}{2}x^2e^{ax}\sin bx,$$

6 个函数的所有实系数线性组合构成实数域上一个六维线性空间，求微分变换 D 在 $\varepsilon_1,\varepsilon_2,\varepsilon_3,\varepsilon_4,\varepsilon_5,\varepsilon_6$ 下的矩阵.

16. 设

$$\boldsymbol{A} = \begin{pmatrix} 1 & 0 & 0 \\ 1 & 0 & 1 \\ 0 & 1 & 0 \end{pmatrix},$$

试计算 $\boldsymbol{A}^6 - \boldsymbol{A}^5 - \boldsymbol{A}^2 + 8\boldsymbol{A} + \boldsymbol{E}$.

17. 求下列矩阵的 Smith 标准形：

(1) $\begin{pmatrix} \lambda^3-\lambda & 2\lambda^2 \\ \lambda^2+5\lambda & 3\lambda \end{pmatrix}$； (2) $\begin{pmatrix} \lambda^2+\lambda & 0 & 0 \\ 0 & \lambda & 0 \\ 0 & 0 & (\lambda+1)^2 \end{pmatrix}$；

(3) $\begin{pmatrix} 0 & 0 & 0 & \lambda^2 \\ 0 & 0 & \lambda^2-\lambda & 0 \\ 0 & (\lambda-1)^2 & 0 & 0 \\ \lambda^2-\lambda & 0 & 0 & 0 \end{pmatrix}$.

18. 设欧氏空间 $P[x]_2$ 的内积为

$$(f(x), g(x)) = \int_{-1}^{1} f(x)g(x)\mathrm{d}x.$$

(1) 求基 $1, x, x^2$ 的度量矩阵；

(2) 利用矩阵乘法的形式计算 $f(x)=1-x+x^2$ 与 $g(x)=1-4x-5x^2$ 的内积.

19. 设 $\boldsymbol{e}$ 是欧氏空间 V 中的单位元素，定义变换

$$T\boldsymbol{x} = \boldsymbol{x} - 2(\boldsymbol{x},\boldsymbol{e})\boldsymbol{e} \quad (\forall \boldsymbol{x} \in V).$$

(1) 试证 T 是线性变换；

(2) 试证 T 既是线性变换，又是对称变换；

(3) 试证 $\boldsymbol{e}$ 是 T 的一个特征向量，并求其对应的特征值.

20. 设欧氏空间 V^n 的基 $\boldsymbol{x}_1, \boldsymbol{x}_2, \cdots, \boldsymbol{x}_n$ 的度量矩阵为 $\boldsymbol{B}$，正交变换 T 在该基下的矩阵为 $\boldsymbol{A}$，证明 $\boldsymbol{A}^{\mathrm{T}}\boldsymbol{B}\boldsymbol{A} = \boldsymbol{B}$.

21. 设 $\boldsymbol{A} \in \mathbf{C}^{m\times n}$，酉空间 $\mathbf{C}^m$ 中的向量 $\boldsymbol{\alpha} = (\xi_1, \xi_2, \cdots, \xi_m)^{\mathrm{T}}$ 与 $\boldsymbol{\beta} = (\eta_1, \eta_2, \cdots, \eta_m)^{\mathrm{T}}$ 内积为

$$(\boldsymbol{\alpha}, \boldsymbol{\beta}) = \xi_1\overline{\eta_1} + \xi_2\overline{\eta_2} + \cdots + \xi_m\overline{\eta_m},$$

证明 $[R(\boldsymbol{A})]^{\perp} = N(\boldsymbol{A}^{\mathrm{H}})$.

第二章　向量和矩阵的范数

第一节　向 量 范 数

一、向量范数的概念

为了研究线性方程组近似解的误差估计和迭代法解线性方程组的收敛性，需要对向量和矩阵引进范数的概念.

定义 1　如果向量空间 $\mathbf{R}^n$ 上的某个非负实值函数 $N(\boldsymbol{x})=\|\boldsymbol{x}\|$ 满足条件：

(1) **正定性**　$\|\boldsymbol{x}\|\geqslant 0$, 当且仅当 $\boldsymbol{x}=0$ 时 $\|\boldsymbol{x}\|=0$；

(2) **齐次性**　$\|c\boldsymbol{x}\|=|c|\|\boldsymbol{x}\|, c$ 为任意实数；

(3) **三角不等式**　$\|\boldsymbol{x}+\boldsymbol{y}\|\leqslant\|\boldsymbol{x}\|+\|\boldsymbol{y}\|$,

则称 $\|\cdot\|$ 为 $\mathbf{R}^n$ 上的一个**向量范数**.

n 维向量空间 $\mathbf{R}^n=\{\boldsymbol{x}\mid\boldsymbol{x}=(x_1,\cdots,x_n),x_i\in\mathbf{R},i=1,2,\cdots,n\}$ 上常用的三种范数为

$$\|\boldsymbol{x}\|_\infty=\max_{1\leqslant i\leqslant n}|x_i| \quad (\infty\text{-范数})；$$

$$\|\boldsymbol{x}\|_1=\sum_{i=1}^{n}|x_i| \quad (1\text{-范数})；$$

$$\|\boldsymbol{x}\|_2=\sqrt{\sum_{i=1}^{n}x_i^2} \quad (2\text{-范数})；$$

进一步地，可定义

$$\|\boldsymbol{x}\|_p=\left(\sum_{i=1}^{n}|x_i|^p\right)^{\frac{1}{p}} \quad (p\text{-范数}).$$

例 1　计算向量 $\boldsymbol{x}=(1,-2,3)^{\mathrm{T}}$ 的各种范数.

解　$\|\boldsymbol{x}\|_\infty=3,\quad\|\boldsymbol{x}\|_1=6,\quad\|\boldsymbol{x}\|_2=\sqrt{14}.$

二、迭代法收敛的概念

定义 2　设

$$\boldsymbol{x}^{(k)}=(x_1^{(k)},\cdots,x_n^{(k)})\in\mathbf{R}^n,\qquad\boldsymbol{x}^*=(x_1^*,\cdots,x_n^*)\in\mathbf{R}^n,$$

若

$$\lim_{k\to\infty} x_i^{(k)} = x_i^* \quad (i=1,2,\cdots,n),$$

则称点列 $\{\boldsymbol{x}^{(k)}\}$ 收敛于 $\boldsymbol{x}^*$，并记作

$$\lim_{k\to\infty} \boldsymbol{x}^{(k)} = \boldsymbol{x}^*.$$

由定义 2 可知

$$\lim_{k\to\infty} \boldsymbol{x}^{(k)} = \boldsymbol{x}^* \Leftrightarrow \lim_{k\to\infty} \left\|\boldsymbol{x}^{(k)} - \boldsymbol{x}^*\right\|_\infty = 0,$$

$$\lim_{k\to\infty} \boldsymbol{x}^{(k)} = \boldsymbol{x}^* \Leftrightarrow \lim_{k\to\infty} \left\|\boldsymbol{x}^{(k)} - \boldsymbol{x}^*\right\|_1 = 0,$$

$$\lim_{k\to\infty} \boldsymbol{x}^{(k)} = \boldsymbol{x}^* \Leftrightarrow \lim_{k\to\infty} \left\|\boldsymbol{x}^{(k)} - \boldsymbol{x}^*\right\|_2 = 0.$$

三、向量范数的等价性

定理 1　设 $\|\boldsymbol{x}\|_s$ 和 $\|\boldsymbol{x}\|_t$ 是 $\mathbf{R}^n$ 上向量的任意两种范数，则存在常数 $c_2 > c_1 > 0$，使得对一切 $\boldsymbol{x} \in \mathbf{R}^n$，有

$$c_1\|\boldsymbol{x}\|_s \leqslant \|\boldsymbol{x}\|_t \leqslant c_2\|\boldsymbol{x}\|_s.$$

证明略.

特别地，对于上述常用的三种范数，有

$$\|\boldsymbol{x}\|_\infty \leqslant \|\boldsymbol{x}\|_1 \leqslant n\|\boldsymbol{x}\|_\infty,$$
$$\|\boldsymbol{x}\|_\infty \leqslant \|\boldsymbol{x}\|_2 \leqslant \sqrt{n}\|\boldsymbol{x}\|_\infty,$$
$$\frac{1}{\sqrt{n}}\|\boldsymbol{x}\|_1 \leqslant \|\boldsymbol{x}\|_2 \leqslant \|\boldsymbol{x}\|_1.$$

第二节　矩 阵 范 数

定义 1　如果矩阵空间 $\mathbf{R}^{n\times n}$ 上的某个非负实值函数 $N(\boldsymbol{A}) = \|\boldsymbol{A}\|$ 满足以下条件：

(1) **正定性**　$\|\boldsymbol{A}\| \geqslant 0$，且 $\|\boldsymbol{A}\| = 0 \Leftrightarrow \boldsymbol{A} = \boldsymbol{0}$；

(2) **齐次性**　$\|c\boldsymbol{A}\| = |c|\|\boldsymbol{A}\|$，$c$ 为任意实数；

(3) **三角不等式**　$\|\boldsymbol{A}+\boldsymbol{B}\| \leqslant \|\boldsymbol{A}\| + \|\boldsymbol{B}\|$，

则称 $N(\boldsymbol{A})$ 为 $\mathbf{R}^{n\times n}$ 上的一个**矩阵范数**.

在研究方程组解的误差时，常需要涉及矩阵乘积的范数以及矩阵与向量乘积的范数，为了研究的方便，我们要求它们之间满足

$$\|\boldsymbol{Ax}\| \leqslant \|\boldsymbol{A}\|\|\boldsymbol{x}\|, \quad \|\boldsymbol{AB}\| \leqslant \|\boldsymbol{A}\|\|\boldsymbol{B}\|,$$

其中前一个条件称为矩阵范数与向量范数的相容性，后一个条件称为矩阵范数的可乘性.

下面用向量范数定义一类矩阵范数，这种矩阵范数满足上述两个条件.

定理 1 设 $\boldsymbol{x} \in \mathbf{R}^n, \boldsymbol{A} \in \mathbf{R}^{n\times n}$，给定一种向量范数 $\|\boldsymbol{x}\|_v$，相应地定义一个矩阵的非负函数：

$$\|\boldsymbol{A}\|_v = \max_{\boldsymbol{x}\neq \boldsymbol{0}} \frac{\|\boldsymbol{Ax}\|_v}{\|\boldsymbol{x}\|_v} = \max_{\|\boldsymbol{x}\|_v=1} \|\boldsymbol{Ax}\|_v,$$

则 $\|\boldsymbol{A}\|_v$ 是一个矩阵范数，称为向量范数 $\|\boldsymbol{x}\|_v$ 的**诱导范数**(算子范数).

证 只要验证矩阵范数定义的三个条件即可.

(1) 对于任意的 $\boldsymbol{x} \in \mathbf{R}^n, \|\boldsymbol{x}\|_v = 1$，由于 $\|\boldsymbol{Ax}\| \geqslant 0$，故

$$\|\boldsymbol{A}\|_v = \max_{\|\boldsymbol{x}\|_v=1} \|\boldsymbol{Ax}\|_v \geqslant 0.$$

进一步地，

$$\begin{aligned} \|\boldsymbol{A}\|_v = \max_{\|\boldsymbol{x}\|_v=1} \|\boldsymbol{Ax}\|_v = 0 \\ &\Leftrightarrow \|\boldsymbol{Ax}\|_v = 0, \quad \forall \boldsymbol{x} \in \mathbf{R}^n, \quad \|\boldsymbol{x}\|_v = 1 \\ &\Leftrightarrow \boldsymbol{Ax} = \boldsymbol{0}, \quad \forall \boldsymbol{x} \in \mathbf{R}^n, \quad \|\boldsymbol{x}\|_v = 1 \\ &\Leftrightarrow \boldsymbol{A} = \boldsymbol{0}. \end{aligned}$$

(2)

$$\|\alpha \boldsymbol{A}\|_v = \max_{\|\boldsymbol{x}\|_v=1} \|(\alpha \boldsymbol{A})\boldsymbol{x}\|_v = |\alpha| \max_{\|\boldsymbol{x}\|_v=1} \|\boldsymbol{Ax}\|_v = |\alpha|\|\boldsymbol{A}\|_v.$$

(3)

$$\begin{aligned} \|\boldsymbol{A}+\boldsymbol{B}\|_v &= \max_{\|\boldsymbol{x}\|_v=1} \|(\boldsymbol{A}+\boldsymbol{B})\boldsymbol{x}\|_v = \max_{\|\boldsymbol{x}\|_v=1} \|\boldsymbol{Ax}+\boldsymbol{Bx}\|_v \\ &\leqslant \max_{\|\boldsymbol{x}\|_v=1} \left[\|\boldsymbol{Ax}\|_v + \|\boldsymbol{Bx}\|_v\right] \leqslant \max_{\|\boldsymbol{x}\|_v=1} \|\boldsymbol{Ax}\|_v + \max_{\|\boldsymbol{x}\|_v=1} \|\boldsymbol{Bx}\|_v \\ &= \|\boldsymbol{A}\|_v + \|\boldsymbol{B}\|_v. \end{aligned}$$

根据矩阵范数的定义，$\|\boldsymbol{A}\|_v$ 是一个矩阵范数.

定理 2　设$\|A\|$是由向量范数$\|x\|$诱导的矩阵范数，则

(1) $\|Ax\| \leqslant \|A\|\|x\|$；

(2) $\|AB\| \leqslant \|A\|\|B\|$；

(3) 当$A = I$时，$\|I\| = 1$.

证　(1) 由$\|A\| = \max\limits_{x \neq 0} \dfrac{\|Ax\|}{\|x\|}$可知，当$x \neq 0$时，$\dfrac{\|Ax\|}{\|x\|} \leqslant \|A\|$. 特别地，当$x = 0$时，$\|Ax\| \leqslant \|A\|\|x\|$显然成立.

(2)

$$\begin{aligned}\|AB\| &= \max_{x \neq 0} \frac{\|(AB)x\|}{\|x\|} = \max_{x \neq 0} \frac{\|A(Bx)\|}{\|x\|} \\ &\leqslant \max_{x \neq 0} \frac{\|A\|\|Bx\|}{\|x\|} = \|A\| \max_{x \neq 0} \frac{\|Bx\|}{\|x\|} = \|A\|\|B\|.\end{aligned}$$

(3) 显然.

值得注意的是，有的矩阵范数不是向量的诱导范数. 例如：

$$\|A\|_F = \sqrt{\sum_{i=1}^{n} a_{ij}^2}.$$

可以验证，它是一个矩阵范数(叫做 Frobenius 范数)，但不是任何向量范数的诱导范数.

定理 3　对于诱导矩阵范数，如果$\|B\| < 1$，则$I \pm B$为非奇异矩阵，且

$$\left\|(I \pm B)^{-1}\right\| \leqslant \frac{1}{1 - \|B\|}.$$

证　如果$I \pm B$为奇异矩阵，则方程组$(I \pm B)x = 0$有非零解，设为x_0，于是$x_0 = \mp B x_0$，从而

$$\|x_0\| = \|\mp B x_0\| = \|B x_0\| \leqslant \|B\|\|x_0\| < \|x_0\|,$$

这是矛盾.

又因为

$$I = (I \pm B)(I \pm B)^{-1} = (I \pm B)^{-1} \pm B(I \pm B)^{-1},$$

所以

$$(I \pm B)^{-1} = I \mp B(I \pm B)^{-1},$$

两边取范数，得

$$\begin{aligned}\left\|(\boldsymbol{I}\pm\boldsymbol{B})^{-1}\right\|&=\left\|\boldsymbol{I}\mp\boldsymbol{B}(\boldsymbol{I}\pm\boldsymbol{B})^{-1}\right\|\\&\leqslant\|\boldsymbol{I}\|+\left\|\boldsymbol{B}(\boldsymbol{I}\pm\boldsymbol{B})^{-1}\right\|\leqslant 1+\|\boldsymbol{B}\|\left\|(\boldsymbol{I}\pm\boldsymbol{B})^{-1}\right\|,\end{aligned}$$

移项，得

$$\left(1-\|\boldsymbol{B}\|\right)\left\|(\boldsymbol{I}\pm\boldsymbol{B})^{-1}\right\|\leqslant 1,$$

即有

$$\left\|(\boldsymbol{I}\pm\boldsymbol{B})^{-1}\right\|\leqslant\frac{1}{1-\|\boldsymbol{B}\|}.$$

定理 4 由向量范数 $\|\boldsymbol{x}\|_\infty, \|\boldsymbol{x}\|_1, \|\boldsymbol{x}\|_2$ 诱导的矩阵范数分别为：

(1) $\|\boldsymbol{A}\|_\infty=\max\limits_{1\leqslant i\leqslant n}\sum\limits_{j=1}^{n}|a_{ij}|$ （**行范数**）；

(2) $\|\boldsymbol{A}\|_1=\max\limits_{1\leqslant i\leqslant n}\sum\limits_{i=1}^{n}|a_{ij}|$ （**列范数**）；

(3) $\|\boldsymbol{A}\|_2=\sqrt{\lambda_{\max}(\boldsymbol{A}^{\mathrm{T}}\boldsymbol{A})}$ （**谱范数**），

其中 $\lambda_{\max}(\boldsymbol{A}^{\mathrm{T}}\boldsymbol{A})$ 表示 $\boldsymbol{A}^{\mathrm{T}}\boldsymbol{A}$ 的最大特征值.

证 只要证明(1)和(3)，(2)的证明与(1)类似.

(1)设 $\boldsymbol{x}=(x_1,x_2,\cdots,x_n)^{\mathrm{T}}\neq\boldsymbol{0}$，不妨设 $\boldsymbol{A}\neq\boldsymbol{0}$，则

$$\begin{aligned}\|\boldsymbol{A}\boldsymbol{x}\|_\infty&=\max_{1\leqslant i\leqslant n}\left|\sum_{j=1}^{n}a_{ij}x_j\right|\leqslant\max_{1\leqslant i\leqslant n}\sum_{j=1}^{n}|a_{ij}||x_j|\\&\leqslant\|x\|_\infty\max_{1\leqslant i\leqslant n}\sum_{j=1}^{n}|a_{ij}|.\end{aligned}$$

因此

$$\|\boldsymbol{A}\|_\infty=\max_{\boldsymbol{x}\neq\boldsymbol{0}}\frac{\|\boldsymbol{A}\boldsymbol{x}\|_\infty}{\|\boldsymbol{x}\|_\infty}\leqslant\max_{1\leqslant i\leqslant n}\sum_{j=1}^{n}|a_{ij}|.$$

下面证明存在 $\boldsymbol{x}^{(0)}\in\mathbf{R}^n$，使

$$\frac{\left\|\boldsymbol{A}\boldsymbol{x}^{(0)}\right\|_\infty}{\left\|\boldsymbol{x}^{(0)}\right\|_\infty}=\max_{1\leqslant i\leqslant n}\sum_{j=1}^{n}|a_{ij}|.$$

不妨设 $\max\limits_{1\leqslant i\leqslant n}\sum\limits_{j=1}^{n}|a_{ij}|=\sum\limits_{j=1}^{n}|a_{i_0j}|$，在 $\boldsymbol{x}^{(0)}$ 中，对 $j=1,2,\cdots,n$，取

$$x_j^{(0)}=\begin{cases}1, & a_{i_0j}\geqslant 0,\\ -1, & a_{i_0j}<0,\end{cases}$$

则

$$\left\|\boldsymbol{x}^{(0)}\right\|_\infty=\max_{1\leqslant i\leqslant n}\left|x_i^{(0)}\right|=1.$$

因此

$$\frac{\left\|\boldsymbol{A}\boldsymbol{x}^{(0)}\right\|_\infty}{\left\|\boldsymbol{x}^{(0)}\right\|_\infty}=\max_{1\leqslant i\leqslant n}\left|\sum_{j=1}^n a_{ij}x_j^{(0)}\right|=\sum_{j=1}^n\left|a_{i_0j}\right|=\max_{1\leqslant i\leqslant n}\sum_{j=1}^n\left|a_{ij}\right|.$$

(3) 对于一切 $\boldsymbol{x}\neq\boldsymbol{0}$,

$$\|\boldsymbol{A}\boldsymbol{x}\|_2^2=(\boldsymbol{A}\boldsymbol{x},\boldsymbol{A}\boldsymbol{x})=\boldsymbol{x}^{\mathrm{T}}\boldsymbol{A}^{\mathrm{T}}\boldsymbol{A}\boldsymbol{x}\geqslant 0,$$

从而 $\boldsymbol{A}^{\mathrm{T}}\boldsymbol{A}$ 的特征值都是非负实数，设为

$$\lambda_1\geqslant\lambda_2\geqslant\cdots\geqslant\lambda_n\geqslant 0.$$

由于 $\boldsymbol{A}^{\mathrm{T}}\boldsymbol{A}$ 为对称矩阵，故存在标准正交的特征向量组 $\boldsymbol{u}_1,\boldsymbol{u}_2,\cdots,\boldsymbol{u}_n$，使得

$$(\boldsymbol{A}^{\mathrm{T}}\boldsymbol{A})\boldsymbol{u}_i=\lambda_i\boldsymbol{u}_i\quad(i=1,2,\cdots,n).$$

对于任意的非零向量 $\boldsymbol{x}\in\mathbf{R}^n$，设 $\boldsymbol{x}=\sum\limits_{i=1}^n y_i\boldsymbol{u}_i$，则

$$\|\boldsymbol{A}\|_2^2=\max_{\boldsymbol{x}\neq\boldsymbol{0}}\frac{\|\boldsymbol{A}\boldsymbol{x}\|_2^2}{\|\boldsymbol{x}\|_2^2}=\max_{\boldsymbol{y}\neq\boldsymbol{0}}\frac{\sum\limits_{i=1}^n\lambda_i y_i^2}{\sum\limits_{i=1}^n y_i^2}\leqslant\max_{\boldsymbol{y}\neq\boldsymbol{0}}\frac{\lambda_1\sum\limits_{i=1}^n y_i^2}{\sum\limits_{i=1}^n y_i^2}=\lambda_1.$$

取 $\boldsymbol{x}=\boldsymbol{u}_1$，则

$$\frac{\|\boldsymbol{A}\boldsymbol{u}_1\|_2^2}{\|\boldsymbol{u}_1\|_2^2}=\frac{\lambda_1\|\boldsymbol{u}_1\|_2^2}{\|\boldsymbol{u}_1\|_2^2}=\lambda_1.$$

因此 $\|\boldsymbol{A}\|_2^2=\lambda_1$，即有

$$\|\boldsymbol{A}\|_2=\sqrt{\lambda_{\max}(\boldsymbol{A}^{\mathrm{T}}\boldsymbol{A})}.$$

定义 2　设 $\boldsymbol{A}\in\mathbf{R}^{n\times n}$ 的特征值为 $\lambda_i(i=1,2,\cdots,n)$，称

$$\rho(\boldsymbol{A})=\max_{1\leqslant i\leqslant n}|\lambda_i|$$

为矩阵 $\boldsymbol{A}$ 的谱半径.

定理 5（特征值的上界） 设 $\boldsymbol{A}\in\mathbf{R}^{n\times n}$, $\|\cdot\|$ 为 $\mathbf{R}^{n\times n}$ 上的任意一种诱导范数，则 $\rho(\boldsymbol{A})\leqslant\|\boldsymbol{A}\|$.

证 对于 $\boldsymbol{A}$ 的一个特征值 λ，设 $\boldsymbol{x}$ 为其对应的特征向量，则

$$\boldsymbol{Ax}=\lambda\boldsymbol{x}.$$

因此

$$|\lambda|\|\boldsymbol{x}\|=\|\boldsymbol{Ax}\|\leqslant|\boldsymbol{A}|\|\boldsymbol{x}\|.$$

注意到 $\boldsymbol{x}\neq\mathbf{0}$，得

$$|\lambda|\leqslant\|\boldsymbol{A}\|.$$

即证.

第三节 误 差 分 析

考虑线性方程组

$$\boldsymbol{Ax}=\boldsymbol{b},$$

其中 $\boldsymbol{A}\in\mathbf{R}^{n\times n}$ 为非奇异矩阵，$\boldsymbol{b}\neq\mathbf{0}$.

本节不考虑求解过程中的舍入误差，仅考虑当线性方程组的系数矩阵或右端项有舍入误差时，这些误差对方程组解的影响.

一、输入数据的误差对解的影响

设 $\boldsymbol{A}$ 有误差 $\delta\boldsymbol{A}$，$\boldsymbol{b}$ 有误差 $\delta\boldsymbol{b}$.

定理 1 设 $\boldsymbol{Ax}=\boldsymbol{b}$, $\boldsymbol{A}$ 为非奇异矩阵, $\boldsymbol{b}\neq\mathbf{0}$，且 $\boldsymbol{A}$ 和 $\boldsymbol{b}$ 分别有扰动 $\delta\boldsymbol{A}$ 和 $\delta\boldsymbol{b}$. 若 $\boldsymbol{A}$ 的扰动 $\delta\boldsymbol{A}$ 很小，使 $\|\boldsymbol{A}^{-1}\|\|\delta\boldsymbol{A}\|<1$，则有

$$\frac{\|\delta\boldsymbol{x}\|}{\|\boldsymbol{x}\|}\leqslant\frac{\|\boldsymbol{A}^{-1}\|\|\boldsymbol{A}\|}{1-\|\boldsymbol{A}^{-1}\|\|\boldsymbol{A}\|\dfrac{\|\delta\boldsymbol{A}\|}{\|\boldsymbol{A}\|}}\left(\frac{\|\delta\boldsymbol{b}\|}{\|\boldsymbol{b}\|}+\frac{\|\delta\boldsymbol{A}\|}{\|\boldsymbol{A}\|}\right).$$

证 显然，扰动后的方程组为

$$(\boldsymbol{A}+\delta\boldsymbol{A})(\boldsymbol{x}+\delta\boldsymbol{x})=\boldsymbol{b}+\delta\boldsymbol{b}.$$

将 $\boldsymbol{Ax}=\boldsymbol{b}$ 代入上式，得

$$\delta\boldsymbol{x}=\boldsymbol{A}^{-1}(\delta\boldsymbol{b})-\boldsymbol{A}^{-1}(\delta\boldsymbol{A})\boldsymbol{x}-\boldsymbol{A}^{-1}(\delta\boldsymbol{A})(\delta\boldsymbol{x}).$$

将上式两端取范数，应用向量范数的三角不等式及矩阵和向量范数的相容性，有

$$\|\delta \boldsymbol{x}\| \leqslant \|\boldsymbol{A}^{-1}\|\|\delta \boldsymbol{b}\| + \|\boldsymbol{A}^{-1}\|\|\delta \boldsymbol{A}\|\|\boldsymbol{x}\| + \|\boldsymbol{A}^{-1}\|\|\delta \boldsymbol{A}\|\|\delta \boldsymbol{x}\|,$$

整理后，得

$$(1-\|\boldsymbol{A}^{-1}\|\|\delta \boldsymbol{A}\|)\|\delta \boldsymbol{x}\| \leqslant \|\boldsymbol{A}^{-1}\|(\|\delta \boldsymbol{b}\| + \|\delta \boldsymbol{A}\|\|\boldsymbol{x}\|).$$

由于$\delta \boldsymbol{A}$足够小，使得$\|\boldsymbol{A}^{-1}\|\|\delta \boldsymbol{A}\|<1$，所以

$$\|\delta \boldsymbol{x}\| \leqslant \frac{\|\boldsymbol{A}^{-1}\|}{1-\|\boldsymbol{A}^{-1}\|\|\delta \boldsymbol{A}\|}(\|\delta \boldsymbol{b}\| + \|\delta \boldsymbol{A}\|\|\boldsymbol{x}\|).$$

利用$\dfrac{1}{\|\boldsymbol{x}\|} \leqslant \dfrac{\|\boldsymbol{A}\|}{\|\boldsymbol{b}\|}$，得

$$\frac{\|\delta \boldsymbol{x}\|}{\|\boldsymbol{x}\|} \leqslant \frac{\|\boldsymbol{A}^{-1}\|\|\boldsymbol{A}\|}{1-\|\boldsymbol{A}^{-1}\|\|\boldsymbol{A}\|\dfrac{\|\delta \boldsymbol{A}\|}{\|\boldsymbol{A}\|}}\left(\frac{\|\delta \boldsymbol{b}\|}{\|\boldsymbol{b}\|} + \frac{\|\delta \boldsymbol{A}\|}{\|\boldsymbol{A}\|}\right).$$

推论 1　设$\boldsymbol{A}\boldsymbol{x}=\boldsymbol{b}, \boldsymbol{A}$为非奇异矩阵，$\boldsymbol{b}\neq \boldsymbol{0}$，则有

(1) 当$\boldsymbol{A}$是精确的而$\boldsymbol{b}$有误差$\delta \boldsymbol{b}$时，

$$\frac{\|\delta \boldsymbol{x}\|}{\|\boldsymbol{x}\|} \leqslant \|\boldsymbol{A}^{-1}\|\|\boldsymbol{A}\|\frac{\|\delta \boldsymbol{b}\|}{\|\boldsymbol{b}\|}.$$

(2) 当$\boldsymbol{b}$是精确的而$\boldsymbol{A}$有误差$\delta \boldsymbol{A}$，且$\|\boldsymbol{A}^{-1}\|\|\delta \boldsymbol{A}\|<1$时，

$$\frac{\|\delta \boldsymbol{x}\|}{\|\boldsymbol{x}\|} \leqslant \frac{\|\boldsymbol{A}^{-1}\|\|\boldsymbol{A}\|\dfrac{\|\delta \boldsymbol{A}\|}{\|\boldsymbol{A}\|}}{1-\|\boldsymbol{A}^{-1}\|\|\boldsymbol{A}\|\dfrac{\|\delta \boldsymbol{A}\|}{\|\boldsymbol{A}\|}}.$$

值得注意的是：上述推论中，结论(1)表明：在最坏的情况下，b的相对误差可能在解中被放大$\|\boldsymbol{A}^{-1}\|\|\boldsymbol{A}\|$倍；结论(2)表明：虽然$\|\boldsymbol{A}^{-1}\|\|\boldsymbol{A}\|\dfrac{\|\delta \boldsymbol{A}\|}{\|\boldsymbol{A}\|}<1$，但当$\|\boldsymbol{A}^{-1}\|\|\boldsymbol{A}\|$较大时，可能出现$\|\boldsymbol{A}^{-1}\|\|\boldsymbol{A}\|\dfrac{\|\delta \boldsymbol{A}\|}{\|\boldsymbol{A}\|}$接近1，此时就可能导致解的相对误差较大.

总之，量$\|\boldsymbol{A}^{-1}\|\|\boldsymbol{A}\|$可以刻画方程组的解对原始数据误差的敏感程度，通常用它来描述方程组是否病态.

二、矩阵的条件数与病态方程组

1. 矩阵的条件数

定义 1 设 $\boldsymbol{A}$ 为非奇异矩阵，称

$$\operatorname{cond}(\boldsymbol{A})_v=\left\|\boldsymbol{A}^{-1}\right\|_v\|\boldsymbol{A}\|_v$$

为矩阵 $\boldsymbol{A}$ 的 v-范数下的**条件数**.

当 $\left\|\boldsymbol{A}^{-1}\right\|\|\boldsymbol{A}\|$ 很大时：①即使不考虑计算过程的舍入误差，仅输入误差就使求解结果有较大的误差；②很多求解方程组的算法是数值不稳定的，譬如，即使采用选主元的高斯消去法，也不能有效求解病态方程组.

因此，当 $\left\|\boldsymbol{A}^{-1}\right\|\|\boldsymbol{A}\|$ 较大时，称方程组是病态的，并称相应的系数矩阵 $\boldsymbol{A}$ 是病态矩阵.

应该注意的是：所谓矩阵是病态的，是针对解线性方程组(包括求逆矩阵)而言的. 譬如对于矩阵的加法运算，$\left\|\boldsymbol{A}^{-1}\right\|\|\boldsymbol{A}\|$ 的大小对结果的精确性就没有直接影响.

通常使用的条件数有：

(1) $\operatorname{cond}(\boldsymbol{A})_\infty=\left\|\boldsymbol{A}^{-1}\right\|_\infty\|\boldsymbol{A}\|_\infty$；

(2) $\boldsymbol{A}$ 的谱条件数

$$\operatorname{cond}(\boldsymbol{A})_2=\left\|\boldsymbol{A}^{-1}\right\|_2\|\boldsymbol{A}\|_2=\sqrt{\frac{\lambda_{\max}(\boldsymbol{A}^{\mathrm{T}}\boldsymbol{A})}{\lambda_{\min}(\boldsymbol{A}^{\mathrm{T}}\boldsymbol{A})}},$$

这是因为

$$\begin{aligned}\left\|\boldsymbol{A}^{-1}\right\|_2&=\sqrt{\lambda_{\max}(\boldsymbol{A}^{-1})^{\mathrm{T}}\boldsymbol{A}^{-1}}=\sqrt{\lambda_{\max}(\boldsymbol{A}\boldsymbol{A}^{\mathrm{T}})^{-1}}\\&=\frac{1}{\sqrt{\lambda_{\min}(\boldsymbol{A}\boldsymbol{A}^{\mathrm{T}})}}=\frac{1}{\sqrt{\lambda_{\min}(\boldsymbol{A}^{\mathrm{T}}\boldsymbol{A})}}.\end{aligned}$$

最后一式成立是因为当 $\boldsymbol{A}$ 为非奇异矩阵时，$\boldsymbol{A}^{\mathrm{T}}\boldsymbol{A}$ 与 $\boldsymbol{A}\boldsymbol{A}^{\mathrm{T}}$ 相似，即存在可逆矩阵 $\boldsymbol{A}^{-1}$ 使得 $\boldsymbol{A}^{-1}(\boldsymbol{A}\boldsymbol{A}^{\mathrm{T}})\boldsymbol{A}=\boldsymbol{A}^{\mathrm{T}}\boldsymbol{A}$，而相似矩阵有相同的特征值.

特别地，当 $\boldsymbol{A}$ 为对称矩阵时，$\operatorname{cond}(\boldsymbol{A})_2=\dfrac{|\lambda_1|}{|\lambda_n|}$，其中 λ_1,λ_n 分别为 $\boldsymbol{A}$ 的绝对值最大和最小特征值.

2. 病态方程组的判断

虽然矩阵的条件数可以定量反映矩阵是否病态，但逆矩阵的范数很难求得，以致求条件数实际上难以实现.

通常依照经验判断矩阵是否病态，出现以下情况，病态的可能性较大：

(1) 用列主元消去法时，出现绝对值很小的主元；

(2) 系数矩阵行列式的绝对值很小或很大；

(3) 系数矩阵元素的量级差别很大；

(4) 系数矩阵的行列式“几乎”线性相关.

3. 病态线性方程组解法简介

病态线性方程组的求解是一个十分困难的问题，理论上讲最可靠的方法是扩充计算机的字长，但无论如何扩充，计算机的字长总是有限的. 因此，需要研究克服方程组病态的有效算法.

方法一：对方程组作预处理——改善系数矩阵的条件数.

预处理方法的基本思路是：取非奇异矩阵 $\boldsymbol{P},\boldsymbol{Q}$（其中 $\boldsymbol{Q}$ 最好是正定矩阵），使 $\mathrm{cond}(\boldsymbol{PAQ})<\mathrm{cond}(\boldsymbol{A})$，然后将求解方程组 $\boldsymbol{Ax}=\boldsymbol{b}$ 转化为求解 $\boldsymbol{PAQy}=\boldsymbol{Pb}$，得到 $\boldsymbol{y}$ 后，令 $\boldsymbol{x}^*=\boldsymbol{Qy}$ 作为原方程组的解.

方法二：转化为最优化问题

$$\min_{\boldsymbol{x}\in\mathbf{R}^n}\frac{1}{2}(\boldsymbol{Ax}-\boldsymbol{b})^{\mathrm{T}}(\boldsymbol{Ax}-\boldsymbol{b})$$

或

$$\min_{\boldsymbol{x}\in\mathbf{R}^n}\psi(\boldsymbol{x})=\frac{1}{2}\boldsymbol{x}^{\mathrm{T}}(\boldsymbol{A}^{\mathrm{T}}\boldsymbol{A})\boldsymbol{x}-\boldsymbol{x}^{\mathrm{T}}(\boldsymbol{A}^{\mathrm{T}}\boldsymbol{b}).$$

算法的实现思路是：将求解方程组 $\boldsymbol{Ax}=\boldsymbol{b}$ 转化为求最优化问题的稳定点

$$\boldsymbol{A}^{\mathrm{T}}\boldsymbol{Ax}-\boldsymbol{A}^{\mathrm{T}}\boldsymbol{b}=\boldsymbol{0}.$$

记 $\overline{\boldsymbol{A}}=\boldsymbol{A}^{\mathrm{T}}\boldsymbol{A},\overline{\boldsymbol{b}}=\boldsymbol{A}^{\mathrm{T}}\boldsymbol{b}$，其中 $\overline{\boldsymbol{A}}$ 为正定矩阵，则问题变为求 $\boldsymbol{x}$，使 $\overline{\boldsymbol{A}}\boldsymbol{x}=\overline{\boldsymbol{b}}$.

具体算法简述如下.

第 1 步：确定初始搜索区域 $D^{(0)}=\prod_{k=1}^{n}\left[a_k^{(0)},b_k^{(0)}\right]$.

第 2 步：计算

$$\boldsymbol{x}^{(0)}=\left(\frac{a_1^{(0)}+b_1^{(0)}}{2},\cdots,\frac{a_n^{(0)}+b_n^{(0)}}{2}\right)^{\mathrm{T}}.$$

第 3 步：计算并判断.

(1) $\nabla\psi(\boldsymbol{x}^{(0)})=(\boldsymbol{Ax}-\boldsymbol{b})$；

(2) 如果 $\|\nabla\psi(\boldsymbol{x}^{(0)})\| = \|\boldsymbol{A}\boldsymbol{x}-\boldsymbol{b}\| \leqslant \varepsilon$，结束，输出解 $\boldsymbol{x}^{(0)}$；否则，对于 $k=1,2,\cdots,n$，执行：

如果 $\nabla\psi(\boldsymbol{x}^{(0)})_k > 0$，则令

$$a_k^{(0)} := a_k^{(0)}, \quad b_k^{(0)} := \boldsymbol{x}_k^{(0)};$$

如果 $\nabla\psi(\boldsymbol{x}^{(0)})_k < 0$，则令

$$a_k^{(0)} := \boldsymbol{x}_k^{(0)}, \quad b_k^{(0)} := a_k^{(0)};$$

如果 $\nabla\psi(\boldsymbol{x}^{(0)})_k = 0$，则令

$$a_k^{(0)} := \boldsymbol{x}_k^{(0)}, \quad b_k^{(0)} := \boldsymbol{x}_k^{(0)}.$$

转第 2 步.

三、解的误差估计与解的修正

线性方程组解的误差是由两方面原因产生的：一是输入数据的误差；二是计算过程中的舍入误差. 下面的定理给出了解的误差的一种度量.

定理 2 设 $\boldsymbol{A}\boldsymbol{x}=\boldsymbol{b}, \boldsymbol{A}$ 非奇异，$\boldsymbol{b}\neq\boldsymbol{0}, \boldsymbol{x}$ 为方程组的精确解，$\bar{\boldsymbol{x}}$ 为求得的近似解，其剩余向量为 $\boldsymbol{r}=\boldsymbol{b}-\boldsymbol{A}\bar{\boldsymbol{x}}$，则有误差估计

$$\frac{\|\boldsymbol{x}-\bar{\boldsymbol{x}}\|}{\|\boldsymbol{x}\|} \leqslant \operatorname{cond}(\boldsymbol{A})\frac{\|\boldsymbol{r}\|}{\|\boldsymbol{b}\|}.$$

证 由 $\boldsymbol{A}\boldsymbol{x}=\boldsymbol{b}$，得 $\|\boldsymbol{b}\| \leqslant \|\boldsymbol{A}\|\|\boldsymbol{x}\|$，即 $\dfrac{1}{\|\boldsymbol{x}\|} \leqslant \dfrac{\|\boldsymbol{A}\|}{\|\boldsymbol{b}\|}$. 又因为

$$\boldsymbol{A}(\boldsymbol{x}-\bar{\boldsymbol{x}}) = \boldsymbol{A}\boldsymbol{x}-\boldsymbol{A}\bar{\boldsymbol{x}} = \boldsymbol{b}-\boldsymbol{A}\bar{\boldsymbol{x}} = \boldsymbol{r},$$

所以

$$\boldsymbol{x}-\bar{\boldsymbol{x}} = \boldsymbol{A}^{-1}\boldsymbol{r},$$

即

$$\|\boldsymbol{x}-\bar{\boldsymbol{x}}\| \leqslant \|\boldsymbol{A}^{-1}\|\|\boldsymbol{r}\|,$$

所以

$$\frac{\|\boldsymbol{x}-\bar{\boldsymbol{x}}\|}{\|\boldsymbol{x}\|} \leqslant \frac{\|\boldsymbol{A}^{-1}\|\|\boldsymbol{A}\|\|\boldsymbol{r}\|}{\|\boldsymbol{b}\|} = \operatorname{cond}(\boldsymbol{A})\frac{\|\boldsymbol{r}\|}{\|\boldsymbol{b}\|}.$$

从上述误差估计式可知，当系数矩阵的条件数很大时，即使残差向量 $\boldsymbol{r}$ 的范数很小，也不能保证解的相对误差很小.

当系数矩阵的条件数不太大时，用下面的方法可以提高解的精度.

设 $\boldsymbol{x}_1$ 是方程组 $\boldsymbol{Ax}=\boldsymbol{b}$ 的近似解，$\boldsymbol{r}_1$ 是剩余向量 $\boldsymbol{r}_1=\boldsymbol{b}-\boldsymbol{Ax}_1$，解方程组

$$\boldsymbol{Ad}=\boldsymbol{r}_1$$

得解 $\boldsymbol{d}_1$. 取 $\boldsymbol{x}_2=\boldsymbol{x}_1+\boldsymbol{d}_1$，如果 $\boldsymbol{d}_1$ 是 $\boldsymbol{Ad}=\boldsymbol{r}_1$ 的精确解，则

$$\boldsymbol{Ax}_2=\boldsymbol{A}(\boldsymbol{x}_1+\boldsymbol{d}_1)=(\boldsymbol{b}-\boldsymbol{r}_1)+\boldsymbol{r}_1=\boldsymbol{b}.$$

这说明 $\boldsymbol{x}_2$ 是原方程组的精确解. 但由于 $\boldsymbol{Ad}=\boldsymbol{r}_1$ 难以精确求解，所以 $\boldsymbol{x}_2$ 也不精确，$\boldsymbol{x}_2$ 是 $\boldsymbol{x}_1$ 的改进. 将 $\boldsymbol{x}_2$ 作为 $\boldsymbol{x}_1$ 继续上述步骤.

具体算法为：给定 $\varepsilon>0$，置 $k:=1$.

第 1 步：对 $\boldsymbol{A}$ 进行 LU 分解.

第 2 步：解 $\boldsymbol{Ly}=\boldsymbol{b},\boldsymbol{Ux}=\boldsymbol{y}$ 得 $\boldsymbol{x}^{(k)}$.

第 3 步：计算残差 $\boldsymbol{r}^{(k)}=\boldsymbol{b}-\boldsymbol{Ax}^{(k)}$.

第 4 步：解 $\boldsymbol{Ly}=\boldsymbol{r}^{(k)},\boldsymbol{Ux}=\boldsymbol{y}$ 得 $\overline{\boldsymbol{x}}$，并修正解 $\boldsymbol{x}^{(k+1)}=\boldsymbol{x}^{(k)}+\overline{\boldsymbol{x}}$.

第 5 步：如果 $\dfrac{\|\overline{\boldsymbol{x}}\|}{\|\boldsymbol{x}^{(k+1)}\|}<\varepsilon$，结束，输出解 $\boldsymbol{x}^{(k+1)}$；否则，置 $k:=k+1$，转第 3 步.

第四节　范数的应用

一、矩阵逆的摄动

在实际问题的计算中，数字一般都带有某种误差，数字矩阵 $\boldsymbol{A}=(a_{ij})$ 的每个元素 a_{ij} 通常也带有误差，即准确矩阵可写为

$$\boldsymbol{A}+\delta\boldsymbol{A},$$

其中 $\delta\boldsymbol{A}$ 称为 $\boldsymbol{A}$ 的摄动矩阵. 现在讨论下述问题：

(1) 若 $\boldsymbol{A}$ 可逆时，$\boldsymbol{A}$ 与 $\delta\boldsymbol{A}$ 满足什么条件时 $\boldsymbol{A}+\delta\boldsymbol{A}$ 也可逆.

(2) 当 $\boldsymbol{A}+\delta\boldsymbol{A}$ 也可逆时，$\boldsymbol{A}^{-1}$ 与 $(\boldsymbol{A}+\delta\boldsymbol{A})^{-1}$ 的近似程度如何估计.

定义 1　设 $\boldsymbol{A}$ 是可逆矩阵，称

$$K_p(\boldsymbol{A})=\|\boldsymbol{A}\|_p\|\boldsymbol{A}^{-1}\|_p$$

是矩阵 $\boldsymbol{A}$ 相对矩阵范数 $\|\cdot\|_p$ 的**条件数**.

为书写方便，有时略去下标 p，我们将会看到，条件数 $K_p(A)$ 给出了由摄动而引起结果的变化的灵敏度的度量.

定理 1 设 $\boldsymbol{A}\in\mathbf{C}^{n\times n}$, $\|\boldsymbol{A}\|_a$ 是从属于向量范数 $\|\boldsymbol{x}\|_a$ 的算子范数，则当 $\|\boldsymbol{A}\|_a<1$ 时，$\boldsymbol{E}-\boldsymbol{A}$ 是可逆的，且

$$\|(\boldsymbol{E}-\boldsymbol{A})^{-1}\|_a\leqslant(1-\|\boldsymbol{A}\|_a)^{-1}.$$

证 设 $\boldsymbol{x}\in\mathbf{C}^n$ 为任一非零向量，则有

$$\begin{aligned}\|(\boldsymbol{E}-\boldsymbol{A})\boldsymbol{x}\|_a&=\|\boldsymbol{x}-\boldsymbol{A}\boldsymbol{x}\|_a\\&\geqslant\|\boldsymbol{x}\|_a-\|\boldsymbol{A}\boldsymbol{x}\|_a\geqslant\|\boldsymbol{x}\|_a-\|\boldsymbol{A}\|_a\|\boldsymbol{x}\|_a\\&=\|\boldsymbol{x}\|_a(1-\|\boldsymbol{A}\|_a)>0,\end{aligned}$$

故对任意 $\boldsymbol{x}\neq\boldsymbol{0}$，有 $(\boldsymbol{E}-\boldsymbol{A})\boldsymbol{x}\neq\boldsymbol{0}$，即方程组

$$(\boldsymbol{E}-\boldsymbol{A})\boldsymbol{x}=\boldsymbol{0}$$

无非零解，所以 $\boldsymbol{E}-\boldsymbol{A}$ 必可逆. 又因为

$$(\boldsymbol{E}-\boldsymbol{A})(\boldsymbol{E}-\boldsymbol{A})^{-1}=\boldsymbol{E},$$

所以

$$(\boldsymbol{E}-\boldsymbol{A})^{-1}=\boldsymbol{E}+\boldsymbol{A}(\boldsymbol{E}-\boldsymbol{A})^{-1},$$

即

$$\|(\boldsymbol{E}-\boldsymbol{A})^{-1}\|_a=\|\boldsymbol{E}+\boldsymbol{A}(\boldsymbol{E}-\boldsymbol{A})^{-1}\|_a\leqslant\|\boldsymbol{E}\|_a+\|\boldsymbol{A}\|_a\|(\boldsymbol{E}-\boldsymbol{A})^{-1}\|_a.$$

由于 $\|\boldsymbol{E}\|_a=1$，从而有

$$(1-\|\boldsymbol{A}\|_a)\|(\boldsymbol{E}-\boldsymbol{A})^{-1}\|_a\leqslant\|\boldsymbol{E}\|_a=1,$$

或

$$\|(\boldsymbol{E}-\boldsymbol{A})^{-1}\|_a\leqslant(1-\|\boldsymbol{A}\|_a)^{-1}.$$

定理 2 设 $\boldsymbol{A}$ 可逆，$\delta\boldsymbol{A}$ 为摄动矩阵，且 $\|\boldsymbol{A}^{-1}\delta\boldsymbol{A}\|_a<1$，则

(1) $\boldsymbol{A}+\delta\boldsymbol{A}$ 为可逆矩阵；

(2) $(\boldsymbol{A}+\delta\boldsymbol{A})^{-1}=(\boldsymbol{E}+\boldsymbol{F})\boldsymbol{A}^{-1}$，其中

$$\|\boldsymbol{F}\|_a\leqslant\frac{\|\boldsymbol{A}^{-1}\delta\boldsymbol{A}\|_a}{1-\|\boldsymbol{A}^{-1}\delta\boldsymbol{A}\|_a};$$

(3)

$$\frac{\left\|A^{-1}-(A+\delta A)^{-1}\right\|_a}{\left\|A^{-1}\right\|_a}\leqslant\frac{\left\|A^{-1}\delta A\right\|_a}{1-\left\|A^{-1}\delta A\right\|_a}.$$

证　(1)因为

$$A+\delta A=A(E+A^{-1}\delta A),\quad \left\|A^{-1}\delta A\right\|_a<1,$$

根据定理 1，$E+A^{-1}\delta A$ 和 $A+\delta A$ 均为可逆矩阵.

(2)因为

$$\begin{aligned}(A+\delta A)^{-1}&=(E+A^{-1}\delta A)^{-1}A^{-1}\\&=\left[E+(E+A^{-1}\delta A)^{-1}-E\right]A^{-1}\\&=(E+F)A^{-1},\end{aligned}$$

其中 $F=(E+A^{-1}\delta A)^{-1}-E$. 再由上式及定理 1，有

$$\begin{aligned}\left\|F\right\|_a&=\left\|(E+A^{-1}\delta A)^{-1}-E\right\|_a\\&=\left\|E-A^{-1}\delta A(E+A^{-1}\delta A)^{-1}-E\right\|_a\\&=\left\|A^{-1}\delta A(E+A^{-1}\delta A)^{-1}\right\|_a\\&\leqslant\left\|A^{-1}\delta A\right\|_a\left\|(E+A^{-1}\delta A)^{-1}\right\|_a\\&\leqslant\frac{\left\|A^{-1}\delta A\right\|_a}{1-\left\|A^{-1}\delta A\right\|_a}.\end{aligned}$$

(3)由于

$$(A+\delta A)^{-1}=(E+F)A^{-1},$$

所以

$$A^{-1}-(A+\delta A)^{-1}=-FA^{-1},$$

即

$$\left\|A^{-1}-(A+\delta A)^{-1}\right\|_a=\left\|FA^{-1}\right\|_a\leqslant\left\|F\right\|_a\left\|A^{-1}\right\|_a\leqslant\frac{\left\|A^{-1}\right\|_a\left\|A^{-1}\delta A\right\|_a}{1-\left\|A^{-1}\delta A\right\|_a}.$$

从而

$$\frac{\left\|A^{-1}-(A+\delta A)^{-1}\right\|_a}{\left\|A^{-1}\right\|_a} \leqslant \frac{\left\|A^{-1}\delta A\right\|_a}{1-\left\|A^{-1}\delta A\right\|_a}.$$

推论 1 设 $K(A)=\|A\|_a\left\|A^{-1}\right\|_a$ 是条件数，若 $\left\|A^{-1}\right\|_a\|\delta A\|_a<1$ 时，则

$$\|F\|_a \leqslant \frac{K(A)\dfrac{\|\delta A\|_a}{\|A\|_a}}{1-K(A)\dfrac{\|\delta A\|_a}{\|A\|_a}}$$

和

$$\frac{\left\|A^{-1}-(A+\delta A)^{-1}\right\|_a}{\left\|A^{-1}\right\|_a} \leqslant \frac{K(A)\dfrac{\|\delta A\|_a}{\|A\|_a}}{1-K(A)\dfrac{\|\delta A\|_a}{\|A\|_a}}.$$

证 因为

$$\left\|A^{-1}\delta A\right\|_a \leqslant \left\|A^{-1}\right\|_a\|\delta A\|_a = K(A)\frac{\|\delta A\|_a}{\|A\|_a},$$

所以有

$$\|F\|_a \leqslant \frac{\left\|A^{-1}\delta A\right\|_a}{1-\left\|A^{-1}\delta A\right\|_a} \leqslant \frac{K(A)\dfrac{\|\delta A\|_a}{\|A\|_a}}{1-K(A)\dfrac{\|\delta A\|_a}{\|A\|_a}}$$

和

$$\frac{\left\|A^{-1}-(A+\delta A)^{-1}\right\|_a}{\left\|A^{-1}\right\|_a} \leqslant \frac{\left\|A^{-1}\delta A\right\|_a}{1-\left\|A^{-1}\delta A\right\|_a} \leqslant \frac{K(A)\dfrac{\|\delta A\|_a}{\|A\|_a}}{1-K(A)\dfrac{\|\delta A\|_a}{\|A\|_a}}.$$

由推论 1 可知，若 $K(A)=\|A\|_a\left\|A^{-1}\right\|_a$ 的值越大，则 $(A+\delta A)^{-1}$ 与 A^{-1} 的相对误差

$$\frac{\left\|A^{-1}-(A+\delta A)^{-1}\right\|_a}{\left\|A^{-1}\right\|_a}$$

就越大，即 A 的很小摄动，也可能引起 A^{-1} 的很大偏差，$K(A)$ 较大的方阵 A 称为病态的，$K(A)$ 较小的矩阵 A 称为良态的.

例 1　设

$$A=\begin{bmatrix}2 & 6\\ 2 & 6.00001\end{bmatrix},\quad \delta A=\begin{pmatrix}0 & 0\\ 0 & -0.00002\end{pmatrix},$$

计算可知

$$A^{-1}=\begin{pmatrix}300000.5 & -300000\\ -100000 & 100000\end{pmatrix}$$

和

$$(A+\delta A)^{-1}=\begin{pmatrix}-299999.5 & -300000\\ 100000 & -100000\end{pmatrix},$$

由此可知，尽管摄动 δA 很小，但 A^{-1} 的偏差却很大，这是因为条件数 $K(A)=\|A\|_2\left\|A^{-1}\right\|_2\approx 8.9443\times 123.56\approx 1105$ 很大.

推论 2　若 A 是酉矩阵，且 $\|\delta A\|_2<1$，则有

$$\|F\|_2\leqslant\frac{\|\delta A\|_2}{1-\|\delta A\|_2}$$

和

$$\frac{\left\|A^{-1}-(A+\delta A)^{-1}\right\|_2}{\left\|A^{-1}\right\|_2}\leqslant\frac{\|\delta A\|_2}{1-\|\delta A\|_2}.$$

证　因为 $A^{-1}=A^{\mathrm{H}}$，且

$$\left\|A^{-1}\right\|_2=\left\|A^{\mathrm{H}}\right\|_2=\|A\|_2=\sqrt{r(A^{\mathrm{H}}A)}=\sqrt{r(E)}=1,$$

故

$$\left\|A^{-1}\delta A\right\|_2\leqslant\left\|A^{-1}\right\|_2\|\delta A\|_2=\|\delta A\|_2.$$

由定理 2 即得

$$\|F\|_2 \leqslant \frac{\|A^{-1}\delta A\|_2}{1-\|A^{-1}\delta A\|_2} \leqslant \frac{\|\delta A\|_2}{1-\|\delta A\|_2}$$

和

$$\frac{\|A^{-1}-(A+\delta A)^{-1}\|_2}{\|A^{-1}\|_2} \leqslant \|A^{-1}-(A+\delta A)^{-1}\|_2$$

$$\leqslant \frac{\|A^{-1}\delta A\|_2}{1-\|A^{-1}\delta A\|_2} \leqslant \frac{\|\delta A\|_2}{1-\|\delta A\|_2}.$$

二、线性方程组的摄动

设 $\boldsymbol{A}$ 是可逆矩阵，方程组

$$\boldsymbol{Ax}=\boldsymbol{b}$$

的解是 $\boldsymbol{x}=\boldsymbol{A}^{-1}\boldsymbol{b}$. 由于解大型方程组时，消元过程中积累的舍入误差可能会严重影响解的精度，因此需要研究摄动方程组

$$(\boldsymbol{A}+\delta\boldsymbol{A})(\boldsymbol{x}+\delta\boldsymbol{x})=(\boldsymbol{b}+\delta\boldsymbol{b})$$

的解，其中 $\delta\boldsymbol{A},\delta\boldsymbol{x}$ 和 $\delta\boldsymbol{b}$ 分别是 $\boldsymbol{A}$，$\boldsymbol{x}$ 和 $\boldsymbol{b}$ 的摄动，并分析最终误差 $\delta\boldsymbol{x}$ 与摄动 $\delta\boldsymbol{A}$ 和 $\delta\boldsymbol{b}$ 之间的关系. 不特别申明，本节均设 $\|\boldsymbol{A}\|_a$ 是与向量范数 $\|\boldsymbol{x}\|_a$ 相容的算子范数.

定理 3 在方程组 $\boldsymbol{Ax}=\boldsymbol{b}$ 中，$\boldsymbol{A}$ 固定且可逆，令 $\boldsymbol{b}\neq\boldsymbol{0}$ 且有小摄动，则解方程组

$$\boldsymbol{A}(\boldsymbol{x}+\delta\boldsymbol{x})=\boldsymbol{b}+\delta\boldsymbol{b},$$

得

$$\frac{\|\delta\boldsymbol{x}\|_a}{\|\boldsymbol{x}\|_a} \leqslant K(\boldsymbol{A})\frac{\|\delta\boldsymbol{b}\|_a}{\|\boldsymbol{b}\|_a},$$

其中 $K(\boldsymbol{A})=\|\boldsymbol{A}\|_a\|\boldsymbol{A}^{-1}\|_a$.

证 由 $\boldsymbol{Ax}=\boldsymbol{b}$ 和 $\boldsymbol{A}(\boldsymbol{x}+\delta\boldsymbol{x})=\boldsymbol{b}+\delta\boldsymbol{b}$，得

$$\delta\boldsymbol{x}=\boldsymbol{A}^{-1}\delta\boldsymbol{b},$$

即

$$\|\delta\boldsymbol{x}\|_a \leqslant \|\boldsymbol{A}^{-1}\|_a\|\delta\boldsymbol{b}\|_a.$$

又因 $\|\boldsymbol{b}\|_a \leqslant \|\boldsymbol{A}\|_a \|\boldsymbol{x}\|_a$，故

$$\frac{1}{\|\boldsymbol{x}\|_a} \leqslant \frac{\|\boldsymbol{A}\|_a}{\|\boldsymbol{b}\|_a},$$

以上两式相乘得

$$\frac{\|\delta \boldsymbol{x}\|_a}{\|\boldsymbol{x}\|_a} \leqslant \|\boldsymbol{A}\|_a \|\boldsymbol{A}^{-1}\|_a \frac{\|\delta \boldsymbol{b}\|_a}{\|\boldsymbol{b}\|_a} = K(\boldsymbol{A}) \frac{\|\delta \boldsymbol{b}\|_a}{\|\boldsymbol{b}\|_a}.$$

证毕.

由以上定理可知，当 $K(\boldsymbol{A})$ 很大时，解的相对误差对小摄动 $\delta \boldsymbol{b}$ 很灵敏，这时 $\boldsymbol{A}$ 是病态的.

例 2　方程组

$$\begin{pmatrix} 0.505 & 0.495 \\ 1 & 1 \end{pmatrix} \begin{pmatrix} x_1 \\ x_2 \end{pmatrix} = \begin{pmatrix} 1 \\ 2 \end{pmatrix}$$

的解 $\boldsymbol{x} = (1,1)^{\mathrm{T}}$. 设 $\boldsymbol{b} = (1,2)^{\mathrm{T}}$ 有小摄动 $\delta \boldsymbol{b} = (0,\varepsilon)^{\mathrm{T}}$，则方程组

$$\begin{pmatrix} 0.505 & 0.495 \\ 1 & 1 \end{pmatrix} \begin{pmatrix} x_1 \\ x_2 \end{pmatrix} = \begin{pmatrix} 1 \\ 2 \end{pmatrix} + \begin{pmatrix} 0 \\ \varepsilon \end{pmatrix}$$

的解是 $\boldsymbol{x} = (1-49.5\varepsilon, 1+50.5\varepsilon)^{\mathrm{T}}$. 通过计算可得

$$\boldsymbol{A}^{-1} = \begin{pmatrix} 100 & -49.5 \\ -100 & 50.5 \end{pmatrix},$$

$$K(\boldsymbol{A}) = 301, \quad \frac{\|\delta \boldsymbol{x}\|_1}{\|\boldsymbol{x}\|_1} = 50\varepsilon, \quad \frac{\|\delta \boldsymbol{b}\|_1}{\|\boldsymbol{b}\|_1} = \frac{\varepsilon}{3},$$

相对 $\dfrac{\|\delta \boldsymbol{b}\|_1}{\|\boldsymbol{b}\|_1}$ 而言，$K(\boldsymbol{A})$ 大很多，所以 $\dfrac{\|\delta \boldsymbol{x}\|_1}{\|\boldsymbol{x}\|_1}$ 也很大，故方程组的解对 $\boldsymbol{b}$ 的小摄动 $\delta \boldsymbol{b}$ 是很灵敏的.

定理 4　在 $\boldsymbol{Ax} = \boldsymbol{b}$ 中，$\boldsymbol{b}$ 固定且非零，令可逆矩阵 $\boldsymbol{A}$ 有小摄动 $\delta \boldsymbol{A}$，当 $\|\boldsymbol{A}^{-1}\|_a \|\delta \boldsymbol{A}\|_a < 1$ 时，解方程组

$$(\boldsymbol{A} + \delta \boldsymbol{A})\boldsymbol{x} = \boldsymbol{b},$$

得

$$\frac{\|\delta \boldsymbol{x}\|_a}{\|\boldsymbol{x}\|_a} \leqslant \frac{K(\boldsymbol{A})\dfrac{\|\delta \boldsymbol{A}\|_a}{\|\boldsymbol{A}\|_a}}{1-K(\boldsymbol{A})\dfrac{\|\delta \boldsymbol{A}\|_a}{\|\boldsymbol{A}\|_a}}.$$

证 由定理 2 知，当$\|\boldsymbol{A}^{-1}\delta \boldsymbol{A}\|_a<1$时，$\boldsymbol{A}+\delta \boldsymbol{A}$可逆，故方程组

$$(\boldsymbol{A}+\delta \boldsymbol{A})\boldsymbol{x}=\boldsymbol{b}$$

有唯一解，并记为$\boldsymbol{x}^*=\boldsymbol{x}+\delta \boldsymbol{x}$(其中$\boldsymbol{x}$是$\boldsymbol{A}\boldsymbol{x}=\boldsymbol{b}$的解)．由定理 2 中$\boldsymbol{F}$的定义的证明过程，可得

$$\begin{aligned}\delta \boldsymbol{x}=\boldsymbol{x}^*-\boldsymbol{x}&=(\boldsymbol{A}+\delta \boldsymbol{A})^{-1}\boldsymbol{b}-\boldsymbol{A}^{-1}\boldsymbol{b}\\&=(\boldsymbol{E}+\boldsymbol{F})\boldsymbol{A}^{-1}\boldsymbol{b}-\boldsymbol{A}^{-1}\boldsymbol{b}\\&=(\boldsymbol{E}+\boldsymbol{F}-\boldsymbol{E})\boldsymbol{x}=\boldsymbol{F}\boldsymbol{x},\end{aligned}$$

即

$$\|\delta \boldsymbol{x}\|_a=\|\boldsymbol{F}\boldsymbol{x}\|_a \leqslant \|\boldsymbol{F}\|_a\|\boldsymbol{x}\|_a,$$

从而

$$\frac{\|\delta \boldsymbol{x}\|_a}{\|\boldsymbol{x}\|_a} \leqslant \|\boldsymbol{F}\boldsymbol{x}\|_a \leqslant \frac{K(\boldsymbol{A})\dfrac{\|\delta \boldsymbol{A}\|_a}{\|\boldsymbol{A}\|_a}}{1-K(\boldsymbol{A})\dfrac{\|\delta \boldsymbol{A}\|_a}{\|\boldsymbol{A}\|_a}}.$$

例 3 设

$$\boldsymbol{A}=\begin{pmatrix}2 & 6\\ 2 & 6.00001\end{pmatrix},\quad \boldsymbol{b}=\begin{pmatrix}8\\ 8.00001\end{pmatrix},$$

则方程组$\boldsymbol{A}\boldsymbol{x}=\boldsymbol{b}$的解为$\boldsymbol{x}=(1,1)^{\mathrm{T}}$．若$\boldsymbol{A}$和$\boldsymbol{B}$均有小摄动

$$\delta \boldsymbol{A}=\begin{pmatrix}0 & 0\\ 0 & -0.00002\end{pmatrix},\quad \delta \boldsymbol{b}=\begin{pmatrix}0\\ 0.00001\end{pmatrix},$$

通过计算，方程组$(\boldsymbol{A}+\delta \boldsymbol{A})\boldsymbol{x}^*=\boldsymbol{b}+\delta \boldsymbol{b}$的解$\boldsymbol{x}^*=(10,-2)^{\mathrm{T}}$．由此可知，$\boldsymbol{A}$和$\boldsymbol{b}$虽然只有很小的摄动，但$\boldsymbol{A}\boldsymbol{x}=\boldsymbol{b}$的解却产生了很大的偏差，因此有必要研究$\delta \boldsymbol{A}$和$\delta \boldsymbol{b}$同时对解的影响，即解的稳定性．

定理 5 设$\boldsymbol{A}$可逆，$\boldsymbol{0}\neq \boldsymbol{b}\in \mathbf{C}^n, \|\boldsymbol{A}^{-1}\|_a\|\delta \boldsymbol{A}\|_a<1$，方程组$\boldsymbol{A}\boldsymbol{x}=\boldsymbol{b}$的解是$\boldsymbol{x}$，则方

程组

$$(A+\delta A)(x+\delta x)=b+\delta b$$

有唯一解 $x+\delta x$，并满足不等式

$$\frac{\|\delta x\|_a}{\|x\|_a}\leqslant\frac{K(A)}{r(A)}\left(\frac{\|\delta A\|_a}{\|A\|_a}+\frac{\|\delta b\|_a}{\|b\|_a}\right),$$

其中

$$K(A)=\|A\|_a\|A^{-1}\|_a,\quad r(A)=1-K(A)\frac{\|\delta A\|_a}{\|A\|_a}>0.$$

证　首先注意到

$$A+\delta A=A(E+A^{-1}\delta A),$$

其中 $\|A^{-1}\delta A\|_a\leqslant\|A^{-1}\|_a\|\delta A\|_a<1$．由定理 1 知，$E+A^{-1}\delta A$ 是可逆矩阵，从而 $A+\delta A$ 也是可逆矩阵．于是

$$\|(A+\delta A)^{-1}\|_a=\|(E+A^{-1}\delta A)^{-1}A^{-1}\|_a\leqslant\|(E+A^{-1}\delta A)^{-1}\|_a\|A^{-1}\|_a.$$

由 $(E+A^{-1}\delta A)^{-1}=E-(E+A^{-1}\delta A)^{-1}A^{-1}\delta A$ 及 $\|E\|_a=1$，得

$$\begin{aligned}&\|(E+A^{-1}\delta A)^{-1}\|_a\\ \leqslant&\|E\|_a+\|(E+A^{-1}\delta A)^{-1}\|_a\|A^{-1}\delta A\|_a\\ \leqslant&1+\|(E+A^{-1}\delta A)^{-1}\|_a\|A^{-1}\|_a\|\delta A\|_a,\end{aligned}$$

即

$$\|(E+A^{-1}\delta A)^{-1}\|_a\leqslant\frac{1}{1-\|A^{-1}\|_a\|\delta A\|_a}=\frac{1}{1-K(A)\dfrac{\|\delta A\|_a}{\|A\|_a}}=\frac{1}{r(A)}.$$

故 $r(A)>0$．又因 $A+\delta A$ 可逆，故方程组 $(A+\delta A)(x+\delta x)=b+\delta b$ 有唯一解 $x+\delta x$．现令 $B=A+\delta A$，则由 $B(x+\delta x)=b+\delta b$，有

$$\begin{aligned}\delta x&=B^{-1}(b+\delta b)-x\\&=B^{-1}b+B^{-1}\delta b-x\\&=B^{-1}\delta b-x+A^{-1}[E-(A-B)A^{-1}]^{-1}b.\end{aligned}$$

利用恒等式 $(\boldsymbol{E}-\boldsymbol{M})^{-1}=\boldsymbol{E}+(\boldsymbol{E}-\boldsymbol{M})^{-1}\boldsymbol{M}$，得

$$\begin{aligned}\delta\boldsymbol{x}&=\boldsymbol{B}^{-1}\delta\boldsymbol{b}-\boldsymbol{x}+\boldsymbol{A}^{-1}\boldsymbol{b}+\boldsymbol{A}^{-1}[\boldsymbol{E}-(\boldsymbol{A}-\boldsymbol{B})\boldsymbol{A}^{-1}]^{-1}(\boldsymbol{A}-\boldsymbol{B})\boldsymbol{A}^{-1}\boldsymbol{b}\\&=\boldsymbol{B}^{-1}\delta\boldsymbol{b}+\boldsymbol{A}^{-1}[\boldsymbol{E}-(\boldsymbol{A}-\boldsymbol{B})\boldsymbol{A}^{-1}]^{-1}(\boldsymbol{A}-\boldsymbol{B})\boldsymbol{x}\\&=[(\boldsymbol{B}^{-1}-\boldsymbol{A}^{-1})+\boldsymbol{A}^{-1}]\delta\boldsymbol{b}+\boldsymbol{A}^{-1}[\boldsymbol{E}-(\boldsymbol{A}-\boldsymbol{B})\boldsymbol{A}^{-1}]^{-1}(\boldsymbol{A}-\boldsymbol{B})\boldsymbol{x}.\end{aligned}$$

于是

$$\begin{aligned}\|\delta\boldsymbol{x}\|_a\leqslant&\left(\|\boldsymbol{B}^{-1}-\boldsymbol{A}^{-1}\|_a+\|\boldsymbol{A}^{-1}\|_a\right)\|\delta\boldsymbol{b}\|_a\\&+\|\boldsymbol{A}^{-1}\|_a\|[\boldsymbol{E}-(\boldsymbol{A}-\boldsymbol{B})\boldsymbol{A}^{-1}]^{-1}\|_a\|\delta\boldsymbol{A}\|_a\|\boldsymbol{x}\|_a.\end{aligned}$$

利用恒等式 $\boldsymbol{B}^{-1}-\boldsymbol{A}^{-1}=\boldsymbol{A}^{-1}(\boldsymbol{A}-\boldsymbol{B})\boldsymbol{B}^{-1}$，得

$$\begin{aligned}\|\boldsymbol{B}^{-1}-\boldsymbol{A}^{-1}\|&\leqslant\|\boldsymbol{A}^{-1}\|_a\|\boldsymbol{A}-\boldsymbol{B}\|_a\|\boldsymbol{B}^{-1}\|_a\\&=\|\boldsymbol{A}^{-1}\|_a\|\delta\boldsymbol{A}\|_a\|(\boldsymbol{E}+\boldsymbol{A}^{-1}\delta\boldsymbol{A})^{-1}\boldsymbol{A}^{-1}\|_a\\&\leqslant\|\boldsymbol{A}^{-1}\|_a^2\|\delta\boldsymbol{A}\|_a\|(\boldsymbol{E}+\boldsymbol{A}^{-1}\delta\boldsymbol{A})^{-1}\|_a\\&\leqslant\frac{\|\boldsymbol{A}^{-1}\|_a^2\|\delta\boldsymbol{A}\|_a}{1-\|\boldsymbol{A}^{-1}\|_a\|\delta\boldsymbol{A}\|_a}.\end{aligned}$$

又因

$$\begin{aligned}&\|[\boldsymbol{E}-(\boldsymbol{A}-\boldsymbol{B})\boldsymbol{A}^{-1}]^{-1}\|_a=\|(\boldsymbol{B}\boldsymbol{A}^{-1})^{-1}\|_a\\&=\|[(\boldsymbol{A}+\delta\boldsymbol{A})\boldsymbol{A}^{-1}]^{-1}\|_a\\&=\|[\boldsymbol{E}+(\delta\boldsymbol{A})\boldsymbol{A}^{-1}]^{-1}\|_a\\&=\|\{\boldsymbol{E}-[\boldsymbol{E}+(\delta\boldsymbol{A})\boldsymbol{A}^{-1}]^{-1}(\delta\boldsymbol{A})\boldsymbol{A}^{-1}\}\|_a\\&\leqslant\|\boldsymbol{E}\|_a+\|[\boldsymbol{E}+(\delta\boldsymbol{A})\boldsymbol{A}^{-1}]^{-1}\|_a\|(\delta\boldsymbol{A})\boldsymbol{A}^{-1}\|_a,\end{aligned}$$

故有

$$\|[\boldsymbol{E}-(\boldsymbol{A}-\boldsymbol{B})\boldsymbol{A}^{-1}]^{-1}\|_a\leqslant1+\|[\boldsymbol{E}-(\boldsymbol{A}-\boldsymbol{B})\boldsymbol{A}^{-1}]^{-1}\|_a\|\boldsymbol{A}^{-1}\|_a\|\delta\boldsymbol{A}\|_a.$$

所以

$$\|[\boldsymbol{E}-(\boldsymbol{A}-\boldsymbol{B})\boldsymbol{A}^{-1}]^{-1}\|_a\leqslant\frac{1}{1-\|\boldsymbol{A}^{-1}\|_a\|\delta\boldsymbol{A}\|_a}=\frac{1}{r(\boldsymbol{A})}.$$

于是

$$\begin{aligned}\|\delta \boldsymbol{x}\|_a &\leqslant \frac{\|\boldsymbol{A}^{-1}\|_a \|\delta \boldsymbol{b}\|_a}{1-\|\boldsymbol{A}^{-1}\|_a \|\delta \boldsymbol{A}\|_a} + \frac{\|\boldsymbol{A}^{-1}\|_a \|\delta \boldsymbol{A}\|_a \|\boldsymbol{x}\|_a}{r(\boldsymbol{A})} \\ &= \frac{\|\boldsymbol{A}^{-1}\|_a}{r(\boldsymbol{A})}\left(\|\delta \boldsymbol{b}\|_a + \|\delta \boldsymbol{A}\|_a \|\boldsymbol{x}\|_a\right).\end{aligned}$$

从而

$$\begin{aligned}\frac{\|\delta \boldsymbol{x}\|_a}{\|\boldsymbol{x}\|_a} &\leqslant \frac{\|\boldsymbol{A}^{-1}\|_a}{r(\boldsymbol{A})}\left(\frac{\|\delta \boldsymbol{b}\|_a}{\|\boldsymbol{x}\|_a} + \|\delta \boldsymbol{A}\|_a\right) \\ &= \frac{\|\boldsymbol{A}\|_a \|\boldsymbol{A}^{-1}\|_a}{r(\boldsymbol{A})}\left(\frac{\|\delta \boldsymbol{b}\|_a}{\|\boldsymbol{A}\|_a \|\boldsymbol{x}\|_a} + \frac{\|\delta \boldsymbol{A}\|_a}{\|\boldsymbol{A}\|_a}\right) \\ &\leqslant \frac{K(\boldsymbol{A})}{r(\boldsymbol{A})}\left(\frac{\|\delta \boldsymbol{b}\|_a}{\|\boldsymbol{x}\|_a} + \frac{\|\delta \boldsymbol{A}\|_a}{\|\boldsymbol{A}\|_a}\right).\end{aligned}$$

因此，若矩阵 $\boldsymbol{A}$ 的条件数 $K(\boldsymbol{A})$ 很大时，则求解过程中的舍入误差会对解的精度产生严重影响. 故在方程组求解中，往往需要考虑如何通过相似变换，降低矩阵的条件数(即所谓“平衡”或“预处理”). 这是一个仍待进一步研究的问题.

第三章　矩阵分析及其简单应用

在线性代数课程中，研究矩阵及其运算规则主要是研究矩阵的加、减、乘、逆等运算 由于在工程实际中经常需要研究矩阵的极限、微分、积分、级数等运算，这就形成了矩阵理论的新分支——矩阵分析，本章介绍矩阵分析的基本概念及其简单应用.

第一节　矩 阵 序 列

定义 1　设有矩阵序列$\{A_k\}$，其中$A_k=(a_{ij}^{(k)})_{m\times n}\in \mathbf{C}^{m\times n}$，当$k\to\infty, a_{ij}^{(k)}\to a_{ij}$时，称$\{A_k\}$**收敛**，并称矩阵$A=(a_{ij})_{m\times n}$为$\{A_k\}$的**极限**，或称$\{A_k\}$**收敛于** A，记为

$$\lim_{k\to\infty} A_k = A \quad 或 \quad A_k\to A,$$

当$k\to\infty$时，$\{A_k\}$不收敛，则称矩阵序列$\{A_k\}$**发散**.

由上述定义知，矩阵序列收敛的充要条件是 nm 个数值序列$\{a_{ij}^{(k)}\}$都收敛；发散的充要条件是这 nm 个数值序列中至少有一个是发散的.

矩阵序列$\{A_k\}$的收敛性尽管有定义可以归结为 nm 个数值序列的收敛性，但借助于矩阵范数就可与 nm 个数值序列的收敛问题等价.

定理 1　设$A_k=(a_{ij}^{(k)})_{m\times n}\in \mathbf{C}^{m\times n}$，则

(1) $A_k\to O_{m\times n}$的充要条件是$\|A_k\|\to 0$；

(2) $A_k\to A$的充要条件是$\|A_k-A\|\to 0$,

其中，$\|\cdot\|$是$\mathbf{C}^{m\times n}$上的任意一种矩阵范数.

证　(1) 由于$\mathbf{C}^{m\times n}$上的矩阵范数等价，所以只要证明矩阵范数$\|\cdot\|_{m_1}$结论成立即可.

$$\begin{aligned} A_k\to O_{m\times n} &\Leftrightarrow a_{ij}^{(k)}\to 0 \Leftrightarrow \left|a_{ij}^{(k)}\right|\to 0 \\ &\Leftrightarrow \sum_i\sum_j \left|a_{ij}^{(k)}\right|\to 0 \Leftrightarrow \|A_k\|_{m_1}\to 0 \quad (k\to\infty). \end{aligned}$$

(2) 由于$A_k\to A$等价于$A_k-A\to O$，所以利用结论(1)，知结论(2)成立.

例 1　设 $A_k=\begin{pmatrix}1+\dfrac{1}{k} & \dfrac{(-1)^k}{k^2}\\ \left(1+\dfrac{1}{k}\right)^k & \dfrac{\sin k}{k}\end{pmatrix}$，求 $\lim\limits_{k\to\infty}A_k$.

解　$\lim\limits_{k\to\infty}A_k=\lim\limits_{k\to\infty}\begin{pmatrix}1+\dfrac{1}{k} & \dfrac{(-1)^k}{k^2}\\ \left(1+\dfrac{1}{k}\right)^k & \dfrac{\sin k}{k}\end{pmatrix}=\begin{pmatrix}1 & 0\\ \mathrm{e} & 0\end{pmatrix}$.

$\mathbf{C}^{m\times n}$ 中收敛的矩阵序列有如下性质.

性质 1　若 $A_k\to A_{m\times n},B_k\to B_{m\times n}$，则

$$\alpha A_k+\beta B_k\to\alpha A_{m\times n}+\beta B_{m\times n}\quad(\forall\alpha,\beta\in\mathbf{C}).$$

性质 2　若 $A_k\to A_{m\times n},B_k\to B_{m\times n}$，则 $A_kB_k\to AB$.

性质 3　若 A_k 与 A 都是可逆矩阵，且 $A_k\to A$，则 $(A_k)^{-1}\to(A)^{-1}$.

在矩阵序列中，最常见的是由一个方阵的幂构成的序列，关于这样的矩阵序列，有以下的概念和收敛定理.

定义 2　设 $A=(a_{ij})_{n\times n}\in\mathbf{C}^{n\times n}$，且当 $k\to\infty$ 时，有 $A^k\to O_{n\times n}$，则称 A 为**收敛矩阵**.

定理 2　$A^k\to O_{n\times n}(k\to\infty)$ 的充要条件是 $\rho(A)<1$.

证　**充分性**　已知 $\rho(A)<1$，对 $\varepsilon=\dfrac{1}{2}[1-\rho(A)]>0$，存在矩阵范数 $\|\cdot\|_M$，使得

$$\|A\|_M\leqslant\rho(A)+\varepsilon=\frac{1}{2}[1+\rho(A)]<1,$$

于是有 $\|A^k\|_M\leqslant\|A\|_M^k\to 0$，由定理 1 知 $A^k\to O_{n\times n}$.

必要性　已知 $A^k\to O_{n\times n}$，设 $Ax=\lambda x(x\neq 0)$，因为

$$\lambda^k x=A^k x\to 0,$$

所以 $\lambda^k\to 0$，从而 $|\lambda|<1$，故 $\rho(A)<1$.

定理 3　$A^k\to O_{n\times n}(k\to\infty)$ 的充分条件是只要有一种矩阵范数 $\|\cdot\|$，使 $\|A\|<1$.

证　$\rho(A)\leqslant\|A\|<1$，再由定理 2 可得 $A^k\to O_{n\times n}$.

例 2　判断 $A=\begin{pmatrix}0.2 & 0.3\\ 0.4 & 0.5\end{pmatrix}$ 是否为收敛矩阵.

解　因为 $\|A\|_1=0.8<1$，所以 A 是收敛矩阵.

第二节 矩阵级数

在数学分析中，是以序列极限理论为基础讨论，现在我们以矩阵序列理论为基础引入矩阵级数.

定义 1 设矩阵序列 $\{\boldsymbol{A}_k\}$，其中 $\boldsymbol{A}_k=(a_{ij}^{(k)})_{m\times n}\in\mathbf{C}^{m\times n}$，则无穷和 $\boldsymbol{A}_0+\boldsymbol{A}_1+\boldsymbol{A}_2+\cdots+\boldsymbol{A}_k+\cdots$ 称为**矩阵级数**，记为 $\sum\limits_{k=0}^{\infty}\boldsymbol{A}_k$，即有

$$\sum_{k=0}^{\infty}\boldsymbol{A}_k=\boldsymbol{A}_0+\boldsymbol{A}_1+\boldsymbol{A}_2+\cdots+\boldsymbol{A}_k+\cdots.$$

定义 2 设 $\boldsymbol{S}_N=\sum\limits_{k=0}^{N}\boldsymbol{A}_k$，称其为矩阵级数的**部分和**. 如果矩阵序列 $\{\boldsymbol{S}_N\}$ 收敛，且有

$$\lim_{N\to\infty}\boldsymbol{S}_N=\boldsymbol{S},$$

则称矩阵级数 $\sum\limits_{k=0}^{\infty}\boldsymbol{A}_k$ **收敛**，且其和为 $\boldsymbol{S}$，记为 $\boldsymbol{S}=\sum\limits_{k=0}^{\infty}\boldsymbol{A}_k$，不收敛的矩阵级数称为**发散**的.

例 1 已知 $\boldsymbol{A}_k=\begin{pmatrix}\dfrac{1}{3^k} & 0\\ \dfrac{1}{k(k+1)} & \dfrac{\pi}{5\times 2^k}\end{pmatrix}$，判断矩阵级数 $\sum\limits_{k=1}^{\infty}\boldsymbol{A}_k$ 的敛散性.

解 因为

$$\boldsymbol{S}_N=\sum_{k=1}^{N}\boldsymbol{A}_k=\begin{pmatrix}\sum\limits_{k=1}^{N}\dfrac{1}{3^k} & 0\\ \sum\limits_{k=1}^{N}\dfrac{1}{k(k+1)} & \sum\limits_{k=1}^{N}\dfrac{\pi}{5\times 2^k}\end{pmatrix}=\begin{pmatrix}\dfrac{1}{2}\left[1-\left(\dfrac{1}{3}\right)^N\right] & 0\\ \dfrac{N}{N+1} & \dfrac{\pi}{5}\left[1-\left(\dfrac{1}{2}\right)^N\right]\end{pmatrix},$$

故有 $\boldsymbol{S}=\lim\limits_{N\to\infty}\boldsymbol{S}_N=\begin{pmatrix}\dfrac{1}{2} & 0\\ 1 & \dfrac{\pi}{5}\end{pmatrix}$，所以级数收敛.

显然 $\sum\limits_{k=0}^{\infty}\boldsymbol{A}_k$ 收敛于 $\boldsymbol{S}\Leftrightarrow\sum\limits_{k=0}^{\infty}a_{ij}^{(k)}$ 收敛于 $s_{ij}\,(i=1,2,\cdots,m;\,j=1,2,\cdots,n)$.

定义 3　若 $\sum_{k=0}^{\infty} \boldsymbol{A}_k$ 中的 mn 个数项级数都是绝对收敛的，则称 $\sum_{k=0}^{\infty} \boldsymbol{A}_k$ **绝对收敛**.

性质 1　若 $\sum_{k=0}^{\infty} \boldsymbol{A}_k$ 是绝对收敛的，则它必收敛，并且任意调换其项的顺序所得的级数还是收敛的，且其和不变.

性质 2　$\sum_{k=0}^{\infty} \boldsymbol{A}_k$ 绝对收敛的充要条件是对于任意一种矩阵范数，级数 $\sum_{k=0}^{\infty} \|\boldsymbol{A}_k\|$ 收敛.

证　只要对矩阵范数 $\|\cdot\|_{m_1}$ 证明结论成立即可.

必要性　因为 $\sum_{k=0}^{\infty} \boldsymbol{A}_k$ 为绝对收敛的，所以存在一个正数 M，它与 N,i,j 无关，使得

$$\sum_{k=0}^{N} \left|a_{ij}^{(k)}\right| < M \quad (N \geqslant 0; i = 1,2,\cdots,m; j = 1,2,\cdots,n),$$

从而有

$$\sum_{k=0}^{N} \|\boldsymbol{A}_k\|_{m_1} = \sum_{k=0}^{N} \left(\sum_{i=1}^{m} \sum_{j=1}^{n} \left|a_{ij}^{(k)}\right| \right) < mnM,$$

故 $\sum_{k=0}^{\infty} \|\boldsymbol{A}_k\|_{m_1}$ 为收敛级数. 由矩阵范数的等价性和正项级数的比较判别法知 $\sum_{k=0}^{\infty} \|A_k\|$ 为收敛级数.

充分性　因为 $\sum_{k=0}^{\infty} \|\boldsymbol{A}_k\|$ 收敛，所以 $\sum_{k=0}^{\infty} \|\boldsymbol{A}_k\|_{m_1}$ 收敛，那么由

$$\left|a_{ij}^{(k)}\right| \leqslant \|\boldsymbol{A}_k\|_{m_1} \quad (i = 1,2,\cdots,m; j = 1,2,\cdots,n),$$

可知 $\sum_{k=0}^{\infty} \boldsymbol{A}_k$ 对应的 mn 个数项级数绝对收敛，故该矩阵级数绝对收敛.

性质 3　若 $\sum_{k=0}^{\infty} \boldsymbol{A}_k$ 是收敛(或绝对收敛)的，则 $\sum_{k=0}^{\infty} \boldsymbol{P}\boldsymbol{A}_k\boldsymbol{Q}$ 也是收敛(或绝对收敛)的，并且有 $\sum_{k=0}^{\infty} \boldsymbol{P}\boldsymbol{A}_k\boldsymbol{Q} = \boldsymbol{P}\left(\sum_{k=0}^{\infty} \boldsymbol{A}_k\right)\boldsymbol{Q}$.

证　因为 $\sum_{k=0}^{\infty} \boldsymbol{A}_k$ 收敛，设其和为 $\boldsymbol{S}$，令 $\boldsymbol{S}_N = \sum_{k=0}^{N} \boldsymbol{A}_k$，则有 $\lim_{N\to\infty} \boldsymbol{S}_N = \boldsymbol{S}$. 从而

$$\sum_{k=0}^{\infty} \boldsymbol{P}\boldsymbol{A}_k\boldsymbol{Q} = \lim_{N\to\infty} \sum_{k=0}^{N} \boldsymbol{P}\boldsymbol{A}_k\boldsymbol{Q} = \lim_{N\to\infty} \boldsymbol{P}\sum_{k=0}^{N} \boldsymbol{A}_k\boldsymbol{Q} = \boldsymbol{P}\left(\lim_{N\to\infty} \sum_{k=0}^{N} \boldsymbol{A}_k\right)\boldsymbol{Q} = \boldsymbol{PSQ},$$

所以$\sum_{k=0}^{\infty}\boldsymbol{P}\boldsymbol{A}_k\boldsymbol{Q}$是收敛的，且有$\sum_{k=0}^{\infty}\boldsymbol{P}\boldsymbol{A}_k\boldsymbol{Q}=\boldsymbol{P}\left(\sum_{k=0}^{\infty}\boldsymbol{A}_k\right)\boldsymbol{Q}$.

若$\sum_{k=0}^{\infty}\boldsymbol{A}_k$绝对收敛，由性质 2，对任意矩阵范数$\|\cdot\|$, $\sum_{k=0}^{\infty}\|\boldsymbol{A}_k\|$收敛，由于

$$\|\boldsymbol{P}\boldsymbol{A}_k\boldsymbol{Q}\|\leqslant\|\boldsymbol{P}\|\|\boldsymbol{A}_k\|\|\boldsymbol{Q}\|\leqslant M\|\boldsymbol{A}_k\|,$$

其中M与k无关，从而$\sum_{k=0}^{\infty}\|\boldsymbol{P}\boldsymbol{A}_k\boldsymbol{Q}\|$也收敛，故$\sum_{k=0}^{\infty}\boldsymbol{P}\boldsymbol{A}_k\boldsymbol{Q}$绝对收敛.

性质 4 设$\mathbf{C}^{n\times n}$中两个矩阵级数

$$S_1:\boldsymbol{A}_1+\boldsymbol{A}_2+\cdots+\boldsymbol{A}_k+\cdots,$$

$$S_2:\boldsymbol{B}_1+\boldsymbol{B}_2+\cdots+\boldsymbol{B}_k+\cdots$$

都绝对收敛，其和分别记作$\boldsymbol{A}$与$\boldsymbol{B}$，由S_1,S_2作级数S_3：

$$\begin{aligned}&\boldsymbol{A}_1\boldsymbol{B}_1+(\boldsymbol{A}_1\boldsymbol{B}_2+\boldsymbol{A}_2\boldsymbol{B}_1)+\cdots+(\boldsymbol{A}_1\boldsymbol{B}_k+\boldsymbol{A}_2\boldsymbol{B}_{k-1}+\cdots+\boldsymbol{A}_k\boldsymbol{B}_1)+\cdots\\&=\sum_{k=1}^{\infty}\left(\sum_{i=1}^{k}\boldsymbol{A}_i\boldsymbol{B}_{k+1-i}\right),\end{aligned}$$

则S_3也绝对收敛，且其和$\boldsymbol{S}=\boldsymbol{A}\boldsymbol{B}$.

下面我们讨论一类重要的方阵级数——方阵幂级数.

定理 1 方阵$\boldsymbol{A}$的幂级数(**Neumann 级数**)

$$\sum_{k=0}^{\infty}\boldsymbol{A}^k=\boldsymbol{E}+\boldsymbol{A}+\boldsymbol{A}^2+\cdots+\boldsymbol{A}^k+\cdots,$$

收敛的充要条件是$\boldsymbol{A}$为收敛矩阵，并且当收敛时，其和为$(\boldsymbol{E}-\boldsymbol{A})^{-1}$.

证 必要性 由于该矩阵幂级数的第i行第j列的元素是数项级数

$$\delta_{ij}+(\boldsymbol{A})_{ij}+(\boldsymbol{A}^2)_{ij}+\cdots+(\boldsymbol{A}^k)_{ij}+\cdots,$$

因为$\sum_{k=0}^{\infty}\boldsymbol{A}_k$收敛，所以$(\boldsymbol{A}^k)_{ij}\to 0$，从而

$$\boldsymbol{A}^k\to\boldsymbol{O},$$

即$\boldsymbol{A}$为收敛矩阵.

充分性 由于$\boldsymbol{A}^k\to\mathbf{0}$，所以$\rho(\boldsymbol{A})<1$，从而$\boldsymbol{E}-\boldsymbol{A}$可逆，又因为

$$(\boldsymbol{E}+\boldsymbol{A}+\boldsymbol{A}^2+\cdots+\boldsymbol{A}^k)(\boldsymbol{E}-\boldsymbol{A})=\boldsymbol{E}-\boldsymbol{A}^{k+1},$$

所以

$$E + A + A^2 + \cdots + A^k = (E - A)^{-1} - A^{k+1}(E - A)^{-1} \to (E - A)^{-1}.$$

矩阵幂级数对于函数 $f(z) = \sum_{k=0}^{\infty} c_k z^k (|z| < r)$ 与方阵 $A_{n\times n}$，构造矩阵幂级数 $\sum_{k=0}^{\infty} c_k A^k$.

定理 2　设幂级数 $f(z) = \sum_{k=0}^{\infty} c_k z^k$ 的收敛半径为 $r, A \in \mathbf{C}^{n\times n}$，谱半径为 $\rho(A)$，则

(1) 当 $\rho(A) < r$ 时，$\sum_{k=0}^{\infty} c_k A^k$ 绝对收敛；

(2) 当 $\rho(A) > r$ 时，$\sum_{k=0}^{\infty} c_k A^k$ 发散.

证　(1) 对 $A \in \mathbf{C}^{n\times n}$，取 $\varepsilon = \frac{1}{2}[r - \rho(A)] > 0$，存在矩阵范数 $\|\cdot\|_M$，使得

$$\|A\|_M \leqslant \rho(A) + \varepsilon = \frac{1}{2}[r + \rho(A)] < r,$$

当 $|z| < r$ 时，$\sum_{k=0}^{\infty} c_k A^k$ 绝对收敛，即 $\sum_{k=0}^{\infty} |c_k| |A^k|$ 收敛. 因为 $\|A\|_M < r$，所以 $\sum_{k=0}^{\infty} |c_k| \|A\|_M^k$ 收敛，于是有

$$\|c_k A^k\|_M \leqslant |c_k| \|A\|_M^k,$$

可得 $\sum_{k=0}^{\infty} \|c_k A^k\|_M$ 收敛，即 $\sum_{k=0}^{\infty} c_k A^k$ 绝对收敛.

(2) 设 A 的特征值为 $\lambda_1, \lambda_2, \cdots, \lambda_n$，则存在可逆矩阵 P 使得

$$P^{-1}AP = \begin{pmatrix} \lambda_1 & * & \cdots & * \\ & \lambda_2 & \ddots & \vdots \\ & & \ddots & * \\ & & & \lambda_n \end{pmatrix} = S,$$

而 $\sum_{k=0}^{\infty} c_k S^k$ 的对角元素为 $\sum_{k=0}^{\infty} c_k \lambda_i^k (i = 1, 2, \cdots, n)$. 因为 $\rho(A) > r$，则存在某个 $|\lambda_l| > r$，所以 $\sum_{k=0}^{\infty} c_k \lambda_l^k$ 发散，从而 $\sum_{k=0}^{\infty} c_k S^k$ 发散，可得 $\sum_{k=0}^{\infty} c_k A^k$ 也发散.

例 2 讨论矩阵幂级数$\sum_{k=0}^{\infty}\frac{k}{6^k}\begin{pmatrix}1 & -8\\ -2 & 1\end{pmatrix}^k$的收敛性.

解 设$A=\begin{pmatrix}1 & -8\\ -2 & 1\end{pmatrix}$，则谱半径$\rho(A)=5$，级数$\sum_{k=0}^{\infty}\frac{k}{6^k}z^k$的收敛半径$r=6$，即$\rho(A)<r$，故矩阵幂级数$\sum_{k=0}^{\infty}\frac{k}{6^k}A^k$绝对收敛.

例 3 计算矩阵幂级数$\sum_{k=0}^{\infty}\begin{pmatrix}\frac{1}{10} & \frac{7}{10}\\ \frac{3}{10} & \frac{3}{5}\end{pmatrix}^k$.

解 设$A=\begin{pmatrix}\frac{1}{10} & \frac{7}{10}\\ \frac{3}{10} & \frac{3}{5}\end{pmatrix}$，由于$\|A\|_\infty=\frac{9}{10}<1$，故矩阵幂级数$\sum_{k=0}^{\infty}A^k$收敛，且其和为$(E-A)^{-1}=\begin{pmatrix}\frac{8}{3} & \frac{14}{3}\\ 2 & 6\end{pmatrix}$.

第三节 矩 阵 函 数

矩阵函数的概念与通常的函数的概念类似，它是以方阵为自变量，函数值也是方阵的一类函数. 本节我们将给出矩阵函数的定义，并给出其一些性质及计算方法.

一、矩阵函数的定义与性质

定义 1 设幂函数$\sum_{k=0}^{\infty}c_k z^k$的收敛半径为$r$，且当$|z|<r$时，幂函数收敛于函数$f(z)$，即

$$f(z)=\sum_{k=0}^{\infty}c_k z^k \quad (|z|<r).$$

若$A\in\mathbf{C}^{n\times n}$，满足$\rho(A)<r$，则称收敛的矩阵幂级数$\sum_{k=0}^{\infty}c_k A^k$的和为**矩阵函数**，记为$f(A)$，即$f(A)=\sum_{k=0}^{\infty}c_k A^k$，特别地，当$r=+\infty$时，任意$A\in\mathbf{C}^{n\times n}$，有$f(A)=\sum_{k=0}^{\infty}c_k A^k$.

由此，可以得到在形式上和数学分析中的一些函数类似的矩阵函数，如

$$\mathrm{e}^z=\sum_{k=0}^{\infty}\frac{1}{k!}z^k,\quad r=+\infty,$$

$$\sin z=\sum_{k=0}^{\infty}\frac{(-1)^k}{(2k+1)!}z^{2k+1},\quad r=+\infty,$$

$$\cos z=\sum_{k=0}^{\infty}\frac{(-1)^k}{(2k)!}z^{2k},\quad r=+\infty,$$

$$(1-z)^{-1}=\sum_{k=0}^{\infty}z^k,\quad r=1,$$

相应地有矩阵函数：

$$\mathrm{e}^{\boldsymbol{A}}=\sum_{k=0}^{\infty}\frac{1}{k!}\boldsymbol{A}^k,\quad \forall\boldsymbol{A}\in\mathbf{C}^{n\times n},$$

$$\sin\boldsymbol{A}=\sum_{k=0}^{\infty}\frac{(-1)^k}{(2k+1)!}\boldsymbol{A}^{2k+1},\quad \forall\boldsymbol{A}\in\mathbf{C}^{n\times n},$$

$$\cos\boldsymbol{A}=\sum_{k=0}^{\infty}\frac{(-1)^k}{(2k)!}\boldsymbol{A}^{2k},\quad \forall\boldsymbol{A}\in\mathbf{C}^{n\times n},$$

$$(\boldsymbol{E}-\boldsymbol{A})^{-1}=\sum_{k=0}^{\infty}\boldsymbol{A}^k,\quad \rho(\boldsymbol{A})<1.$$

我们称 $\mathrm{e}^{\boldsymbol{A}}$ 为矩阵指数函数，$\sin\boldsymbol{A}$ 为矩阵正弦函数，$\cos\boldsymbol{A}$ 为矩阵余弦函数.

若将矩阵函数 $f(\boldsymbol{A})$ 中的变元换成 $\boldsymbol{A}t,t$ 为参数，则相应有

$$f(\boldsymbol{A}t)=\sum_{k=0}^{\infty}c_k(\boldsymbol{A}t)^k,\quad |t|\rho(\boldsymbol{A})<r.$$

在实际应用中，经常要求含参数的矩阵函数，以下列出一些常见矩阵指数及三角函数的性质.

性质 1　设 $\boldsymbol{A}\in\mathbf{C}^{n\times n}$，则有

(1) $\mathrm{e}^{\mathrm{i}\boldsymbol{A}}=\cos\boldsymbol{A}+\mathrm{i}\sin\boldsymbol{A}$；

(2) $\cos\boldsymbol{A}=\dfrac{1}{2}(\mathrm{e}^{\mathrm{i}\boldsymbol{A}}+\mathrm{e}^{-\mathrm{i}\boldsymbol{A}})$；

(3) $\sin\boldsymbol{A}=\dfrac{1}{2\mathrm{i}}(\mathrm{e}^{\mathrm{i}\boldsymbol{A}}-\mathrm{e}^{-\mathrm{i}\boldsymbol{A}})$；

(4) $\sin^2\boldsymbol{A}+\cos^2\boldsymbol{A}=\boldsymbol{E}$；

(5) 若 $\boldsymbol{AB}=\boldsymbol{BA}$，则 $\mathrm{e}^{\boldsymbol{A}}\mathrm{e}^{\boldsymbol{B}}=\mathrm{e}^{\boldsymbol{B}}\mathrm{e}^{\boldsymbol{A}}=\mathrm{e}^{\boldsymbol{A}+\boldsymbol{B}}$；

(6) 一般地，$\mathrm{e}^{\boldsymbol{A}}\mathrm{e}^{\boldsymbol{B}},\mathrm{e}^{\boldsymbol{B}}\mathrm{e}^{\boldsymbol{A}},\mathrm{e}^{\boldsymbol{A}+\boldsymbol{B}}$ 互不相等；

(7) $\mathrm{e}^{\boldsymbol{A}}\mathrm{e}^{-\boldsymbol{A}}=\mathrm{e}^{-\boldsymbol{A}}\mathrm{e}^{\boldsymbol{A}}=\boldsymbol{E},\ (\mathrm{e}^{\boldsymbol{A}})^{-1}=\mathrm{e}^{-\boldsymbol{A}}$.

证 (1)-(4) 直接由定义验证即可.

(5) 只需验证 $\mathrm{e}^{\boldsymbol{A}}\mathrm{e}^{\boldsymbol{B}}=\mathrm{e}^{\boldsymbol{A}+\boldsymbol{B}}$,

$$\begin{aligned}\mathrm{e}^{\boldsymbol{A}}\mathrm{e}^{\boldsymbol{B}}&=\left(\sum_{k=0}^{\infty}\frac{1}{k!}\boldsymbol{A}^k\right)\left(\sum_{n=0}^{\infty}\frac{1}{n!}\boldsymbol{B}^n\right)\\&=\boldsymbol{E}+(\boldsymbol{A}+\boldsymbol{B})+\frac{1}{2!}(\boldsymbol{A}^2+\boldsymbol{AB}+\boldsymbol{BA}+\boldsymbol{B}^2)+\cdots\\&=\boldsymbol{E}+(\boldsymbol{A}+\boldsymbol{B})+\frac{1}{2!}(\boldsymbol{A}+\boldsymbol{B})^2+\cdots\\&=\sum_{k=0}^{\infty}\frac{1}{k!}(\boldsymbol{A}+\boldsymbol{B})^k=\mathrm{e}^{\boldsymbol{A}+\boldsymbol{B}}.\end{aligned}$$

(6) 在数学分析中，指数函数具有运算规则：$\mathrm{e}^{z_1}\mathrm{e}^{z_2}=\mathrm{e}^{z_2}\mathrm{e}^{z_1}=\mathrm{e}^{z_1+z_2}$，但对矩阵指数函数一般不再成立. 例如，取

$$\boldsymbol{A}=\begin{pmatrix}1&1\\0&0\end{pmatrix},\quad \boldsymbol{B}=\begin{pmatrix}1&-1\\0&0\end{pmatrix},$$

易见 $\boldsymbol{A}^2=\boldsymbol{A},\boldsymbol{B}^2=\boldsymbol{B}$，故 $\boldsymbol{A}=\boldsymbol{A}^2=\boldsymbol{A}^3=\cdots,\boldsymbol{B}=\boldsymbol{B}^2=\boldsymbol{B}^3=\cdots$，所以

$$\mathrm{e}^{\boldsymbol{A}}=\sum_{k=0}^{\infty}\frac{1}{k!}\boldsymbol{A}^k=\boldsymbol{E}+(\mathrm{e}-1)\boldsymbol{A}=\begin{pmatrix}\mathrm{e}&\mathrm{e}-1\\0&1\end{pmatrix},$$

$$\mathrm{e}^{\boldsymbol{B}}=\sum_{k=0}^{\infty}\frac{1}{k!}\boldsymbol{B}^k=\boldsymbol{E}+(\mathrm{e}-1)\boldsymbol{B}=\begin{pmatrix}\mathrm{e}&1-\mathrm{e}\\0&1\end{pmatrix},$$

所以

$$\mathrm{e}^{\boldsymbol{A}}\mathrm{e}^{\boldsymbol{B}}=\begin{pmatrix}\mathrm{e}^2&-(\mathrm{e}-1)^2\\0&1\end{pmatrix},\quad \mathrm{e}^{\boldsymbol{B}}\mathrm{e}^{\boldsymbol{A}}=\begin{pmatrix}\mathrm{e}^2&(\mathrm{e}-1)^2\\0&1\end{pmatrix},$$

又 $\boldsymbol{A}+\boldsymbol{B}=\begin{pmatrix}2&0\\0&0\end{pmatrix}$，易验证

$$(\boldsymbol{A}+\boldsymbol{B})^k=2^{k-1}(\boldsymbol{A}+\boldsymbol{B}),\quad k\geqslant 1,$$

所以

$$\mathrm{e}^{A+B}=E+\sum_{k=1}^{\infty}\frac{1}{k!}(A+B)^k=E+\sum_{k=1}^{\infty}\frac{2^{k-1}}{k!}(A+B)=E+\frac{1}{2}\left(\sum_{k=1}^{\infty}\frac{2^k}{k!}\right)(A+B)$$

$$=E+\frac{1}{2}(\mathrm{e}^2-1)(A+B)=\begin{pmatrix}\mathrm{e}^2 & 0\\ 0 & 1\end{pmatrix}.$$

可见 $\mathrm{e}^A\mathrm{e}^B,\mathrm{e}^B\mathrm{e}^A,\mathrm{e}^{A+B}$ 互不相等；

(7) 为 (5) 的简单结论，由此可见对任意 $A\in\mathbf{C}^{n\times n},\mathrm{e}^A$ 总是可逆的.

对于给定的矩阵 A，如何计算 $\mathrm{e}^A,\sin A,\cos A$，如果从其定义出发求矩阵幂级数的和是不可取的，而若充分利用矩阵 A 本身的性质，则计算往往是可行的.

例 1　设 $A=\begin{pmatrix}0 & 1\\ -1 & 0\end{pmatrix}$，求 e^{At}.

解　由 $|\lambda E-A|=\lambda^2+1$，知 $A^2+E=O$，故

$$A^2=-E,A^3=-A,A^4=E,A^5=A,\cdots,$$

即有 $A^{2k}=(-1)^kE,A^{2k+1}=(-1)^kA,k=1,2,\cdots$，故

$$\mathrm{e}^{At}=\sum_{k=0}^{\infty}\frac{1}{k!}(At)^k=\left(1-\frac{t^2}{2!}+\frac{t^4}{4!}-\cdots\right)E+\left(t-\frac{t^3}{3!}+\frac{t^5}{5!}-\cdots\right)A$$

$$=(\cos t)E+(\sin t)A=\begin{pmatrix}\cos t & \sin t\\ -\sin t & \cos t\end{pmatrix}.$$

例 2　设 $A\in\mathbf{C}^{4\times4}$，特征值分别为 $\pi,-\pi,0,0$，求 $\mathrm{e}^A,\cos A,\sin A$.

解　由条件知 $|\lambda E-A|=\lambda^2(\lambda-\pi)(\lambda+\pi)=\lambda^4-\pi^2\lambda^2$，从而可知

$$A^4=\pi^2A^2,$$

所以

$$\sin A=A-\frac{1}{3!}A^3+\frac{1}{5!}A^5-\frac{1}{7!}A^7+\cdots$$

$$=A-\frac{1}{3!}A^3+\frac{\pi^2}{5!}A^3-\frac{\pi^4}{7!}A^3+\cdots$$

$$=A+\left(-\frac{1}{3!}+\frac{\pi^2}{5!}-\frac{\pi^4}{7!}+\cdots\right)A^3$$

$$=A+\frac{\sin\pi-\pi}{\pi^3}A^3=A-\pi^{-2}A^3.$$

同理，可求 $\cos A=E-2\pi^{-2}A^2$，$\mathrm{e}^A=E+A+h\pi^{-2}A^2+\dfrac{\mathrm{e}^{\pi}-\pi-1-h}{\pi^3}A^3$，其中 $h=$

$\dfrac{e^{\pi}+e^{-\pi}}{2}-1$.

注 1 由特征多项式的零化特点，可将矩阵函数计算简化，但一般仍显烦琐.

注 2 由上面两个例子可看到，矩阵指数函数及三角函数似乎可表示为一个次数不超过特征多项式次数的矩阵多项式，我们有理由推测，一般矩阵函数是否可表示为一个矩阵多项式？后面将看到，答案是肯定的.

二、矩阵函数值的求法

下面论述已知矩阵 $\boldsymbol{A}$，怎样计算矩阵函数值的问题.

1. 待定系数法

设以 $\boldsymbol{A}\in\mathbf{C}^{n\times n}$ 为根的首项系数为1的多项式（一般取 $\varphi(\lambda)$ 或者 $m(\lambda)$）

$$\psi(\lambda)=\lambda^m+b_1\lambda^{m-1}+\cdots+b_{m-1}\lambda+b_m \quad (1\leqslant m\leqslant n),$$

且满足 $\psi(\lambda)|\varphi(\lambda)$，分解

$$\psi(\lambda)=(\lambda-\lambda_1)^{m_1}\cdots(\lambda-\lambda_s)^{m_s} \quad \left(\lambda_i\neq\lambda_j,\sum_{i=1}^{s}m_i=m\right),$$

因为 λ_i 是 $\boldsymbol{A}$ 的特征值，所以 $|\lambda_i|\leqslant\rho(\boldsymbol{A})<r$，从而 $f(\lambda_i)=\sum\limits_{k=0}^{+\infty}c_k\lambda_i^k$ 绝对收敛，设

$$f(z)=\sum_{k=0}^{+\infty}c_kz^k=\psi(z)g(z)+r(z),$$

$$r(z)=b_0+b_1z+b_2z^2+\cdots+b_{m-1}z^{m-1},$$

由 $\psi(\lambda_i)=0,\psi'(\lambda_i)=0,\cdots,\psi^{(m_{i-1}-1)}(\lambda_i)=0$ 可得

$$r(\lambda_i)=f(\lambda_i),\quad r'(\lambda_i)=f'(\lambda_i),\ \cdots,\ r^{(m_{i-1}-1)}(\lambda_i)=f^{(m_{i-1}-1)}(\lambda_i) \quad (i=1,2,\cdots,s),$$

解此方程组得出 $b_0,b_1,\cdots,b_{m-1}$. 因为 $\psi(\boldsymbol{A})=0$，所以

$$f(\boldsymbol{A})=\sum_{k=0}^{+\infty}c_k\boldsymbol{A}^k=\psi(\boldsymbol{A})g(\boldsymbol{A})+r(\boldsymbol{A})=r(\boldsymbol{A}),$$

即

$$f(\boldsymbol{A})=b_0\boldsymbol{E}+b_1\boldsymbol{A}+b_2\boldsymbol{A}^2+\cdots+b_{m-1}\boldsymbol{A}^{m-1}.$$

例 3　设 $A=\begin{pmatrix}-1 & -2 & 6\\ -1 & 0 & 3\\ -1 & -1 & 4\end{pmatrix}$，求 $\mathrm{e}^{At},\cos At$.

解　$\varphi(\lambda)=|\lambda E-A|=(\lambda-1)^3$，其中 A 的最小多项式为 $m(\lambda)=(\lambda-1)^2$，取 $\psi(\lambda)=(\lambda-1)^2$.

(1) $f(\lambda)=\mathrm{e}^{t\lambda}=\psi(\lambda)g(\lambda)+(a+b\lambda),\ f'(\lambda)=t\mathrm{e}^{t\lambda}=[\psi(\lambda)g(\lambda)]'+b$，得

$$\begin{cases}a+b=\mathrm{e}^t,\\ b=t\mathrm{e}^t,\end{cases}\quad\text{解得}\begin{cases}a=\mathrm{e}^t-t\mathrm{e}^t,\\ b=t\mathrm{e}^t,\end{cases}$$

于是

$$\mathrm{e}^{At}=aE+bA=\mathrm{e}^t\begin{pmatrix}1-2t & -2t & 6t\\ -t & 1-t & 3t\\ -t & -t & 1+3t\end{pmatrix}.$$

(2) $f(\lambda)=\cos\lambda t=\psi(\lambda)g(\lambda)+(a+b\lambda),\quad f'(\lambda)=-t\sin\lambda t=[\psi(\lambda)g(\lambda)]'+b$,

得

$$\begin{cases}a+b=\cos t,\\ b=-t\sin t,\end{cases}\quad\text{解得}\begin{cases}a=\cos t+t\sin t,\\ b=-t\sin t,\end{cases}$$

于是

$$\cos At=aE+bA=\begin{pmatrix}\cos t+2t\sin t & 2t\sin t & -6t\sin t\\ t\sin t & \cos t+t\sin t & -3t\sin t\\ t\sin t & t\sin t & \cos t-3t\sin t\end{pmatrix}.$$

2. 数项级数法

设以 $A\in\mathbf{C}^{n\times n}$ 为根的首项系数为 1 的多项式 $\psi(\lambda)$ 如前所述，则有

$$\psi(A)=\mathbf{0}\Rightarrow\begin{cases}A^m=k_0E+k_1A+\cdots+k_{m-1}A^{m-1},\\ A^{m+1}=k_0^{(1)}E+k_1^{(1)}A+\cdots+k_{m-1}^{(1)}A^{m-1},\\ \qquad\vdots\\ A^{m+l}=k_0^{(l)}E+k_1^{(l)}A+\cdots+k_{m-1}^{(l)}A^{m-1},\end{cases}$$

$$\begin{aligned}f(A)&=\sum_{k=0}^{\infty}c_kA_k\\ &=(c_0E+c_1A+\cdots+c_{m-1}A^{m-1})+c_m(k_0E+k_1A+\cdots+k_{m-1}A^{m-1})+\cdots\end{aligned}$$

$$+c_{m+l}(k_0^{(l)}\boldsymbol{E}+k_1^{(l)}\boldsymbol{A}+\cdots+k_{m-1}^{(l)}\boldsymbol{A}^{m-1})+\cdots$$

$$=\left(c_0+\sum_{l=0}^{\infty}c_{m+l}k_0^{(l)}\right)\boldsymbol{E}+\left(c_1+\sum_{l=0}^{\infty}c_{m+l}k_1^{(l)}\right)\boldsymbol{A}+\cdots+\left(c_{m-1}+\sum_{l=0}^{\infty}c_{m+l}k_{m-1}^{(l)}\right)\boldsymbol{A}^{m-1}.$$

例 4 设 $\boldsymbol{A}=\begin{pmatrix}\pi&0&0&0\\0&-\pi&0&0\\0&0&0&1\\0&0&0&0\end{pmatrix}$，求 $\sin\boldsymbol{A}$.

解 $\varphi(\lambda)=|\lambda\boldsymbol{E}-\boldsymbol{A}|=\lambda^4-\pi^2\lambda^2$，取 $\psi(\lambda)=\varphi(\lambda)$，由 $\psi(\boldsymbol{A})=\boldsymbol{0}$，可得

$$\boldsymbol{A}^4=\pi^2\boldsymbol{A}^2,\boldsymbol{A}^5=\pi^2\boldsymbol{A}^3,\boldsymbol{A}^7=\pi^4\boldsymbol{A}^3,\cdots,$$

从而有

$$\sin\boldsymbol{A}=\boldsymbol{A}-\frac{1}{3!}\boldsymbol{A}^3+\frac{1}{5!}\boldsymbol{A}^5-\frac{1}{7!}\boldsymbol{A}^7+\frac{1}{9!}\boldsymbol{A}^9-\cdots$$

$$=\boldsymbol{A}-\frac{1}{3!}\boldsymbol{A}^3+\frac{1}{5!}\pi^2\boldsymbol{A}^3-\frac{1}{7!}\pi^4\boldsymbol{A}^3+\frac{1}{9!}\pi^6\boldsymbol{A}^3-\cdots$$

$$=\boldsymbol{A}+\left(-\frac{1}{3!}+\frac{1}{5!}\pi^2-\frac{1}{7!}\pi^4+\frac{1}{9!}\pi^6-\cdots\right)\boldsymbol{A}^3$$

$$=\boldsymbol{A}+\frac{\sin\pi-\pi}{\pi^3}\boldsymbol{A}^3=\boldsymbol{A}-\pi^{-2}\boldsymbol{A}^3$$

$$=\begin{pmatrix}0&0&0&0\\0&0&0&0\\0&0&0&1\\0&0&0&0\end{pmatrix}.$$

3. 对角形法

设 $\boldsymbol{A}$ 相似于对角矩阵 $\boldsymbol{\Lambda}$，即有可逆矩阵 $\boldsymbol{P}$，使得

$$\boldsymbol{P}^{-1}\boldsymbol{A}\boldsymbol{P}=\begin{pmatrix}\lambda_1&&\\&\ddots&\\&&\lambda_n\end{pmatrix},$$

则有 $\boldsymbol{A}=\boldsymbol{P}\boldsymbol{\Lambda}\boldsymbol{P}^{-1},\boldsymbol{A}^2=\boldsymbol{P}\boldsymbol{\Lambda}^2\boldsymbol{P}^{-1},\cdots$，于是可得

$$\sum_{k=0}^{N} c_k \boldsymbol{A}^k = \sum_{k=0}^{N} c_k \boldsymbol{P}\boldsymbol{\Lambda}^k \boldsymbol{P} = \boldsymbol{P}\sum_{k=0}^{N} c_k \boldsymbol{\Lambda}^k \boldsymbol{P}^{-1} = \boldsymbol{P}\begin{pmatrix} \sum\limits_{k=0}^{N} c_k\lambda_1^k & & \\ & \ddots & \\ & & \sum\limits_{k=0}^{N} c_k\lambda_n^k \end{pmatrix}\boldsymbol{P}^{-1},$$

从而

$$f(\boldsymbol{A}) = \sum_{k=0}^{\infty} c_k \boldsymbol{A}^k = \boldsymbol{P}\begin{pmatrix} \sum\limits_{k=0}^{\infty} c_k\lambda_1^k & & \\ & \ddots & \\ & & \sum\limits_{k=0}^{\infty} c_k\lambda_n^k \end{pmatrix}\boldsymbol{P}^{-1}$$

$$= \boldsymbol{P}\begin{pmatrix} f(\lambda_1) & & \\ & \ddots & \\ & & f(\lambda_n) \end{pmatrix}\boldsymbol{P}^{-1}.$$

例 5　设 $\boldsymbol{A}$ 相似于对角矩阵 $\boldsymbol{\Lambda}$，即有可逆矩阵 $\boldsymbol{P}$，使得

$$\boldsymbol{P}^{-1}\boldsymbol{A}\boldsymbol{P} = \begin{pmatrix} \lambda_1 & & \\ & \ddots & \\ & & \lambda_n \end{pmatrix},$$

则

$$\mathrm{e}^{\boldsymbol{A}} = \boldsymbol{P}\,\mathrm{diag}(\mathrm{e}^{\lambda_1},\cdots,\mathrm{e}^{\lambda_n})\boldsymbol{P}^{-1};$$

$$\mathrm{e}^{t\boldsymbol{A}} = \boldsymbol{P}\,\mathrm{diag}(\mathrm{e}^{t\lambda_1},\cdots,\mathrm{e}^{t\lambda_n})\boldsymbol{P}^{-1};$$

$$\sin \boldsymbol{A} = \boldsymbol{P}\,\mathrm{diag}(\sin\lambda_1,\cdots,\sin\lambda_n)\boldsymbol{P}^{-1}.$$

例 6　设 $\boldsymbol{A}=\begin{pmatrix} 2 & 1 & 0 \\ 0 & 0 & 1 \\ 0 & 1 & 0 \end{pmatrix}$，求 $\mathrm{e}^{\boldsymbol{A}t}, \sin \boldsymbol{A}t$.

解　可求得 $\boldsymbol{P}=\begin{pmatrix} 1 & -1 & 1 \\ -3 & 1 & 0 \\ 3 & 1 & 0 \end{pmatrix}, \boldsymbol{P}^{-1}=\dfrac{1}{6}\begin{pmatrix} 0 & -1 & 1 \\ 0 & 3 & 3 \\ 6 & 4 & 2 \end{pmatrix}$，使得

$$P^{-1}AP=\begin{pmatrix}-1&0&0\\0&1&0\\0&0&2\end{pmatrix}.$$

于是

$$e^{At}=P\begin{pmatrix}e^{-t}&0&0\\0&e^{t}&0\\0&0&e^{2t}\end{pmatrix}P^{-1}=\frac{1}{6}\begin{pmatrix}6e^{2t}&4e^{2t}-3e^{t}-e^{-t}&2e^{2t}-3e^{t}+e^{-t}\\0&3e^{t}+3e^{-t}&3e^{t}-3e^{-t}\\0&3e^{t}-3e^{-t}&3e^{t}+3e^{-t}\end{pmatrix},$$

$$\sin At=P\begin{pmatrix}\sin(-t)&0&0\\0&\sin t&0\\0&0&\sin 2t\end{pmatrix}P^{-1}$$

$$=\frac{1}{6}\begin{pmatrix}\sin 2t&4\sin 2t-2\sin t&2\sin 2t-4\sin t\\0&0&6\sin t\\0&6\sin t&0\end{pmatrix}.$$

4. Jordan 标准形法

一般地，设 $A\in\mathbf{C}^{n\times n}$（不一定可以对角化），存在可逆矩阵 P，使得 $P^{-1}AP=J$（Jordan 标准形）$=\begin{pmatrix}J_1&&\\&\ddots&\\&&J_s\end{pmatrix}$，其中

$$J_i=\begin{pmatrix}\lambda_i&1&&\\&\ddots&\ddots&\\&&\lambda_i&1\\&&&\lambda_i\end{pmatrix}_{n_i\times n_i},\quad 1\leqslant i\leqslant s,$$

可求得

$$f(J_i)=\sum_{k=0}^{\infty}c_kJ_i^k=\sum_{k=0}^{\infty}c_k\begin{pmatrix}\lambda_i^k&C_k^1\lambda_i^{k-1}&\cdots&C_k^{m_i-1}\lambda_i^{k-m_i+1}\\&\lambda_i^k&\ddots&\vdots\\&&\ddots&C_k^1\lambda_i^{k-1}\\&&&\lambda_i^k\end{pmatrix}$$

$$=\begin{pmatrix} f(\lambda_i) & \frac{1}{1!}f'(\lambda_i) & \cdots & \frac{1}{(m_i-1)!}f^{(m_i-1)}(\lambda_i) \\ & f(\lambda_i) & \ddots & \vdots \\ & & \ddots & \frac{1}{1!}f'(\lambda_i) \\ & & & f(\lambda_i) \end{pmatrix},$$

$$f(\boldsymbol{A})=\sum_{k=0}^{\infty}c_k\boldsymbol{A}^k=\sum_{k=0}^{\infty}c_k\boldsymbol{P}\boldsymbol{J}^k\boldsymbol{P}^{-1}=\boldsymbol{P}\left(\sum_{k=0}^{\infty}c_k\boldsymbol{J}^k\right)\boldsymbol{P}^{-1}$$

$$=\boldsymbol{P}\begin{pmatrix} \sum_{k=0}^{\infty}c_kJ_1^k & & \\ & \ddots & \\ & & \sum_{k=0}^{\infty}c_kJ_s^k \end{pmatrix}\boldsymbol{P}^{-1}=\boldsymbol{P}\begin{pmatrix} f(\boldsymbol{J}_1) & & \\ & \ddots & \\ & & f(\boldsymbol{J}_s) \end{pmatrix}\boldsymbol{P}^{-1},$$

此公式称为 Sylvester 公式.

例 7　设 $\boldsymbol{A}=\begin{pmatrix} -1 & 0 & 1 \\ 1 & 2 & 0 \\ -4 & 0 & 3 \end{pmatrix}$，求 $\mathrm{e}^{\boldsymbol{A}},\sin \boldsymbol{A}t$.

解　易计算 $\boldsymbol{A}$ 的初等因子为 $(\lambda-1)^2,(\lambda-2)$，故 $\boldsymbol{A}$ 的 Jordan 标准形为

$$\boldsymbol{J}=\begin{pmatrix} 1 & 1 & 0 \\ 0 & 1 & 0 \\ 0 & 0 & 2 \end{pmatrix},$$

可求得可逆矩阵 $\boldsymbol{P}=\begin{pmatrix} 1 & 0 & 0 \\ -1 & -1 & 1 \\ 2 & 1 & 0 \end{pmatrix},\boldsymbol{P}^{-1}\boldsymbol{A}\boldsymbol{P}=\boldsymbol{J}$，因此

$$\mathrm{e}^{\boldsymbol{A}}=\boldsymbol{P}\begin{pmatrix} \mathrm{e} & \mathrm{e} & 0 \\ 0 & \mathrm{e} & 0 \\ 0 & 0 & \mathrm{e}^2 \end{pmatrix}\boldsymbol{P}^{-1}=\begin{pmatrix} -\mathrm{e} & 0 & \mathrm{e} \\ 3\mathrm{e}-\mathrm{e}^2 & \mathrm{e}^2 & -2\mathrm{e}+\mathrm{e}^2 \\ -4\mathrm{e} & 0 & 3\mathrm{e} \end{pmatrix},$$

$$\sin \boldsymbol{A}t=\boldsymbol{P}\begin{pmatrix} \sin t & t\cos t & 0 \\ 0 & \sin t & 0 \\ 0 & 0 & \sin 2t \end{pmatrix}\boldsymbol{P}^{-1}$$

$$=\begin{pmatrix} \sin t-2t\cos t & 0 & t\cos t \\ \sin t+2t\cos t-\sin 2t & \sin 2t & -t\cos t-\sin t+\sin 2t \\ -4t\cos t & 0 & 2t\cos t+\sin t \end{pmatrix}.$$

第四节　矩阵函数的微分和积分

定义 1　以变量 t 的函数为元素的矩阵 $\boldsymbol{A}(t)=(a_{ij}(t))_{m\times n}$ 称为**函数矩阵**，其中 $a_{ij}(t)\ (1\leqslant i\leqslant m,1\leqslant j\leqslant n)$ 均为 t 的函数，若每个 $a_{ij}(t)$ 在 $[a,b]$ 上是连续、可微、可积时，则称 $\boldsymbol{A}(t)$ 在 $[a,b]$ 上是**连续**、**可微**、**可积**，当 $\boldsymbol{A}(t)$ 可微时，定义

$$\boldsymbol{A}'(t)=\frac{\mathrm{d}}{\mathrm{d}t}\boldsymbol{A}(t)=(a_{ij}'(t))_{m\times n},$$

可定义函数矩阵的高阶导数 $\dfrac{\mathrm{d}^k}{\mathrm{d}t^k}\boldsymbol{A}(t)=\dfrac{\mathrm{d}}{\mathrm{d}t}\left(\dfrac{\mathrm{d}^{k-1}}{\mathrm{d}t^{k-1}}\boldsymbol{A}(t)\right)$.

当 $\boldsymbol{A}(t)$ 在 $[a,b]$ 上是可积时，定义

$$\int_a^b \boldsymbol{A}(t)\mathrm{d}t=\left(\int_a^b a_{ij}(t)\mathrm{d}t\right)_{m\times n}.$$

例 1　设 $\boldsymbol{A}(t)=\begin{pmatrix} \sin 2t & \cos 2t & t^3 \\ \mathrm{e}^{3t} & \mathrm{e}^{2t} & \mathrm{e}^t \\ \mathrm{e} & 1 & t^2 \end{pmatrix}$，求 $\boldsymbol{A}'(t)$.

解　$\boldsymbol{A}'(t)=\dfrac{\mathrm{d}}{\mathrm{d}t}\boldsymbol{A}(t)=\begin{pmatrix} 2\cos 2t & -2\sin 2t & 3t^2 \\ 3\mathrm{e}^{3t} & 2\mathrm{e}^{2t} & \mathrm{e}^t \\ 0 & 0 & 2t \end{pmatrix}$.

关于函数矩阵的微分有以下简单性质.

定理 1　设 $\boldsymbol{A}(t),\boldsymbol{B}(t)$ 是适当阶的可微矩阵，则有以下运算法则：

(1) $\dfrac{\mathrm{d}}{\mathrm{d}t}(\boldsymbol{A}(t)\pm\boldsymbol{B}(t))=\dfrac{\mathrm{d}}{\mathrm{d}t}\boldsymbol{A}(t)\pm\dfrac{\mathrm{d}}{\mathrm{d}t}\boldsymbol{B}(t)$；

(2) 若 $\lambda(t)$ 为可微函数时，有 $\dfrac{\mathrm{d}}{\mathrm{d}t}(\lambda(t)\boldsymbol{B}(t))=\dfrac{\mathrm{d}\lambda(t)}{\mathrm{d}t}\boldsymbol{A}(t)+\lambda(t)\dfrac{\mathrm{d}}{\mathrm{d}t}\boldsymbol{A}(t)$；

(3) $\dfrac{\mathrm{d}}{\mathrm{d}t}(\boldsymbol{A}(t)\boldsymbol{B}(t))=\left(\dfrac{\mathrm{d}}{\mathrm{d}t}\boldsymbol{A}(t)\right)\boldsymbol{B}(t)+\boldsymbol{A}(t)\dfrac{\mathrm{d}}{\mathrm{d}t}\boldsymbol{B}(t)$；

(4) 若 $\mu=f(t)$ 可微时，有 $\dfrac{\mathrm{d}}{\mathrm{d}t}\boldsymbol{A}(u)=f'(t)\dfrac{\mathrm{d}}{\mathrm{d}\mu}\boldsymbol{A}(\mu)$；

(5) 若 $\boldsymbol{A}^{-1}(t)$ 是可微矩阵函数时，有 $\dfrac{\mathrm{d}}{\mathrm{d}t}(\boldsymbol{A}^{-1}(t))=-\boldsymbol{A}^{-1}(t)\left(\dfrac{\mathrm{d}}{\mathrm{d}t}\boldsymbol{A}(t)\right)\boldsymbol{A}^{-1}(t)$.

证　(1),(2),(4) 直接由定义可得，以下证(3)和(5).

(3) 设 $\boldsymbol{A}(t)=(a_{ij}(t))_{m\times n},\boldsymbol{B}(t)=(b_{ij}(t))_{n\times p}$，则

$$\begin{aligned}\frac{\mathrm{d}}{\mathrm{d}t}(\boldsymbol{A}(t)\boldsymbol{B}(t))&=\frac{\mathrm{d}}{\mathrm{d}t}\left(\sum_{k=1}^{n}a_{ik}(t)b_{kj}(t)\right)_{m\times p}\\&=\left(\sum_{k=1}^{n}\left(\frac{\mathrm{d}}{\mathrm{d}t}a_{ik}(t)\right)b_{kj}(t)+\sum_{k=1}^{n}a_{ik}(t)\frac{\mathrm{d}}{\mathrm{d}t}b_{kj}(t)\right)_{m\times p}\\&=\left(\frac{\mathrm{d}}{\mathrm{d}t}\boldsymbol{A}(t)\right)\boldsymbol{B}(t)+\boldsymbol{A}(t)\frac{\mathrm{d}}{\mathrm{d}t}\boldsymbol{B}(t).\end{aligned}$$

(5) 由 $\boldsymbol{A}(t)\boldsymbol{A}^{-1}(t)=\boldsymbol{E}$（$\boldsymbol{A}(t)$ 为自然方阵）两边对 t 求导，得

$$\left(\frac{\mathrm{d}}{\mathrm{d}t}\boldsymbol{A}(t)\right)\boldsymbol{A}^{-1}(t)+\boldsymbol{A}(t)\left(\frac{\mathrm{d}}{\mathrm{d}t}\boldsymbol{A}^{-1}(t)\right)=\boldsymbol{0},$$

从而 $\dfrac{\mathrm{d}}{\mathrm{d}t}(\boldsymbol{A}^{-1}(t))=-\boldsymbol{A}^{-1}(t)\left(\dfrac{\mathrm{d}}{\mathrm{d}t}\boldsymbol{A}(t)\right)\boldsymbol{A}^{-1}(t)$.

对于常见的矩阵函数 $\mathrm{e}^{\boldsymbol{A}t},\sin\boldsymbol{A}t,\cos\boldsymbol{A}t$，求导有以下规则.

定理 2　设 $\boldsymbol{A}\in\mathbf{C}^{n\times n}$，有

(1) $\dfrac{\mathrm{d}}{\mathrm{d}t}\mathrm{e}^{\boldsymbol{A}t}=\boldsymbol{A}\mathrm{e}^{\boldsymbol{A}t}=\mathrm{e}^{\boldsymbol{A}t}\boldsymbol{A}$；

(2) $\dfrac{\mathrm{d}}{\mathrm{d}t}\sin\boldsymbol{A}t=\boldsymbol{A}\cos\boldsymbol{A}t=(\cos\boldsymbol{A}t)\boldsymbol{A}$；

(3) $\dfrac{\mathrm{d}}{\mathrm{d}t}\cos\boldsymbol{A}t=-\boldsymbol{A}\sin\boldsymbol{A}t=-(\sin\boldsymbol{A}t)\boldsymbol{A}$.

证　只证(1)，类似可证(2)与(3).

由 $\mathrm{e}^{\boldsymbol{A}t}=\sum\limits_{k=0}^{\infty}\dfrac{t^k}{k!}\boldsymbol{A}^k$，利用级数在收敛域内可以逐项求导的性质，有

$$\frac{\mathrm{d}}{\mathrm{d}t}\mathrm{e}^{\boldsymbol{A}(t)}=\frac{\mathrm{d}}{\mathrm{d}t}\left(\sum_{k=0}^{\infty}\frac{t^k}{k!}\boldsymbol{A}^k\right)=\sum_{k=1}^{\infty}\frac{t^{k-1}}{(k-1)!}\boldsymbol{A}^k=\boldsymbol{A}\left(\sum_{k=1}^{\infty}\frac{t^{k-1}}{(k-1)!}\boldsymbol{A}^{k-1}\right)=\boldsymbol{A}\mathrm{e}^{\boldsymbol{A}t}=\mathrm{e}^{\boldsymbol{A}t}\boldsymbol{A}.$$

关于积分有以下简单的运算法则.

定理 3　设 $\boldsymbol{A}(t),\boldsymbol{B}(t)$ 是 $[a,b]$ 适当阶的可积矩阵，$\lambda\in\mathbf{C}$，则

(1) $\int_a^b(\boldsymbol{A}(t)+\boldsymbol{B}(t))\mathrm{d}t=\int_a^b\boldsymbol{A}(t)\mathrm{d}t+\int_a^b\boldsymbol{B}(t)\mathrm{d}t$；

(2) $\int_a^b\lambda\boldsymbol{A}(t)\mathrm{d}t=\lambda\int_a^b\boldsymbol{A}(t)\mathrm{d}t$；

(3) 当 $\boldsymbol{A}(t)$ 在 $[a,b]$ 上连续时，则 $\forall t\in(a,b)$, 有 $\dfrac{\mathrm{d}}{\mathrm{d}t}\left(\int_a^t \boldsymbol{A}(\tau)\mathrm{d}\tau\right)=\boldsymbol{A}(t)$；

(4) 当 $\boldsymbol{A}(t)$ 在 $[a,b]$ 上可微时，有 $\int_a^b \boldsymbol{A}'(t)\mathrm{d}t=\boldsymbol{A}(b)-\boldsymbol{A}(a)$（牛顿-莱布尼茨公式）.

例 2 设 $\boldsymbol{A}(t)=\begin{pmatrix}\sin 2t & \cos t & t^3\\ \dfrac{1}{t+1} & \mathrm{e}^{2t} & t\mathrm{e}^t\\ 4t & 0 & 1\end{pmatrix}$，求 $\int_0^1 \boldsymbol{A}(t)\mathrm{d}t$，$\dfrac{\mathrm{d}}{\mathrm{d}x}\int_0^{x^3}\boldsymbol{A}(t)\mathrm{d}t$.

解

$$\int_0^1 \boldsymbol{A}(t)\mathrm{d}t=\begin{pmatrix}\int_0^1\sin 2t\mathrm{d}t & \int_0^1\cos t\mathrm{d}t & \int_0^1 t^3\mathrm{d}t\\ \int_0^1\dfrac{1}{t+1}\mathrm{d}t & \int_0^1\mathrm{e}^{2t}\mathrm{d}t & \int_0^1 t\mathrm{e}^t\mathrm{d}t\\ \int_0^1 4t\mathrm{d}t & \int_0^1 0\mathrm{d}t & \int_0^1 1\mathrm{d}t\end{pmatrix}$$

$$=\begin{pmatrix}\dfrac{1}{2}(1-\cos 2) & \sin 1 & \dfrac{1}{4}\\ \ln 2 & \dfrac{1}{2}(\mathrm{e}^2-1) & 1\\ 2 & 0 & 1\end{pmatrix},$$

$$\frac{\mathrm{d}}{\mathrm{d}x}\int_0^{x^3}\boldsymbol{A}(t)\mathrm{d}t=3x^2\boldsymbol{A}(x^3)=3x^2\begin{pmatrix}\sin 2x^3 & \cos x^3 & x^9\\ \dfrac{1}{x^3+1} & \mathrm{e}^{2x^3} & x^3\mathrm{e}^{x^3}\\ 4x^3 & 0 & 1\end{pmatrix}.$$

第五节 矩阵函数的一些应用

矩阵微分方程是系统工程和控制理论的重要数学基础，本节我们将利用矩阵函数及矩阵的微积分来讨论线性微分方程的求解.

求解一阶线性常系数微分方程组

$$\begin{cases}\dfrac{\mathrm{d}x_1(t)}{\mathrm{d}t}=a_{11}x_1(t)+\cdots+a_{1n}x_n(t)+b_1(t),\\ \qquad\vdots\\ \dfrac{\mathrm{d}x_n(t)}{\mathrm{d}t}=a_{n1}x_1(t)+\cdots+a_{nn}x_n(t)+b_n(t)\end{cases}$$

满足初始条件 $x_i(t_0)=c_i(i=1,2,\cdots,n)$ 的解.

由微分方程的理论知上述方程组的解是存在的、稳定的，且满足初始条件的解是唯一的.

其中 $x_i(t)\ (i=1,2,\cdots,n)$ 是 t 的函数，设

$$\boldsymbol{A}=\begin{pmatrix} a_{11} & a_{12} & \cdots & a_{1n} \\ a_{21} & a_{22} & \cdots & a_{2n} \\ \vdots & \vdots & & \vdots \\ a_{n1} & a_{n2} & \cdots & a_{nn} \end{pmatrix},\quad \boldsymbol{x}(t)=\begin{pmatrix} x_1(t) \\ \vdots \\ x_n(t) \end{pmatrix},\quad \boldsymbol{c}=\begin{pmatrix} c_1 \\ \vdots \\ c_n \end{pmatrix},\quad \boldsymbol{b}(t)=\begin{pmatrix} b_1(t) \\ \vdots \\ b_n(t) \end{pmatrix},$$

则上述微分方程组可写为矩阵形式

$$\begin{cases} \dfrac{\mathrm{d}\boldsymbol{x}(t)}{\mathrm{d}t}=\boldsymbol{A}\boldsymbol{x}(t)+\boldsymbol{b}(t), \\ \boldsymbol{x}(t_0)=\boldsymbol{c}, \end{cases}$$

由

$$\frac{\mathrm{d}}{\mathrm{d}t}(\mathrm{e}^{-\boldsymbol{A}t}\boldsymbol{x}(t))=\mathrm{e}^{-\boldsymbol{A}t}(-\boldsymbol{A})\boldsymbol{x}(t)+\mathrm{e}^{-\boldsymbol{A}t}\frac{\mathrm{d}\boldsymbol{x}(t)}{\mathrm{d}t}=\mathrm{e}^{-\boldsymbol{A}t}\left[\frac{\mathrm{d}\boldsymbol{x}(t)}{\mathrm{d}t}-\boldsymbol{A}\boldsymbol{x}(t)\right]=\mathrm{e}^{-\boldsymbol{A}t}\boldsymbol{b}(t),$$

上式两边积分得

$$\int_{t_0}^{t}\frac{\mathrm{d}}{\mathrm{d}t}(\mathrm{e}^{-\boldsymbol{A}\tau}x(\tau))\mathrm{d}\tau=\int_{t_0}^{t}\mathrm{e}^{-\boldsymbol{A}\tau}\boldsymbol{b}(\tau)\mathrm{d}\tau,$$

即 $\mathrm{e}^{-\boldsymbol{A}t}\boldsymbol{x}(t)-\mathrm{e}^{-\boldsymbol{A}t_0}\boldsymbol{x}(t_0)=\int_{t_0}^{t}\mathrm{e}^{-\boldsymbol{A}\tau}\boldsymbol{b}(\tau)\mathrm{d}\tau$，于是可得解为

$$\boldsymbol{x}(t)=\mathrm{e}^{\boldsymbol{A}(t-t_0)}\boldsymbol{c}+\mathrm{e}^{\boldsymbol{A}t}\int_{t_0}^{t}\mathrm{e}^{-\boldsymbol{A}\tau}\boldsymbol{b}(\tau)\mathrm{d}\tau,$$

特别地，当 $\boldsymbol{b}(t)\equiv\boldsymbol{0}$ 时，即一阶线性常系数齐次微分方程组的解为 $\boldsymbol{x}(t)=\mathrm{e}^{\boldsymbol{A}(t-t_0)}\boldsymbol{c}$.

由方程组的求解知，最终归结到矩阵函数 $\mathrm{e}^{\boldsymbol{A}t}$ 的计算.

例 1　$\boldsymbol{A}=\begin{pmatrix} 2 & 0 & 0 \\ 1 & 1 & 1 \\ 1 & -1 & 3 \end{pmatrix}$，求解 $\begin{cases} \dfrac{\mathrm{d}\boldsymbol{x}(t)}{\mathrm{d}t}=\boldsymbol{A}\boldsymbol{x}(t)+\boldsymbol{b}(t), \\ \boldsymbol{x}(t_0)=\boldsymbol{x}_0, \end{cases}$ 其中

$$\boldsymbol{x}(t)=\begin{pmatrix} x_1(t) \\ x_2(t) \\ x_3(t) \end{pmatrix},\quad \boldsymbol{x}_0=\begin{pmatrix} 1 \\ 0 \\ -1 \end{pmatrix}=\boldsymbol{x}(0),\quad \boldsymbol{b}(t)=\begin{pmatrix} 1 \\ -t \\ t \end{pmatrix}.$$

解　先计算 $\mathrm{e}^{\boldsymbol{A}t}$，由 $\boldsymbol{A}$ 的最小多项式为 $m(\lambda)=(\lambda-2)^2$，设

$$f(\lambda)=\mathrm{e}^{\lambda t}=m(\lambda)g(\lambda)+(a+b\lambda),$$

则 $f'(\lambda)=t\mathrm{e}^{\lambda t}=[m(\lambda)g(\lambda)]'+b$，可得

$$\begin{cases} f(2)=\mathrm{e}^{2t}=a+2b, \\ f'(2)=t\mathrm{e}^{2t}=b, \end{cases}$$

即

$$\begin{cases} a=(1-2t)\mathrm{e}^{2t}, \\ b=t\mathrm{e}^{2t}, \end{cases}$$

得 $\mathrm{e}^{\boldsymbol{A}t}=a\boldsymbol{E}+b\boldsymbol{A}=\mathrm{e}^{2t}\begin{pmatrix} 1 & 0 & 0 \\ t & 1-t & t \\ t & -t & 1+t \end{pmatrix}$，从而所求微分方程组的定解为

$$\boldsymbol{x}(t)=\mathrm{e}^{\boldsymbol{A}t}\left\{\boldsymbol{x}(0)+\int_0^t \mathrm{e}^{-\boldsymbol{A}\tau}\boldsymbol{b}(\tau)\mathrm{d}\tau\right\}=\mathrm{e}^{2t}\begin{pmatrix} \dfrac{3}{2}-\dfrac{\mathrm{e}^{-2t}}{2} \\ \dfrac{1}{2}(t^2+t-2)+\left(-\dfrac{t^2}{2}+\dfrac{3t}{2}+1\right)\mathrm{e}^{-2t} \\ \left(2t^2+t+\dfrac{1}{2}\right)\mathrm{e}^{-2t}-\dfrac{3}{2} \end{pmatrix}.$$

例 2 设 $\boldsymbol{A}=\begin{pmatrix} -1 & -2 & 6 \\ -1 & 0 & 3 \\ -1 & -1 & 4 \end{pmatrix}$，求解 $\begin{cases} \dfrac{\mathrm{d}\boldsymbol{x}(t)}{\mathrm{d}t}=\boldsymbol{A}\boldsymbol{x}(t)+\boldsymbol{b}(t), \\ \boldsymbol{x}(t_0)=\boldsymbol{x}_0, \end{cases}$ 其中

$$\boldsymbol{x}(t)=\begin{pmatrix} x_1(t) \\ x_2(t) \\ x_3(t) \end{pmatrix},\quad \boldsymbol{x}_0=\begin{pmatrix} -1 \\ 0 \\ 1 \end{pmatrix}=\boldsymbol{x}(0),\quad \boldsymbol{b}(t)=\begin{pmatrix} \mathrm{e}^t \\ 2\mathrm{e}^t \\ \mathrm{e}^t \end{pmatrix}.$$

解 先计算 $\mathrm{e}^{\boldsymbol{A}t}$，由 $\boldsymbol{A}$ 的最小多项式为 $m(\lambda)=(\lambda-1)^2$，设

$$f(\lambda)=\mathrm{e}^{\lambda t}=m(\lambda)g(\lambda)+(a+b\lambda),$$

则 $f'(\lambda)=t\mathrm{e}^{\lambda t}=[m(\lambda)g(\lambda)]'+b$，可得

$$\begin{cases} f(1)=\mathrm{e}^{t}=a+b, \\ f'(1)=t\mathrm{e}^{t}=b, \end{cases}$$

于是

$$\begin{cases} a=(1-t)\mathrm{e}^t, \\ b=t\mathrm{e}^t, \end{cases}$$

得 $\mathrm{e}^{At}=a\boldsymbol{E}+b\boldsymbol{A}=\mathrm{e}^t\begin{pmatrix} 1-2t & -2t & 6t \\ -t & 1-t & 3t \\ -t & -t & 1+3t \end{pmatrix}$，从而所求微分方程组的定解为

$$x(t)=\mathrm{e}^{At}\left\{\boldsymbol{x}(0)+\int_0^t \mathrm{e}^{-A\tau}\boldsymbol{b}(\tau)\mathrm{d}\tau\right\}=\mathrm{e}^t\begin{pmatrix} 9t-1 \\ 6t \\ 5t+1 \end{pmatrix}.$$

习　题　三

1. 讨论敛散性：(1) 设 $\sum_{k=1}^{\infty}\frac{1}{k^2}\begin{pmatrix} 1 & 1 \\ 0 & 1 \end{pmatrix}^k$；(2) $\sum_{k=0}^{\infty}\frac{k}{6^k}\begin{pmatrix} 1 & -8 \\ -2 & 1 \end{pmatrix}^k$.

2. 计算矩阵幂级数 $\sum_{k=0}^{\infty}\begin{pmatrix} 0.2 & 0.7 \\ 0.3 & 0.6 \end{pmatrix}^k$.

3. 证明若 $\boldsymbol{A}\in\mathbf{C}^{n\times n}$，$\rho(\boldsymbol{A})<1$，$\sum_{k=0}^{\infty}k\boldsymbol{A}^k=\boldsymbol{A}(\boldsymbol{E}-\boldsymbol{A})^{-2}$.

4. 设 $\boldsymbol{A}=\begin{pmatrix} 0 & a & a \\ a & 0 & a \\ a & a & 0 \end{pmatrix}$，讨论 a 为何值时 $\sum_{k=0}^{\infty}\boldsymbol{A}^k$ 收敛.

5. 对下列矩阵 $\boldsymbol{A}$，分别求 $\mathrm{e}^{At},\sin\boldsymbol{A},\cos\boldsymbol{A}$.

(1) $\boldsymbol{A}=\begin{pmatrix} 2 & 2 & 1 \\ -2 & 6 & 1 \\ 0 & 0 & 4 \end{pmatrix}$；　(2) $\boldsymbol{A}=\begin{pmatrix} -7 & -12 & -6 \\ 3 & 5 & 3 \\ 3 & 6 & 2 \end{pmatrix}$；　(3) $\boldsymbol{A}=\begin{pmatrix} 2 & 1 & 0 & 0 \\ 0 & 2 & 0 & 0 \\ 0 & 0 & 1 & 1 \\ 0 & 0 & 0 & 1 \end{pmatrix}$.

6. 设 $\boldsymbol{A}(t)=\begin{pmatrix} \cos 2t & \mathrm{e}^t\sin t \\ t^3+2 & \mathrm{e}^{3t} \end{pmatrix}$，求 $\int_0^{\pi}\boldsymbol{A}(t)\mathrm{d}t$，$\frac{\mathrm{d}}{\mathrm{d}t}\boldsymbol{A}(t)$.

7. 求解微分方程初值问题：

$$\begin{cases} \dfrac{\mathrm{d}x_1(t)}{\mathrm{d}t}=2x_1(t)-x_2(t)+x_3(t)+\mathrm{e}^{2t}, \\ \dfrac{\mathrm{d}x_2(t)}{\mathrm{d}t}=3x_2(t)-x_3(t), \\ \dfrac{\mathrm{d}x_3(t)}{\mathrm{d}t}=2x_1(t)+x_2(t)+3x_3(t)+t\mathrm{e}^{2t} \end{cases}$$

满足初始条件 $\boldsymbol{x}(0)=(1,1,1)^{\mathrm{T}}$ 的解.

第四章 矩 阵 分 解

本章将介绍矩阵的一些常用分解，它们在矩阵理论中有非常广泛的应用. 通过将矩阵分解为一些较为简单的矩阵乘积，可以了解矩阵的很多特征，这对矩阵理论研究及数值计算有着重要的意义. 这里我们要讨论矩阵的三角分解、正交三角分解、满秩分解和奇异值分解. 它们分别在方程组求解、广义逆计算等方面提供基本的工具，这在统计学、优化理论有着广泛的应用.

第一节 矩阵的三角分解

一、矩阵的三角分解

如果矩阵能够分解成三角矩阵的乘积，则三角矩阵的特殊形状及良好的运算性质将对求解矩阵行列式、矩阵的逆及线性方程组等问题有很好的帮助.

定义 1 如果方阵 $\boldsymbol{A}$ 可分解成一个下三角矩阵 $\boldsymbol{L}$ 和一个上三角矩阵 $\boldsymbol{U}$ 的乘积，则称 $\boldsymbol{A}$ 可作**三角分解**或 **LU 分解**. 如果方阵 $\boldsymbol{A}$ 可分解成 $\boldsymbol{A}=\boldsymbol{LDU}$，其中 $\boldsymbol{L}$ 是单位下三角矩阵，$\boldsymbol{D}$ 是对角矩阵，$\boldsymbol{U}$ 是单位上三角矩阵，则称 $\boldsymbol{A}$ 可作 **LDU 分解**.

下面我们研究方阵的三角分解的存在性和唯一性问题.

首先指出，一个方阵的 LU 分解并不唯一. 这是因为如果 $\boldsymbol{A}=\boldsymbol{LU}$ 是 $\boldsymbol{A}$ 的一个三角分解，令 $\boldsymbol{D}$ 是对角元素都不为零的对角矩阵，则 $\boldsymbol{A}=\boldsymbol{LU}=\boldsymbol{LDD}^{-1}\boldsymbol{U}=\widehat{\boldsymbol{L}}\widehat{\boldsymbol{U}}$. 因为上(下)三角矩阵的乘积仍是上(下)三角矩阵，因此 $\boldsymbol{LD}=\widehat{\boldsymbol{L}}$, $\boldsymbol{D}^{-1}\boldsymbol{U}=\widehat{\boldsymbol{U}}$ 也分别是下、上三角矩阵. 从而 $\widehat{\boldsymbol{L}}\widehat{\boldsymbol{U}}$ 也是 $\boldsymbol{A}$ 的一个三角分解. 一般来说矩阵的三角分解不是唯一的. 但是有下面的定理.

定理 1 设 $\boldsymbol{A}$ 是 n 阶矩阵，则当且仅当 $\boldsymbol{A}$ 的顺序主子式 $\Delta_k\neq 0\quad(k=1,2,\cdots,n-1)$ 时，$\boldsymbol{A}$ 可唯一地分解为 $\boldsymbol{A}=\boldsymbol{LDU}$，其中 $\boldsymbol{L}$ 是单位下三角矩阵，$\boldsymbol{U}$ 是单位上三角矩阵，$\boldsymbol{D}$ 是对角矩阵

$$\boldsymbol{D}=\operatorname{diag}(d_1,d_2,\cdots,d_n),$$

其中 $d_k=\dfrac{\Delta_k}{\Delta_{k-1}}(k=1,2,\cdots,n;\Delta_0=1)$.

证明略.

二、矩阵的其他三角分解

1. 矩阵的 Doolittle 分解与 Crout 分解

定义 2 设方阵 $\boldsymbol{A}$ 有唯一的 LDU 分解. 若把 $\boldsymbol{A}=\boldsymbol{LDU}$ 中 $\boldsymbol{D}$ 与 $\boldsymbol{U}$ 结合，并且用 $\widehat{\boldsymbol{U}}$ 来表示，就得到唯一的分解

$$\boldsymbol{A}=\boldsymbol{L}(\boldsymbol{DU})=\boldsymbol{L}\widehat{\boldsymbol{U}}$$

称为 $\boldsymbol{A}$ 的 **Doolittle 分解**；若把 $\boldsymbol{A}=\boldsymbol{LDU}$ 中的 $\boldsymbol{L}$ 与 $\boldsymbol{D}$ 结合，并且用 $\widehat{\boldsymbol{L}}$ 来表示，就得到唯一的分解

$$\boldsymbol{A}=(\boldsymbol{LD})\boldsymbol{U}=\widehat{\boldsymbol{L}}\boldsymbol{U}$$

称为 $\boldsymbol{A}$ 的 **Crout 分解**.

下面讨论 Doolittle 分解的实用算法，设

$$\boldsymbol{A}=\begin{pmatrix} a_{11} & a_{12} & \cdots & a_{1n} \\ a_{21} & a_{22} & \cdots & a_{2n} \\ \vdots & \vdots & & \vdots \\ a_{n1} & a_{n2} & \cdots & a_{nn} \end{pmatrix},\quad \boldsymbol{L}=\begin{pmatrix} 1 & & & \\ l_{21} & 1 & & \\ \vdots & \vdots & \ddots & \\ l_{n1} & l_{n2} & \cdots & 1 \end{pmatrix},\quad \widehat{\boldsymbol{U}}=\begin{pmatrix} u_{11} & u_{12} & \cdots & u_{1n} \\ & u_{22} & \cdots & u_{2n} \\ & & \ddots & \vdots \\ & & & u_{nn} \end{pmatrix},$$

由 $\boldsymbol{A}=\boldsymbol{L}\widehat{\boldsymbol{U}}$，可得

$$\begin{cases} a_{kj}=\sum\limits_{t=1}^{k-1} l_{kt}u_{tj}+u_{kj} & (k=1,2,\cdots,n,\ j=k,\cdots,n), \\ a_{ik}=\sum\limits_{t=1}^{k} l_{it}u_{tk} & (i=k+1,\cdots,n), \end{cases}$$

从而可导出 Doolittle 计算公式，即

$$\begin{cases} u_{kj}=a_{kj}-\sum\limits_{t=1}^{k-1} l_{kt}u_{tj} & (k=1,2,\cdots,n,\ j=k,\cdots,n), \\ l_{ik}=\left(a_{ik}-\sum\limits_{t=1}^{k-1} l_{it}u_{tk}\right)\Big/u_{kk} & (i=k+1,\cdots,n). \end{cases}$$

同理我们也可以得到 Crout 分解的计算公式，请读者自己推导.

例 1 求矩阵

$$\boldsymbol{A}=\begin{pmatrix} 2 & 5 & -6 \\ 4 & 13 & -19 \\ -6 & -3 & -6 \end{pmatrix}$$

的 Doolittle 分解.

解 由 Doolittle 计算公式可得

$$u_{11}=a_{11}=2,\quad u_{12}=a_{12}=5,\quad u_{13}=a_{13}=-6,$$

$$l_{21}=a_{21}/u_{11}=2,\quad l_{31}=a_{31}/u_{11}=-3,$$

$$u_{22}=a_{22}-l_{21}u_{12}=3,\quad u_{23}=a_{23}-l_{21}u_{13}=-7,$$

$$l_{32}=(a_{32}-l_{31}u_{12})/u_{22}=4,$$

$$u_{33}=a_{33}-(l_{31}u_{13}+l_{32}u_{23})=4,$$

则 $\boldsymbol{A}$ 的 Doolittle 分解为

$$\boldsymbol{A}=\boldsymbol{L}\widehat{\boldsymbol{U}}=\begin{pmatrix}1 & & \\ 2 & 1 & \\ -3 & 4 & 1\end{pmatrix}\begin{pmatrix}2 & 5 & -6\\ & 3 & -7\\ & & 4\end{pmatrix}.$$

2. 实对称矩阵的平方根分解(Cholesky 分解)

当 $\boldsymbol{A}$ 为实对称正定矩阵时，$\Delta_k>0\ (k=1,2,\cdots,n)$，于是 $\boldsymbol{A}$ 有唯一的LDU 分解，即

$$\boldsymbol{A}=\boldsymbol{LDU},$$

其中，$\boldsymbol{D}=\mathrm{diag}(d_1,d_2,\cdots,d_n)$，且 $d_i>0\ (i=1,2,\cdots,n)$. 令

$$\widetilde{\boldsymbol{D}}=\mathrm{diag}(\sqrt{d_1},\sqrt{d_2},\cdots,\sqrt{d_n}),$$

从而有

$$\boldsymbol{A}=\boldsymbol{L}\widetilde{\boldsymbol{D}}^2\boldsymbol{U}.$$

由 $\boldsymbol{A}^{\mathrm{T}}=\boldsymbol{A}$ 得

$$\boldsymbol{L}\widetilde{\boldsymbol{D}}^2\boldsymbol{U}=\boldsymbol{U}^{\mathrm{T}}\widetilde{\boldsymbol{D}}^2\boldsymbol{L}^{\mathrm{T}},$$

再由分解的唯一性有

$$\boldsymbol{L}=\boldsymbol{U}^{\mathrm{T}},\quad \boldsymbol{U}=\boldsymbol{L}^{\mathrm{T}},$$

因而

$$\boldsymbol{A}=\boldsymbol{L}\widetilde{\boldsymbol{D}}^2\boldsymbol{L}^{\mathrm{T}}=\boldsymbol{LDL}^{\mathrm{T}},$$

或者

$$\boldsymbol{A}=\boldsymbol{L}\widetilde{\boldsymbol{D}}^2\boldsymbol{L}^{\mathrm{T}}=(\boldsymbol{L}\widetilde{\boldsymbol{D}})(\boldsymbol{L}\widetilde{\boldsymbol{D}})^{\mathrm{T}}=\boldsymbol{G}\boldsymbol{G}^{\mathrm{T}},\tag{1.1}$$

这里 $\boldsymbol{G}=\boldsymbol{L}\widetilde{\boldsymbol{D}}$ 是下三角矩阵.

定义 3 称(1.1)式为实对称正定矩阵的 Cholesky **分解(平方根分解、对称三角分解)**.

定理 2 设 $\boldsymbol{A}$ 为实对称正定矩阵，则存在 $\boldsymbol{L}\in\mathbf{R}^{n\times n}$，使得 $\boldsymbol{A}=\boldsymbol{L}\boldsymbol{L}^{\mathrm{T}}$，其中 $\boldsymbol{L}$ 是非奇异下三角矩阵，且当 $\boldsymbol{L}$ 的对角元素为正时，这种分解是唯一的.

设

$$\boldsymbol{A}=\begin{pmatrix} a_{11} & a_{12} & \cdots & a_{1n} \\ a_{21} & a_{22} & \cdots & a_{2n} \\ \vdots & \vdots & & \vdots \\ a_{n1} & a_{n2} & \cdots & a_{nn} \end{pmatrix},\quad \boldsymbol{L}=\begin{pmatrix} l_{11} & & & \\ l_{21} & l_{22} & & \\ \vdots & \vdots & \ddots & \\ l_{n1} & l_{n2} & \cdots & l_{nn} \end{pmatrix},$$

由 $\boldsymbol{A}=\boldsymbol{L}\boldsymbol{L}^{\mathrm{T}}$，可得

$$a_{ij}=l_{i1}l_{j1}+l_{i2}l_{j2}+\cdots+l_{ij}l_{jj}\quad (i>j),$$

$$a_{ii}=l_{i1}^2+l_{i2}^2+\cdots+l_{ii}^2,$$

从而得到计算 l_{ij} 的递推公式

$$l_{ij}=\begin{cases} \sqrt{a_{ii}-\sum\limits_{k=1}^{i-1}l_{ik}^2} & (i=j), \\ \dfrac{1}{l_{jj}}\left(a_{ij}-\sum\limits_{k=1}^{j-1}l_{ik}l_{jk}\right) & (i>j), \\ 0 \quad (i<j). \end{cases}$$

例 2 求矩阵

$$\boldsymbol{A}=\begin{pmatrix} 4 & -1 & 1 \\ -1 & 2 & -2 \\ 1 & -2 & 3 \end{pmatrix}$$

的 Cholesky 分解.

解 容易验证 $\boldsymbol{A}$ 是一个实对称正定矩阵，由 Cholesky 计算公式可得

$$l_{11}=\sqrt{a_{11}}=2,\quad l_{21}=\frac{a_{21}}{l_{11}}=-\frac{1}{2},\quad l_{31}=\frac{a_{31}}{l_{11}}=\frac{1}{2},$$

$$l_{22}=\sqrt{a_{22}-l_{21}^2}=\frac{\sqrt{7}}{2},\quad l_{32}=a_{32}-l_{31}l_{21}=-\frac{\sqrt{7}}{2},\quad l_{33}=\sqrt{a_{33}-l_{31}^2-l_{32}^2}=1,$$

故 $\boldsymbol{A}$ 的 Cholesky 分解为

$$A=\begin{pmatrix}2 & 0 & 0\\ -\frac{1}{2} & \frac{\sqrt{7}}{2} & 0\\ \frac{1}{2} & -\frac{\sqrt{7}}{2} & 1\end{pmatrix}\begin{pmatrix}2 & -\frac{1}{2} & \frac{1}{2}\\ 0 & \frac{\sqrt{7}}{2} & -\frac{\sqrt{7}}{2}\\ 0 & 0 & 1\end{pmatrix}.$$

第二节　矩阵的正交三角分解

第一节我们已经介绍了矩阵的三角分解，即将实矩阵 $\boldsymbol{A}$ 分解成一个(单位)下三角矩阵与一个上三角矩阵相乘. 本节介绍将矩阵 $\boldsymbol{A}$ 分解成一个正交矩阵和一个上三角矩阵的乘积. 首先介绍正交三角分解的存在性，然后介绍 Givens 矩阵和 Householder 矩阵，再介绍用 Givens 矩阵和 Householder 矩阵求矩阵的正交三角分解方法.

一、矩阵的正交三角分解的存在性及唯一性

利用正交(酉)矩阵，我们可以得到实(复)矩阵的三角分解定理. 首先给出下面的定义.

定义 1　如果实(复)非奇异矩阵 $\boldsymbol{A}$ 可以分解成正交(酉)矩阵 $\boldsymbol{Q}$ 与实(复)非奇异上三角矩阵 $\boldsymbol{R}$ 的乘积，即

$$\boldsymbol{A}=\boldsymbol{Q}\boldsymbol{R},$$

则称 $\boldsymbol{A}$ 可作**正交三角分解**或 **QR 分解**.

定理 1　设 $\boldsymbol{A}$ 是 n 阶实(复)非奇异矩阵，则存在正交(酉)矩阵 $\boldsymbol{Q}$ 与实(复)非奇异上三角矩阵 $\boldsymbol{R}$，使 $\boldsymbol{A}=\boldsymbol{Q}\boldsymbol{R}$，且除去相差一个对角线上的元素的绝对值(模)为 1 的对角阵因子以外，分解式唯一.

证　设 $\boldsymbol{A}=(\boldsymbol{a}_1,\boldsymbol{a}_2,\cdots,\boldsymbol{a}_n)$，因为 $\boldsymbol{A}$ 非奇异，所以这 n 个列向量线性无关. 将它们按照 Schmidt 正交化方法进行正交化，可得到 n 个标准正交列向量 $\boldsymbol{q}_1,\boldsymbol{q}_2,\cdots,\boldsymbol{q}_n$.

对 $\boldsymbol{a}_1,\boldsymbol{a}_2,\cdots,\boldsymbol{a}_n$ 正交化，可得

$$\begin{cases}\boldsymbol{b}_1=\boldsymbol{a}_1,\\ \boldsymbol{b}_2=\boldsymbol{a}_2-k_{21}\boldsymbol{b}_1,\\ \qquad\vdots\\ \boldsymbol{b}_n=\boldsymbol{a}_n-k_{n,n-1}\boldsymbol{b}_{n-1}-\cdots-k_{n1}\boldsymbol{b}_1,\end{cases}$$

其中 $k_{ij}=\dfrac{(\boldsymbol{a}_i,\boldsymbol{b}_j)}{(\boldsymbol{b}_j,\boldsymbol{b}_j)}\,(j<i)$. 上式可变为

$$\begin{cases}\boldsymbol{a}_1=\boldsymbol{b}_1,\\ \boldsymbol{a}_2=k_{21}\boldsymbol{b}_1+\boldsymbol{b}_2,\\ \qquad\vdots\\ \boldsymbol{a}_n=k_{n1}\boldsymbol{b}_1+k_{n2}\boldsymbol{b}_2+\cdots+k_{n,n-1}\boldsymbol{b}_{n-1}+\boldsymbol{b}_n,\end{cases}$$

用矩阵形式表示为

$$(\boldsymbol{a}_1,\boldsymbol{a}_2,\cdots,\boldsymbol{a}_n)=(\boldsymbol{b}_1,\boldsymbol{b}_2,\cdots,\boldsymbol{b}_n)\boldsymbol{K},$$

其中

$$\boldsymbol{K}=\begin{pmatrix}1 & k_{21} & \cdots & k_{n1}\\ & 1 & \cdots & k_{n2}\\ & & \ddots & \vdots\\ & & & 1\end{pmatrix}.$$

再对 $\boldsymbol{b}_1,\boldsymbol{b}_2,\cdots,\boldsymbol{b}_n$ 单位化，可得

$$\boldsymbol{q}_i=\frac{\boldsymbol{b}_i}{|\boldsymbol{b}_i|}\quad(i=1,2,\cdots,n),$$

从而有

$$\begin{aligned}(\boldsymbol{a}_1,\boldsymbol{a}_2,\cdots,\boldsymbol{a}_n)&=(\boldsymbol{b}_1,\boldsymbol{b}_2,\cdots,\boldsymbol{b}_n)\boldsymbol{K}=\left(|\boldsymbol{b}_1|\boldsymbol{q}_1,|\boldsymbol{b}_2|\boldsymbol{q}_2,\cdots,|\boldsymbol{b}_n|\boldsymbol{q}_n\right)\boldsymbol{K}\\ &=(\boldsymbol{q}_1,\boldsymbol{q}_2,\cdots,\boldsymbol{q}_n)\begin{pmatrix}|\boldsymbol{b}_1| & & & \\ & |\boldsymbol{b}_2| & & \\ & & \ddots & \\ & & & |\boldsymbol{b}_n|\end{pmatrix}\begin{pmatrix}1 & k_{21} & \cdots & k_{n1}\\ & 1 & \cdots & k_{n2}\\ & & \ddots & \vdots\\ & & & 1\end{pmatrix}.\end{aligned}$$

令

$$\boldsymbol{Q}=(\boldsymbol{q}_1,\boldsymbol{q}_2,\cdots,\boldsymbol{q}_n),\qquad \boldsymbol{R}=\begin{pmatrix}|\boldsymbol{b}_1| & & & \\ & |\boldsymbol{b}_2| & & \\ & & \ddots & \\ & & & |\boldsymbol{b}_n|\end{pmatrix}\begin{pmatrix}1 & k_{21} & \cdots & k_{n1}\\ & 1 & \cdots & k_{n2}\\ & & \ddots & \vdots\\ & & & 1\end{pmatrix},$$

则 $\boldsymbol{Q}$ 是正交(酉)矩阵，$\boldsymbol{R}$ 是上三角矩阵，并且有 $\boldsymbol{A}=\boldsymbol{QR}$.

对于正交分解的唯一性，设 $\boldsymbol{A}$ 有两个分解式

$$\boldsymbol{A}=\boldsymbol{QR}=\boldsymbol{Q}_1\boldsymbol{R}_1,$$

则

$$Q = Q_1R_1R^{-1} = Q_1D,$$

其中 $D = R_1R^{-1}$ 仍为实非奇异上三角矩阵. 于是

$$E = Q^{\mathrm{T}}Q = (Q_1D)^{\mathrm{T}}(Q_1D) = D^{\mathrm{T}}D,$$

从而知 D 不仅为正交矩阵，而且还是对角元素的绝对值全为1的对角矩阵，有

$$R_1 = DR, \quad Q_1 = QD^{-1}.$$

例 1 用 Schmidt 正交化方法求矩阵

$$A = \begin{pmatrix} 1 & 1 & 1 \\ 1 & 0 & 1 \\ 0 & 1 & 2 \end{pmatrix}$$

的 QR 分解.

解 设 $A = (a_1, a_2, a_3)$，其正交化向量组为 $B = (b_1, b_2, b_3)$，则

$$b_1 = a_1 = \begin{pmatrix} 1 \\ 1 \\ 0 \end{pmatrix}, \quad b_2 = a_2 - \frac{(a_2, b_1)}{(b_1, b_1)}b_1 = \begin{pmatrix} 1 \\ 0 \\ 1 \end{pmatrix} - \frac{1}{2}\begin{pmatrix} 1 \\ 1 \\ 0 \end{pmatrix} = \frac{1}{2}\begin{pmatrix} 1 \\ -1 \\ 2 \end{pmatrix},$$

$$b_3 = a_3 - \frac{(a_3, b_1)}{(b_1, b_1)}b_1 - \frac{(a_3, b_2)}{(b_2, b_2)}b_2 = \begin{pmatrix} 1 \\ 1 \\ 2 \end{pmatrix} - \frac{2}{2}b_1 - \frac{2}{3/2}b_2 = \frac{1}{3}\begin{pmatrix} -2 \\ 2 \\ 2 \end{pmatrix},$$

所以

$$\begin{cases} a_1 = b_1, \\ a_2 = \dfrac{1}{2}b_1 + b_2, \\ a_3 = b_1 + \dfrac{4}{3}b_2 + b_3, \end{cases}$$

从而构造矩阵为

$$Q = \begin{pmatrix} \dfrac{1}{\sqrt{2}} & \dfrac{1}{\sqrt{6}} & -\dfrac{1}{\sqrt{3}} \\ \dfrac{1}{\sqrt{2}} & -\dfrac{1}{\sqrt{6}} & \dfrac{1}{\sqrt{3}} \\ 0 & \dfrac{2}{\sqrt{6}} & \dfrac{1}{\sqrt{3}} \end{pmatrix},$$

$$R=\begin{pmatrix}\sqrt{2} & & \\ & \frac{\sqrt{6}}{2} & \\ & & \frac{2}{\sqrt{3}}\end{pmatrix}\begin{pmatrix}1 & \frac{1}{2} & 1\\ 0 & 1 & \frac{4}{3}\\ 0 & 0 & 1\end{pmatrix}=\begin{pmatrix}\sqrt{2} & \frac{1}{\sqrt{2}} & \sqrt{2}\\ 0 & \frac{\sqrt{6}}{2} & \frac{4}{\sqrt{6}}\\ 0 & 0 & \frac{2}{\sqrt{3}}\end{pmatrix},$$

则有 $\boldsymbol{A}=\boldsymbol{QR}$.

二、Givens 矩阵与 Householder 矩阵

我们已经由向量组 Schmidt 正交化过程得到 n 阶非奇异方阵存在正交三角分解，并且知道其分解具有某种程度上的唯一性. 对于正交三角分解计算方法，除了 Schmidt 正交化方法外，另外还有 Givens 变换法和 Householder 变换法.

1. Givens 矩阵与 Givens 变换

在平面解析几何中，向量 $(x_1,x_2)^{\mathrm{T}}$ 顺时针旋转一个角度 θ 得到向量 $(y_1,y_2)^{\mathrm{T}}$，则 $(y_1,y_2)^{\mathrm{T}}$ 与 $(x_1,x_2)^{\mathrm{T}}$ 的关系为

$$\begin{pmatrix}y_1\\ y_2\end{pmatrix}=\begin{pmatrix}\cos\theta & \sin\theta\\ -\sin\theta & \cos\theta\end{pmatrix}\begin{pmatrix}x_1\\ x_2\end{pmatrix}=\begin{pmatrix}x_1\cos\theta+x_2\sin\theta\\ -x_1\sin\theta+x_2\cos\theta\end{pmatrix},$$

我们称矩阵 $\begin{pmatrix}\cos\theta & \sin\theta\\ -\sin\theta & \cos\theta\end{pmatrix}$ 为平面上的**旋转矩阵**或**初等旋转矩阵**. 对于三维甚至 n 维线性空间，可以定义其上的旋转矩阵如下.

定义 2 设 $c,s\in\mathbf{R}$, $c^2+s^2=1$，称

$$\boldsymbol{T}_{ij}(c,s)=\begin{pmatrix}1 &&&&&&&&&& \\ & \ddots &&&&&&&&& \\ && 1 &&&&&&&& \\ &&& c &&&& s &&& \\ &&&& 1 &&&&&& \\ &&&&& \ddots &&&&& \\ &&&&&& 1 &&&& \\ &&& -s &&&& c &&& \\ &&&&&&&& 1 && \\ &&&&&&&&& \ddots & \\ &&&&&&&&&& 1\end{pmatrix}\begin{matrix}\\ \\ \\ (i)\\ \\ \\ \\ (j)\\ \\ \\ \\ \end{matrix}\quad (i<j)$$

为 **Givens 矩阵或初等旋转矩阵**；由 Givens 矩阵确定的线性变换称为 **Givens 变换或初等旋转变换**.

显然，经简单验算可知 $\boldsymbol{T}_{ij}(c,s)$ 具有如下性质.

性质 1 Givens 矩阵是正交矩阵，且有

$$\boldsymbol{T}_{ij}^{\mathrm{T}}(c,s)=\boldsymbol{T}_{ij}^{-1}(c,s)=\boldsymbol{T}_{ij}(c,-s),\quad \det\left[\boldsymbol{T}_{ij}(c,s)\right]=1.$$

性质 2 设 $\boldsymbol{x}=\left(x_1,x_2,\cdots,x_n\right)^{\mathrm{T}}$, $\boldsymbol{y}=\left(y_1,y_2,\cdots,y_n\right)^{\mathrm{T}}$, $\boldsymbol{y}=\boldsymbol{T}_{ij}(c,s)\boldsymbol{x}$, 则

$$\begin{cases} y_i=cx_i+sx_j, \\ y_j=-sx_i+cx_j, \\ y_k=x_k(k\neq i,k\neq j). \end{cases}$$

性质 2 表明，由 $\boldsymbol{T}_{ij}(c,s)$ 定义的线性变换作用在向量 $\boldsymbol{x}$ 时，其象向量 $\boldsymbol{y}$ 只有第 i,j 个坐标发生了变化，其余坐标不变. 如用 $\boldsymbol{T}_{ij}(c,s)$ 左乘一个矩阵 $\boldsymbol{A}$, 则只有 $\boldsymbol{A}$ 的第 i,j 行发生变化，右乘 $\boldsymbol{A}$ 则只有 $\boldsymbol{A}$ 的第 i,j 列发生变化.

定理 2 设 $\boldsymbol{x}=\left(x_1,x_2,\cdots,x_n\right)^{\mathrm{T}}\neq\boldsymbol{0}\in\mathbf{R}^n$, 则存在有限个 Givens 矩阵的乘积，记为 $\boldsymbol{T}$, 使得

$$\boldsymbol{T}\boldsymbol{x}=|\boldsymbol{x}|\boldsymbol{e}_1.$$

证 先考虑 $x_1\neq0$ 的情况. 对 $\boldsymbol{x}$ 构造 Givens 矩阵 $\boldsymbol{T}_{12}=\boldsymbol{T}_{12}(c_1,s_1)$：

$$c_1=\frac{x_1}{\sqrt{x_1^2+x_2^2}},\quad s_1=\frac{x_2}{\sqrt{x_1^2+x_2^2}},$$

$$\boldsymbol{T}_{12}\boldsymbol{x}=\left(\sqrt{x_1^2+x_2^2},0,x_3,\cdots,x_n\right)^{\mathrm{T}}.$$

再对 $\boldsymbol{T}_{12}\boldsymbol{x}$ 构造 Givens 矩阵 $\boldsymbol{T}_{13}=\boldsymbol{T}_{13}(c_2,s_2)$：

$$c_2=\frac{\sqrt{x_1^2+x_2^2}}{\sqrt{x_1^2+x_2^2+x_3^2}},\quad s_2=\frac{x_3}{\sqrt{x_1^2+x_2^2+x_3^2}},$$

$$\boldsymbol{T}_{13}(\boldsymbol{T}_{12}\boldsymbol{x})=(\sqrt{x_1^2+x_2^2+x_3^2},0,0,x_4,\cdots,x_n)^{\mathrm{T}}.$$

如此继续下去，最后对 $\boldsymbol{T}_{1,n-1}\cdots\boldsymbol{T}_{13}\boldsymbol{T}_{12}\boldsymbol{x}$ 构造 $\boldsymbol{T}_{1n}=\boldsymbol{T}_{1n}(c_{n-1},s_{n-1})$：

$$c_{n-1}=\frac{\sqrt{x_1^2+\cdots+x_{n-1}^2}}{\sqrt{x_1^2+\cdots+x_{n-1}^2+x_n^2}},\quad s_{n-1}=\frac{x_n}{\sqrt{x_1^2+\cdots+x_{n-1}^2+x_n^2}},$$

$$T_{1n}(T_{1,n-1}\cdots T_{13}T_{12}x)=(\sqrt{x_1^2+\cdots+x_{n-1}^2+x_n^2},0,\cdots,0)^{\mathrm{T}}.$$

令 $T=T_{1n}T_{1,n-1}\cdots T_{13}T_{12}$，则有

$$Tx=|x|e_1.$$

若 $x_1=0$，考虑 $x_1=\cdots=x_{k-1}=0,x_k\neq 0\ (1<k\leqslant n)$. 此时 $|x|=\sqrt{x_k^2+\cdots+x_n^2}$，上面的步骤由 T_{1k} 开始进行，结论依然成立.

由 Givens 矩阵的性质 1 可知 Givens 矩阵的逆矩阵仍是 Givens 矩阵. 因此，定理 2 中的有限个 Givens 矩阵的乘积 T 的逆矩阵仍是有限个 Givens 矩阵的乘积. 由此不难得出定理 2 的如下推论.

推论 任给 $x,z\in\mathbf{R}^n$，$x\neq\mathbf{0}$，$|z|=1$，则存在有限个 Givens 矩阵的乘积，记为 T，使得 $Tx=|x|z$.

例 2 设 $x=(1,4,3)^{\mathrm{T}}$，求有限个 Givens 矩阵的乘积 T，使得

$$Tx=|x|e_1=\sqrt{26}e_1.$$

解 对 x 构造 Givens 矩阵 $T_{12}=T_{12}(c_1,s_1)$：

$$c_1=\frac{1}{\sqrt{1^2+4^2}}=\frac{1}{\sqrt{17}},\quad s_1=\frac{4}{\sqrt{17}},\quad T_{12}(c_1,s_1)=\begin{pmatrix}c_1&s_1&0\\-s_1&c_1&0\\0&0&1\end{pmatrix},$$

则

$$T_{12}(c_1,s_1)x=\begin{pmatrix}c_1&s_1&0\\-s_1&c_1&0\\0&0&1\end{pmatrix}\begin{pmatrix}1\\4\\3\end{pmatrix}=\begin{pmatrix}c_1+4s_1\\-s_1+4c_1\\3\end{pmatrix}=\begin{pmatrix}\sqrt{17}\\0\\3\end{pmatrix}.$$

对 $T_{12}x$ 构造 $T_{13}(c_2,s_2)$：

$$c_2=\frac{\sqrt{17}}{\sqrt{17+9}}=\frac{\sqrt{17}}{\sqrt{26}},\quad s_2=\frac{3}{\sqrt{26}},\quad T_{13}(c_2,s_2)=\begin{pmatrix}c_2&0&s_2\\0&1&0\\-s_2&0&c_2\end{pmatrix},$$

于是

$$T_{13}(c_2,s_2)T_{12}(c_1,s_1)x=\begin{pmatrix}c_2&0&s_2\\0&1&0\\-s_2&0&c_2\end{pmatrix}\begin{pmatrix}\sqrt{17}\\0\\3\end{pmatrix}=\begin{pmatrix}\sqrt{17}c_2+3s_2\\0\\-\sqrt{17}s_2+3c_2\end{pmatrix}=\begin{pmatrix}\sqrt{26}\\0\\0\end{pmatrix}.$$

令

$$T = T_{13}(c_2, s_2)T_{12}(c_1, s_1) = T_{13}\left(\frac{\sqrt{17}}{\sqrt{26}}, \frac{3}{\sqrt{26}}\right)T_{12}\left(\frac{1}{\sqrt{17}}, \frac{4}{\sqrt{17}}\right),$$

则

$$Tx = \begin{pmatrix} \sqrt{26} \\ 0 \\ 0 \end{pmatrix} = |x|e_1 = |x|\begin{pmatrix} 1 \\ 0 \\ 0 \end{pmatrix}.$$

2. Householder 矩阵与 Householder 变换

我们知道如果将一面双面镜子放在 $\mathbf{R}^3$ 的 xOy 平面上(其法向量为 z 轴的方向),此时,其反射面为 xOy 平面,则对于空间内的任意一个向量 $\boldsymbol{x} = (x_1, x_2, x_3)^{\mathrm{T}}$,经反射面反射后的象向量为 $\boldsymbol{y} = (x_1, x_2, -x_3)^{\mathrm{T}}$,与此类似,将镜面放在 $\mathbf{R}^3$ 内经过坐标原点的一个平面上,也就是设镜面所在的平面为反射面,对于 $\mathbf{R}^3$ 内任意一个向量 $\boldsymbol{x} = (x_1, x_2, x_3)^{\mathrm{T}}$,通过反射面的反射,也可以得到它的唯一的象向量 $\boldsymbol{y}$,显然,对于给定的原象向量,经反射得到的象向量与反射面的位置有关. 这样,通过反射面的反射,将原象向量与反射象向量对应,可定义了 $\mathbf{R}^3$ 上的一个变换,可以证明这样的变换为线性变换,称为**镜像变换**或**反射变换**. 反射面的反射原理是若向量落在反射面上,则其反射象向量即是其自身;若向量与反射面正交,则其象向量为其负向量. 据此,我们可以容易给出 $\mathbf{R}^3$ 中镜像变换的变换矩阵.

现在我们先将 $\mathbf{R}^3$ 中的镜像变换推广到 $\mathbf{R}^n$ 中. $\mathbf{R}^3$ 上的镜像变换的反射面实际上是 $\mathbf{R}^3$ 的一个 $3-1=2$ 维子空间,对于 $\mathbf{R}^n$,其反射面应该就是 $\mathbf{R}^n$ 的一个 $n-1$ 维超平面即子空间. 其对 n 维向量的"反射"方法应该与 $\mathbf{R}^3$ 中的反射原理相同:若某向量落在反射面上,则其象向量即其自身;若与镜面的法向量平行,则其象为其负向量.

现在,我们来求 $\mathbf{R}^n$ 中镜像变换的变换矩阵,反射变换用 T 来表示. 设反射面为 $\mathbf{R}^n$ 的 $n-1$ 维子空间 V,它的一个单位法向量为 $\boldsymbol{u}$, V 的一组标准正交基为 $\boldsymbol{v}_1, \boldsymbol{v}_2, \cdots, \boldsymbol{v}_{n-1}$,与 $\boldsymbol{u}$ 一起构成 $\mathbf{R}^n$ 的一组标准正交基 $\boldsymbol{u}, \boldsymbol{v}_1, \boldsymbol{v}_2, \cdots, \boldsymbol{v}_{n-1}$,任给 $\boldsymbol{x} \in \mathbf{R}^n$,由标准正交基的性质可知

$$\boldsymbol{x} = (\boldsymbol{u}, \boldsymbol{x})\boldsymbol{u} + (\boldsymbol{v}_1, \boldsymbol{x})\boldsymbol{v}_1 + (\boldsymbol{v}_2, \boldsymbol{x})\boldsymbol{v}_2 + \cdots + (\boldsymbol{v}_{n-1}, \boldsymbol{x})\boldsymbol{v}_{n-1},$$

则

$$T\boldsymbol{x} = -(\boldsymbol{u}, \boldsymbol{x})\boldsymbol{u} + (\boldsymbol{v}_1, \boldsymbol{x})\boldsymbol{v}_1 + (\boldsymbol{v}_2, \boldsymbol{x})\boldsymbol{v}_2 + \cdots + (\boldsymbol{v}_{n-1}, \boldsymbol{x})\boldsymbol{v}_{n-1}$$

$$= (\boldsymbol{u},\boldsymbol{x})\boldsymbol{u} + (\boldsymbol{v}_1,\boldsymbol{x})\boldsymbol{v}_1 + (\boldsymbol{v}_2,\boldsymbol{x})\boldsymbol{v}_2 + \cdots + (\boldsymbol{v}_{n-1},\boldsymbol{x})\boldsymbol{v}_{n-1} - 2(\boldsymbol{u},\boldsymbol{x})\boldsymbol{u}$$

$$= \boldsymbol{x} - 2\boldsymbol{u}(\boldsymbol{u},\boldsymbol{x}) = \boldsymbol{x} - 2\boldsymbol{u}\boldsymbol{u}^{\mathrm{T}}\boldsymbol{x} = (\boldsymbol{E} - 2\boldsymbol{u}\boldsymbol{u}^{\mathrm{T}})\boldsymbol{x}.$$

由此可得反射面为 V 的反射变换的变换矩阵为 $\boldsymbol{E}-2\boldsymbol{u}\boldsymbol{u}^{\mathrm{T}}$，其中 $\boldsymbol{u}$ 为 V 的单位法向量. 反射面 V 有两个单位法向量，若 $\boldsymbol{u}$ 是一个，则 $-\boldsymbol{u}$ 是另一个. 显然，用 $\boldsymbol{u}$ 和用 $-\boldsymbol{u}$ 表达的反射变换的变换矩阵是同一个矩阵. 从而，反射变换及其相应的矩阵可以由反射面唯一决定，也可由单位法向量唯一决定. 因此，我们可以通过单位向量定义反射变换如下.

定义 3 设 $\boldsymbol{u}\in\mathbf{R}^n$, $|\boldsymbol{u}|=1$, 称

$$\boldsymbol{H} = \boldsymbol{E} - 2\boldsymbol{u}\boldsymbol{u}^{\mathrm{T}}$$

为 **Householder 矩阵或初等反射矩阵**；由 Householder 矩阵定义的 $\mathbf{R}^n$ 上的线性变换称为 **Householder 变换或初等反射变换**.

Householder 矩阵具有如下性质：

(1) **对称性** $\boldsymbol{H}^{\mathrm{T}}=\boldsymbol{H}$；

(2) **正交性** $\boldsymbol{H}^{\mathrm{T}}\boldsymbol{H}=\boldsymbol{E}$；

(3) **对合性** $\boldsymbol{H}^2=\boldsymbol{E}$；

(4) **自逆性** $\boldsymbol{H}^{-1}=\boldsymbol{H}$；

(5) $\det\boldsymbol{H}=-1$.

定理 3 任意给定向量 $\boldsymbol{x},\boldsymbol{z}\in\mathbf{R}^n$, $\boldsymbol{x}\neq\mathbf{0}$, $|\boldsymbol{z}|=1$, 则存在 Householder 矩阵 $\boldsymbol{H}$，使得

$$\boldsymbol{H}\boldsymbol{x} = |\boldsymbol{x}|\boldsymbol{z}.$$

证 当 $\boldsymbol{x}=|\boldsymbol{x}|\boldsymbol{z}$ 时，取单位列向量 $\boldsymbol{u}$ 满足 $\boldsymbol{u}^{\mathrm{T}}\boldsymbol{x}=0$, 则有

$$\boldsymbol{H}\boldsymbol{x} = (\boldsymbol{E}-2\boldsymbol{u}\boldsymbol{u}^{\mathrm{T}})\boldsymbol{x} = \boldsymbol{x} - 2\boldsymbol{u}(\boldsymbol{u}^{\mathrm{T}}\boldsymbol{x}) = \boldsymbol{x} = |\boldsymbol{x}|\boldsymbol{z},$$

当 $\boldsymbol{x}\neq|\boldsymbol{x}|\boldsymbol{z}$ 时，取

$$\boldsymbol{u} = \frac{\boldsymbol{x}-|\boldsymbol{x}|\boldsymbol{z}}{\big|\boldsymbol{x}-|\boldsymbol{x}|\boldsymbol{z}\big|},$$

则有

$$\boldsymbol{H}\boldsymbol{x} = \left[\boldsymbol{E} - 2\frac{(\boldsymbol{x}-|\boldsymbol{x}|\boldsymbol{z})(\boldsymbol{x}-|\boldsymbol{x}|\boldsymbol{z})^{\mathrm{T}}}{\big|\boldsymbol{x}-|\boldsymbol{x}|\boldsymbol{z}\big|^2}\right]\boldsymbol{x}$$

$$= x - 2(x - |x|z, x)\frac{x - |x|z}{|x - |x|z|^2}$$

$$= x - (x - |x|z) = |x|z.$$

例 3 设 $x = (0,3,4)^T$，求 Householder 矩阵 H，使得

$$Hx = |x|e_1 = |x|\begin{pmatrix}1\\0\\0\end{pmatrix}.$$

解 $|x| = \sqrt{0^2+3^2+4^2} = 5$，取 $v = x - |x|e_1 = (-5,3,4)^T$，由 Householder 矩阵的定义可知

$$u = \frac{v}{|v|} = \frac{1}{\sqrt{50}}\begin{pmatrix}-5\\3\\4\end{pmatrix},$$

$$H = E - 2uu^T = E - \frac{2}{50}\begin{pmatrix}-5\\3\\4\end{pmatrix}(-5, 3, 4)$$

$$= \frac{1}{50}\left(\begin{pmatrix}50 & & \\ & 50 & \\ & & 50\end{pmatrix} - \begin{pmatrix}50 & -30 & -40\\ -30 & 18 & 24\\ -40 & 24 & 32\end{pmatrix}\right)$$

$$= \frac{1}{50}\begin{pmatrix}0 & 30 & 40\\ 30 & 32 & -24\\ 40 & -24 & 18\end{pmatrix}.$$

则

$$Hx = \frac{1}{50}\begin{pmatrix}0 & 30 & 40\\ 30 & 32 & -24\\ 40 & -24 & 18\end{pmatrix}\begin{pmatrix}0\\3\\4\end{pmatrix} = \begin{pmatrix}5\\0\\0\end{pmatrix} = |x|e_1.$$

我们在这里介绍 Givens 矩阵和 Householder 矩阵，都是为了对矩阵作正交三角分解，因此，只介绍它们相同或类似的作用. 以下定理给出了它们之间的联系.

定理 4 一个 Givens 矩阵可以分解成两个 Householder 矩阵的乘积.

证 先看二阶矩阵的情形，设 $T = \begin{pmatrix}\cos\theta & \sin\theta\\ -\sin\theta & \cos\theta\end{pmatrix}$，取

$$u=\left(\sin\frac{\theta}{4},\cos\frac{\theta}{4}\right)^{\mathrm T},\quad v=\left(\sin\frac{3\theta}{4},\cos\frac{3\theta}{4}\right)^{\mathrm T},$$

则

$$H_u=E-2uu^{\mathrm T}=\begin{pmatrix}1&0\\0&1\end{pmatrix}-2\begin{pmatrix}\sin^2\frac{\theta}{4}&\sin\frac{\theta}{4}\cos\frac{\theta}{4}\\ \sin\frac{\theta}{4}\cos\frac{\theta}{4}&\cos^2\frac{\theta}{4}\end{pmatrix}$$

$$=\begin{pmatrix}\cos\frac{\theta}{2}&-\sin\frac{\theta}{2}\\ -\sin\frac{\theta}{2}&-\cos\frac{\theta}{2}\end{pmatrix},$$

$$H_v=E-2vv^{\mathrm T}=\begin{pmatrix}1&0\\0&1\end{pmatrix}-2\begin{pmatrix}\sin^2\frac{3\theta}{4}&\sin\frac{3\theta}{4}\cos\frac{3\theta}{4}\\ \sin\frac{3\theta}{4}\cos\frac{3\theta}{4}&\cos^2\frac{3\theta}{4}\end{pmatrix}$$

$$=\begin{pmatrix}\cos\frac{3\theta}{2}&-\sin\frac{3\theta}{2}\\ -\sin\frac{3\theta}{2}&-\cos\frac{3\theta}{2}\end{pmatrix},$$

$$H_vH_u=\begin{pmatrix}\cos\frac{3\theta}{2}&-\sin\frac{3\theta}{2}\\ -\sin\frac{3\theta}{2}&-\cos\frac{3\theta}{2}\end{pmatrix}\begin{pmatrix}\cos\frac{\theta}{2}&-\sin\frac{\theta}{2}\\ -\sin\frac{\theta}{2}&-\cos\frac{\theta}{2}\end{pmatrix}$$

$$=\begin{pmatrix}\cos\theta&\sin\theta\\ -\sin\theta&\cos\theta\end{pmatrix}=T.$$

由此可见对于二阶方阵，定理成立. 对于 n 阶 Givens 矩阵 $T_{ij}(\cos\theta,\sin\theta)$，取单位向量

$$u=\left(0,\cdots,0,\sin\frac{\theta}{4},0,\cdots,0,\cos\frac{\theta}{4},0,\cdots,0\right)^{\mathrm T},$$

$$v=\left(0,\cdots,0,\sin\frac{3\theta}{4},0,\cdots,0,\cos\frac{3\theta}{4},0,\cdots,0\right)^{\mathrm T},$$

其中 $\sin\frac{\theta}{4},\cos\frac{\theta}{4}$ 和 $\sin\frac{3\theta}{4},\cos\frac{3\theta}{4}$ 分别为 u 和 v 的第 i 个分量和第 j 个分量，经计算

可得

$$T_{ij}(\cos\theta,\sin\theta)=\boldsymbol{H}_v\boldsymbol{H}_u=\left(\boldsymbol{E}-2\boldsymbol{v}\boldsymbol{v}^{\mathrm{T}}\right)\left(\boldsymbol{E}-2\boldsymbol{u}\boldsymbol{u}^{\mathrm{T}}\right).$$

需要指出：因为 $\det\boldsymbol{H}=-1$, $\det\boldsymbol{T}_{ij}=1$, 所以 Householder 矩阵不可能分解成有限个 Givens 矩阵的乘积.

三、正交三角分解的 Givens 变换法和 Householder 变换法

前面已经介绍了用 Schmidt 正交化对 $\boldsymbol{A}$ 作正交三角分解，但正交分解的计算方法显然是不唯一的. 现在，我们来看如何用 Givens 变换和 Householder 变换来对矩阵作正交三角分解.

1. Givens 变换法

定理 5 任意给定 $\boldsymbol{A}\in\mathbf{R}^{n\times n}$, $|\boldsymbol{A}|\neq 0$, $\boldsymbol{A}$ 可通过左连乘有限个初等旋转矩阵化为可逆上三角矩阵.

证 因 $|\boldsymbol{A}|\neq 0$ 知，$\boldsymbol{A}$ 的第1列 $\boldsymbol{a}_1=(a_{11},a_{21},\cdots,a_{n1})^{\mathrm{T}}\neq\boldsymbol{0}$, 由定理 2，存在不超过 $n-1$ 个 Givens 矩阵的乘积 $\boldsymbol{T}_1$ 满足 $\boldsymbol{T}_1\boldsymbol{a}_1=|\boldsymbol{a}_1|\boldsymbol{e}_1(\boldsymbol{e}_1\in\mathbf{R}^n)$, 则

$$\boldsymbol{T}_1\boldsymbol{A}=(|\boldsymbol{a}_1|\boldsymbol{e}_1,\boldsymbol{T}_1\boldsymbol{a}_2,\cdots,\boldsymbol{T}_1\boldsymbol{a}_n)=\left(\begin{array}{c|c}|\boldsymbol{a}_1| & *\\ \hline \boldsymbol{0} & \boldsymbol{A}_{22}^{(2)}\end{array}\right),$$

其中 $\boldsymbol{A}_{22}^{(2)}\in\mathbf{R}^{(n-1)\times(n-1)}$, 由于 $|\boldsymbol{A}|=|\boldsymbol{T}_1\boldsymbol{A}|=|\boldsymbol{a}_1||\boldsymbol{A}_{22}^{(2)}|$, 从而有 $|\boldsymbol{A}_{22}^{(2)}|\neq 0$. 与 $\boldsymbol{A}$ 类似，设 $\boldsymbol{A}_{22}^{(2)}=(\boldsymbol{a}_1^{(2)},\boldsymbol{a}_2^{(2)},\cdots,\boldsymbol{a}_{n-1}^{(2)})$, 知 $\boldsymbol{a}_1^{(2)}\neq\boldsymbol{0}$. 由定理 2，存在不超过 $n-2$ 个 $n-1$ 阶 Givens 矩阵的乘积 $\boldsymbol{T}_2'$, 使得

$$\boldsymbol{T}_2'\boldsymbol{a}_1^{(2)}=|\boldsymbol{a}_1^{(2)}|\boldsymbol{e}_1\quad(\boldsymbol{e}_1\in\mathbf{R}^{n-1}),$$

$$\boldsymbol{T}_2'\boldsymbol{A}_{22}^{(2)}=\left(|\boldsymbol{a}_1^{(2)}|\boldsymbol{e}_1,\boldsymbol{T}_2'\boldsymbol{a}_2^{(2)},\cdots,\boldsymbol{T}_2'\boldsymbol{a}_{n-1}^{(2)}\right)=\left(\begin{array}{c|c}|\boldsymbol{a}_1^{(2)}| & *\\ \hline \boldsymbol{0} & \boldsymbol{A}_{22}^{(3)}\end{array}\right).$$

取

$$\boldsymbol{T}_2=\begin{pmatrix}1 & \boldsymbol{0}^{\mathrm{T}}\\ \boldsymbol{0} & \boldsymbol{T}_2'\end{pmatrix}\in\mathbf{R}^{n\times n},$$

则由矩阵的乘法的定义可得

$$\boldsymbol{T}_2\boldsymbol{T}_1\boldsymbol{A}=\begin{pmatrix}|\boldsymbol{a}_1| & * & *\\ 0 & |\boldsymbol{a}_1^{(2)}| & *\\ 0 & 0 & \boldsymbol{A}_{22}^{(3)}\end{pmatrix},$$

其中 $A_{22}^{(3)} \in \mathbf{R}^{(n-2)\times(n-2)}$， $\left|A_{22}^{(3)}\right| \neq 0$，对 $A_{22}^{(3)}$ 作类似操作……最后可得

$$T_{n-1}\cdots T_2T_1A=\begin{pmatrix} r_{11} & r_{12} & \cdots & r_{1n} \\ 0 & r_{22} & \cdots & r_{2n} \\ \vdots & \vdots & & \vdots \\ 0 & 0 & \cdots & r_{nn} \end{pmatrix}=R,$$

$$A=T_1^{-1}T_2^{-1}\cdots T_{n-1}^{-1}R=QR,$$

其中 $Q=T_1^{-1}T_2^{-1}\cdots T_{n-1}^{-1}$，显然是有限个 Givens 矩阵的乘积.

例 4 用 Givens 变换求矩阵

$$A=\begin{pmatrix} 3 & 5 & 5 \\ 0 & 3 & 4 \\ 4 & 0 & 5 \end{pmatrix}$$

的 QR 分解.

解 令 $c_1=\dfrac{3}{5}, s_1=\dfrac{4}{5}$,

$$T_1=T_{13}(c_1,s_1)=\frac{1}{5}\begin{pmatrix} 3 & 0 & 4 \\ 0 & 5 & 0 \\ -4 & 0 & 3 \end{pmatrix},$$

$$T_1A=\frac{1}{5}\begin{pmatrix} 3 & 0 & 4 \\ 0 & 5 & 0 \\ -4 & 0 & 3 \end{pmatrix}\begin{pmatrix} 3 & 5 & 5 \\ 0 & 3 & 4 \\ 4 & 0 & 5 \end{pmatrix}=\frac{1}{5}\begin{pmatrix} 5 & 3 & 7 \\ 0 & 3 & 4 \\ 0 & -20 & -5 \end{pmatrix},$$

取 $c_2=\dfrac{3}{5}, s_2=-\dfrac{4}{5}, T_2=T_{23}(c_2,s_2)=\dfrac{1}{5}\begin{pmatrix} 5 & 0 & 0 \\ 0 & 3 & -4 \\ 0 & 4 & 3 \end{pmatrix}$，则

$$T_2T_1A=\frac{1}{5}\begin{pmatrix} 5 & 0 & 0 \\ 0 & 3 & -4 \\ 0 & 4 & 3 \end{pmatrix}\begin{pmatrix} 5 & 3 & 7 \\ 0 & 3 & 4 \\ 0 & -4 & -1 \end{pmatrix}=\frac{1}{5}\begin{pmatrix} 25 & 15 & 35 \\ 0 & 25 & 16 \\ 0 & 0 & 13 \end{pmatrix}.$$

则有

$$Q=(T_2T_1)^{-1}=T_1^{\mathrm{T}}T_2^{\mathrm{T}}=\frac{1}{25}\begin{pmatrix} 3 & 0 & -4 \\ 0 & 5 & 0 \\ 4 & 0 & 3 \end{pmatrix}\begin{pmatrix} 5 & 0 & 0 \\ 0 & 3 & 4 \\ 0 & -4 & 3 \end{pmatrix}=\frac{1}{25}\begin{pmatrix} 15 & 16 & -12 \\ 0 & 15 & 20 \\ 20 & -12 & 9 \end{pmatrix},$$

$$R=\frac{1}{5}\begin{pmatrix}25 & 15 & 35\\ 0 & 25 & 16\\ 0 & 0 & 13\end{pmatrix},\qquad A=QR.$$

2. Householder 变换方法

下面我们讨论将矩阵进行QR分解的Householder方法.

定理6 任意给定 $A\in\mathbf{R}^{n\times n}$, $|A|\neq 0, A$ 可通过左连乘有限个初等反射矩阵化为可逆上三角矩阵.

证 因 $|A|\neq 0$ 知, A 的第1列 $a_1=(a_{11},a_{21},\cdots,a_{n1})^{\mathrm{T}}\neq\mathbf{0}$, 由定理3, 存在Householder矩阵 H_1 满足 $H_1a_1=|a_1|e_1(e_1\in\mathbf{R}^n)$,

$$H_1A=(|a_1|e_1,H_1a_2,\cdots,H_1a_n)=\left(\begin{array}{c|c}|a_1| & *\\ \hline \mathbf{0} & A_{22}^{(2)}\end{array}\right),$$

其中 $A_{22}^{(2)}\in\mathbf{R}^{(n-1)\times(n-1)}$, 由于 $|A|=-|H_1A|=-|a_1|\left|A_{22}^{(2)}\right|$, 从而有 $\left|A_{22}^{(2)}\right|\neq 0$. 与 A 类似, 设 $A_{22}^{(2)}=(a_1^{(2)},a_2^{(2)},\cdots,a_{n-1}^{(2)})$, 知 $a_1^{(2)}\neq\mathbf{0}$. 由定理3, 存在Householder矩阵 H_2', 使得

$$H_2'a_1^{(2)}=\left|a_1^{(2)}\right|e_1\quad(e_1\in\mathbf{R}^{n-1}),$$

$$H_2'A_{22}^{(2)}=\left(\left|a_1^{(2)}\right|e_1,H_2'a_2^{(2)},\cdots,H_2'a_{n-1}^{(2)}\right)=\left(\begin{array}{c|c}\left|a_1^{(2)}\right| & *\\ \hline \mathbf{0} & A_{22}^{(3)}\end{array}\right),$$

取

$$H_2=\begin{pmatrix}1 & \mathbf{0}^{\mathrm{T}}\\ \mathbf{0} & H_2'\end{pmatrix}\in\mathbf{R}^{n\times n},$$

则由矩阵的乘法的定义可得

$$H_2H_1A=\begin{pmatrix}|a_1| & * & *\\ 0 & \left|a_1^{(2)}\right| & *\\ 0 & 0 & A_{22}^{(3)}\end{pmatrix},$$

其中 $A_{22}^{(3)}\in\mathbf{R}^{(n-2)\times(n-2)}$, $\left|A_{22}^{(3)}\right|\neq 0$, 对 $A_{22}^{(3)}$ 作类似操作……最后可得

$$H_{n-1}\cdots H_2H_1A=\begin{pmatrix}r_{11} & r_{12} & \cdots & r_{1n}\\ 0 & r_{22} & \cdots & r_{2n}\\ \vdots & \vdots & & \vdots\\ 0 & 0 & \cdots & r_{nn}\end{pmatrix}=R,$$

$$A = T_1^{-1}T_2^{-1}\cdots T_{n-1}^{-1}R = QR,$$

其中$Q = T_1^{-1}T_2^{-1}\cdots T_{n-1}^{-1}$，显然是有限个 Householder 矩阵的乘积.

以上的论述只论及实矩阵，对于复矩阵，也有同样的结论，即复初等旋转矩阵和复初等反射阵，其推导方法与实矩阵的情形类似，只是将矩阵的转置换成共轭转置. 这里也不再论述.

例 5　用 Householder 变换法求矩阵

$$A = \begin{pmatrix} 1 & 3 & 2 \\ 2 & -2 & 3 \\ 2 & 2 & 2 \end{pmatrix}$$

的 QR 分解.

解　对A的第一列构造 Householder 矩阵如下：

$$a_1 = \begin{pmatrix} 1 \\ 2 \\ 2 \end{pmatrix}, \quad a_1 - |a_1| e_1 = \begin{pmatrix} 1 \\ 2 \\ 2 \end{pmatrix} - 3\begin{pmatrix} 1 \\ 0 \\ 0 \end{pmatrix} = 2\begin{pmatrix} -1 \\ 1 \\ 1 \end{pmatrix}, \quad u_1 = \frac{1}{\sqrt{3}}\begin{pmatrix} -1 \\ 1 \\ 1 \end{pmatrix},$$

$$H_1 = E - 2u_1u_1^{\mathrm{T}} = \frac{1}{3}\begin{pmatrix} 1 & 2 & 2 \\ 2 & 1 & -2 \\ 2 & -2 & 1 \end{pmatrix},$$

$$H_1A = \begin{pmatrix} 3 & 1 & 4 \\ 0 & 0 & 1 \\ 0 & 4 & 0 \end{pmatrix}.$$

对$A_1 = \begin{pmatrix} 0 & 1 \\ 4 & 0 \end{pmatrix}$对$A_1$的第一列构造 Householder 矩阵如下：

$$a_1^{(2)} = \begin{pmatrix} 0 \\ 4 \end{pmatrix}, \quad a_1^{(2)} - |a_1^{(2)}| e_1 = \begin{pmatrix} 0 \\ 4 \end{pmatrix} - 4\begin{pmatrix} 1 \\ 0 \end{pmatrix} = 4\begin{pmatrix} -1 \\ 1 \end{pmatrix}, \quad u_2 = \frac{1}{\sqrt{2}}\begin{pmatrix} -1 \\ 1 \end{pmatrix},$$

$$H_2' = E - 2u_2u_2^{\mathrm{T}} = \begin{pmatrix} 0 & 1 \\ 1 & 0 \end{pmatrix}, \quad H_2'A_1 = \begin{pmatrix} 4 & 0 \\ 0 & 1 \end{pmatrix},$$

$$Q = H_1\begin{pmatrix} 1 & \\ & H_2' \end{pmatrix} = \frac{1}{3}\begin{pmatrix} 1 & 2 & 2 \\ 2 & -2 & 1 \\ 2 & 1 & -2 \end{pmatrix}, \quad R = \begin{pmatrix} 3 & 1 & 4 \\ & 4 & 0 \\ & & 1 \end{pmatrix},$$

即 $\boldsymbol{A}=\boldsymbol{Q}\boldsymbol{R}$.

3. n 阶方阵与上 Householder 矩阵的正交相似性

我们注意到 Givens 变换和 Householder 变换的一个共同细节，以 Householder 变换为例，用 $\boldsymbol{H}_2$ 来左乘 $\boldsymbol{H}_1\boldsymbol{A}$ 时，$\boldsymbol{H}_1\boldsymbol{A}$ 的第一行不变. 其实，不仅对于 $\boldsymbol{H}_1\boldsymbol{A}$，对于任意的 $\boldsymbol{B}\in\mathbf{R}^{n\times n}$, $\boldsymbol{H}_2\boldsymbol{B}$ 的第一行都不变，同样经简单验证可得，$\boldsymbol{B}\boldsymbol{H}_2$ 的第一列也不变. 利用这个特征，我们可以将任意 n 阶方阵化成与之正交相似的上 Hessenberg 矩阵.

定义 4 如果矩阵 $\boldsymbol{A}=(a_{ij})_{n\times n}$ 的元素满足 $a_{ij}=0\ (i>j+1)$, 即

$$\boldsymbol{A}=\begin{pmatrix} a_{11} & a_{12} & a_{13} & \cdots & a_{1,n-1} & a_{1n} \\ a_{21} & a_{22} & a_{23} & \cdots & a_{2,n-1} & a_{2n} \\ & a_{32} & a_{33} & \ddots & a_{3,n-1} & a_{3n} \\ & & \ddots & \ddots & \vdots & \vdots \\ & & & a_{n-1,n-2} & a_{n-1,n-1} & a_{n-1,n} \\ & & & & a_{n,n-1} & a_{nn} \end{pmatrix},$$

则称 $\boldsymbol{A}$ 为**上 Hessenberg 矩阵**.

对于任意实方阵与上 Hessenberg 矩阵的正交相似性问题，我们有如下定理.

定理 7 对于任意给定矩阵 $\boldsymbol{A}\in\mathbf{R}^{n\times n}$，存在正交矩阵 $\boldsymbol{Q}\in\mathbf{R}^{n\times n}$，使得 $\boldsymbol{Q}^{\mathrm{T}}\boldsymbol{A}\boldsymbol{Q}$ 为上 Hessenberg 矩阵.

证 以下将以 Householder 变换为例，用构造法证明此定理.

设 $\boldsymbol{A}=\begin{pmatrix} a_{11} & * \\ \boldsymbol{a}_1 & \boldsymbol{A}_{22}^{(1)} \end{pmatrix}\in\mathbf{R}^{n\times n}$, 其中 $\boldsymbol{A}_{22}^{(1)}\in\mathbf{R}^{(n-1)\times(n-1)}$, $\boldsymbol{a}_1\in\mathbf{R}^{n-1}$, 不妨设 $\boldsymbol{a}_1\neq|\boldsymbol{a}_1|\boldsymbol{e}_1\in\mathbf{R}^{n-1}$, 则有 $n-1$ 阶 Householder 矩阵 $\boldsymbol{H}_1'$，使得 $\boldsymbol{H}_1'\boldsymbol{a}_1=|\boldsymbol{a}_1|\boldsymbol{e}_1(\boldsymbol{e}_1\in\mathbf{R}^{n-1})$，令 $\boldsymbol{H}_1=\begin{pmatrix} 1 & 0 \\ 0 & \boldsymbol{H}_1' \end{pmatrix}$ 得 $\boldsymbol{H}_1$ 为 n 阶 Householder 矩阵，且有

$$\boldsymbol{H}_1\boldsymbol{A}\boldsymbol{H}_1=\begin{pmatrix} a_{11}^{(1)} & a_{12}^{(1)} & a_{13}^{(1)} & \cdots & a_{1n}^{(1)} \\ a_{21}^{(1)} & a_{22}^{(1)} & a_{23}^{(1)} & \cdots & a_{2n}^{(1)} \\ 0 & a_{32}^{(1)} & a_{33}^{(1)} & \cdots & a_{3n}^{(1)} \\ \vdots & \vdots & \vdots & & \vdots \\ 0 & a_{n2}^{(1)} & a_{n3}^{(1)} & \cdots & a_{nn}^{(1)} \end{pmatrix},$$

用同样的方法处理第二列，可得

$$H_2H_1AH_1H_2=\begin{pmatrix} a_{11}^{(2)} & a_{12}^{(2)} & a_{13}^{(2)} & \cdots & a_{1n}^{(2)} \\ a_{21}^{(2)} & a_{22}^{(2)} & a_{23}^{(2)} & \cdots & a_{2n}^{(2)} \\ 0 & a_{32}^{(2)} & a_{33}^{(2)} & \cdots & a_{3n}^{(2)} \\ \vdots & \vdots & \vdots & & \vdots \\ 0 & 0 & a_{n3}^{(2)} & \cdots & a_{nn}^{(2)} \end{pmatrix},$$

用同样的方法依次处理第 $3,\cdots,n-2$ 列，可得

$$H_{n-2}\cdots H_2H_1AH_1H_2\cdots H_{n-2}=\begin{pmatrix} a_{11}^{(n-2)} & a_{12}^{(n-2)} & a_{13}^{(n-2)} & \cdots & a_{1,n-1}^{(n-2)} & a_{1n}^{(n-2)} \\ a_{21}^{(n-2)} & a_{22}^{(n-2)} & a_{23}^{(n-2)} & \cdots & a_{2,n-1}^{(n-2)} & a_{2n}^{(n-2)} \\ 0 & a_{32}^{(n-2)} & a_{33}^{(n-2)} & \cdots & a_{3,n-1}^{(n-2)} & a_{3n}^{(n-2)} \\ \vdots & \vdots & \vdots & & \vdots & \vdots \\ 0 & 0 & 0 & \cdots & a_{n-1,n-1}^{(n-2)} & a_{n-1,n}^{(n-2)} \\ 0 & 0 & 0 & \cdots & a_{n,n-1}^{(n-2)} & a_{nn}^{(n-2)} \end{pmatrix}.$$

由此可得 $Q=H_1H_2\cdots H_{n-2}$，则 $Q^TQ=E, Q^T=H_{n-2}\cdots H_2H_1$，且 Q^TAQ 是上 Hessenberg 矩阵. 所以，矩阵 $A\in\mathbf{R}^{n\times n}$ 正交相似于上 Hessenberg 矩阵.

例 6 用 Householder 变换化矩阵

$$A=\begin{pmatrix} 0 & 12 & 16 \\ 12 & 288 & 309 \\ 16 & 309 & 312 \end{pmatrix}$$

为正交相似的上 Hessenberg 矩阵.

解 $a_1=(0,12,16)^T$，$|a_1|=20, v=a_1-20e_2=(0,-8,16)^T$，

$$u=\frac{v}{|v|}=\frac{1}{\sqrt{0+(-8)^2+16^2}}\begin{pmatrix} 0 \\ -8 \\ 16 \end{pmatrix}=\frac{1}{\sqrt{5}}\begin{pmatrix} 0 \\ -1 \\ 2 \end{pmatrix},$$

$$H=E-2uu^T=E-\frac{2}{5}\begin{pmatrix} 0 \\ -1 \\ 2 \end{pmatrix}(0,-1,2)^T=\frac{1}{5}\begin{pmatrix} 5 & 0 & 0 \\ 0 & 3 & 4 \\ 0 & 4 & -3 \end{pmatrix},$$

$$HAH=\frac{1}{25}\begin{pmatrix} 5 & 0 & 0 \\ 0 & 3 & 4 \\ 0 & 4 & -3 \end{pmatrix}\begin{pmatrix} 0 & 12 & 16 \\ 12 & 288 & 309 \\ 16 & 309 & 319 \end{pmatrix}\begin{pmatrix} 5 & 0 & 0 \\ 0 & 3 & 4 \\ 0 & 4 & -3 \end{pmatrix}$$

$$
=\begin{pmatrix} 0 & 20 & 0 \\ 20 & 600 & 75 \\ 0 & 75 & 0 \end{pmatrix}.
$$

可用 Householder 变换化一矩阵正交相似于上 Hessenberg 矩阵，当然用 Givens 变换也可以做到. 因此处的矩阵 $\boldsymbol{A}$ 是实对称阵，其正交相似上 Hessenberg 阵有一定的特殊性.

现在，我们来研究，若 $\boldsymbol{A}$ 为实对称矩阵，与 $\boldsymbol{A}$ 正交相似的上 Hessenberg 矩阵是什么情形.

由于

$$
(\boldsymbol{Q}^{\mathrm{T}}\boldsymbol{A}\boldsymbol{Q})^{\mathrm{T}}=\boldsymbol{Q}^{\mathrm{T}}\boldsymbol{A}^{\mathrm{T}}(\boldsymbol{Q}^{\mathrm{T}})^{\mathrm{T}}=\boldsymbol{Q}^{\mathrm{T}}\boldsymbol{A}\boldsymbol{Q}.
$$

设

$$
\boldsymbol{Q}^{\mathrm{T}}\boldsymbol{A}\boldsymbol{Q}=\begin{pmatrix} b_{11} & b_{12} & b_{13} & \cdots & b_{1,n-1} & b_{1n} \\ b_{21} & b_{22} & b_{23} & \cdots & b_{2,n-1} & b_{2n} \\ 0 & b_{32} & b_{33} & \cdots & b_{3,n-1} & b_{3n} \\ \vdots & \vdots & \vdots & & \vdots & \vdots \\ 0 & 0 & 0 & \cdots & b_{n-1,n-1} & b_{n-1,n} \\ 0 & 0 & 0 & \cdots & b_{n,n-1} & b_{nn} \end{pmatrix},
$$

则有

$$
\begin{pmatrix} b_{11} & b_{21} & 0 & \cdots & 0 & 0 \\ b_{12} & b_{22} & b_{32} & \cdots & 0 & 0 \\ b_{13} & b_{23} & b_{33} & \cdots & 0 & 0 \\ \vdots & \vdots & \vdots & & \vdots & \vdots \\ b_{1,n-1} & b_{2,n-1} & b_{3,n-1} & \cdots & b_{n-1,n-1} & b_{n-1,n} \\ b_{1n} & b_{2n} & b_{3n} & \cdots & b_{n-1,n} & b_{nn} \end{pmatrix}=\begin{pmatrix} b_{11} & b_{12} & b_{13} & \cdots & b_{1,n-1} & b_{1n} \\ b_{21} & b_{22} & b_{23} & \cdots & b_{2,n-1} & b_{2n} \\ 0 & b_{32} & b_{33} & \cdots & b_{3,n-1} & b_{3n} \\ \vdots & \vdots & \vdots & & \vdots & \vdots \\ 0 & 0 & 0 & \cdots & b_{n-1,n-1} & b_{n-1,n} \\ 0 & 0 & 0 & \cdots & b_{n,n-1} & b_{nn} \end{pmatrix}.
$$

由此可得

$$
\boldsymbol{Q}^{\mathrm{T}}\boldsymbol{A}\boldsymbol{Q}=\begin{pmatrix} b_{11} & b_{12} & 0 & \cdots & 0 & 0 \\ b_{21} & b_{22} & b_{23} & \cdots & 0 & 0 \\ 0 & b_{32} & b_{33} & \cdots & 0 & 0 \\ \vdots & \vdots & \vdots & & \vdots & \vdots \\ 0 & 0 & 0 & \cdots & b_{n-1,n-1} & b_{n-1,n} \\ 0 & 0 & 0 & \cdots & b_{n,n-1} & b_{nn} \end{pmatrix},
$$

其中 $b_{i,i+1}=b_{i+1,i}\ (i=1,2,\cdots,n-1)$. 这样的矩阵我们称为**三对角矩阵**. 也就是说，实对称矩阵正交相似于对称三对角矩阵. 实对称矩阵的这个性质在其特征值和特征向量的计算中起到非常重要的作用.

第三节　矩阵的满秩分解

本节将介绍非零矩阵的满秩分解，即将非零矩阵分解成两个满秩矩阵的乘积. 矩阵的这种分解，将在矩阵的广义逆矩阵的计算中起重要作用.

定义 1　设 $\boldsymbol{A}\in\mathbf{C}_r^{m\times n}\ (r>0)$，若存在 $\boldsymbol{F}\in\mathbf{C}_r^{m\times r},\boldsymbol{G}\in\mathbf{C}_r^{r\times n}$，使得

$$\boldsymbol{A}=\boldsymbol{FG},$$

则称为 $\boldsymbol{A}$ 的**满秩分解**.

显然，如果 $\boldsymbol{A}\in\mathbf{C}_n^{m\times n}$，则可取 $\boldsymbol{F}=\boldsymbol{A},\boldsymbol{G}=\boldsymbol{E}_{n\times n}$，如果 $\boldsymbol{A}\in\mathbf{C}_m^{m\times n}$，则可取 $\boldsymbol{F}=\boldsymbol{E}_{m\times m}$，$\boldsymbol{G}=\boldsymbol{A}$，则有 $\boldsymbol{A}=\boldsymbol{FG}$. 这样的分解称为 $\boldsymbol{A}$ 的**平凡分解**. 由此可知满秩矩阵存在平凡分解，对于非满秩矩阵，是否有满秩分解呢？我们有以下定理.

定理 1　设 $\boldsymbol{A}\in\mathbf{C}_r^{m\times n}\ (r>0)$，则存在 $\boldsymbol{F}\in\mathbf{C}_r^{m\times r},\boldsymbol{G}\in\mathbf{C}_r^{r\times n}$，使得

$$\boldsymbol{A}=\boldsymbol{FG},$$

即 $\boldsymbol{A}$ 的满秩分解总是存在的.

证　由线性代数的初等变换理论知，存在可逆矩阵 $\boldsymbol{P}$，使得

$$\boldsymbol{PA}=\boldsymbol{B}=\begin{pmatrix}\boldsymbol{G}\\ \hdashline \boldsymbol{0}\end{pmatrix},$$

其中 $\boldsymbol{G}\in\mathbf{C}_r^{r\times n}$，从而有

$$\boldsymbol{A}=\boldsymbol{P}^{-1}\boldsymbol{B}=(\boldsymbol{F}\ \vdots\ \boldsymbol{S})\begin{pmatrix}\boldsymbol{G}\\ \hdashline \boldsymbol{0}\end{pmatrix}=\boldsymbol{FG},$$

其中 $\boldsymbol{F}$ 为 $\boldsymbol{P}^{-1}$ 的前 r 列组成的矩阵，显然 $\boldsymbol{F}\in\mathbf{C}_r^{m\times r}$.

这里我们要注意 $\boldsymbol{A}$ 的满秩分解不唯一，这是因为若取 $\boldsymbol{D}$ 是任一一个 r 阶非奇异矩阵，则有 $\boldsymbol{A}=(\boldsymbol{FD})(\boldsymbol{D}^{-1}\boldsymbol{G})=\overline{\boldsymbol{F}}\overline{\boldsymbol{G}}$，这是 $\boldsymbol{A}$ 的另一种满秩分解.

利用以上方法求矩阵 $\boldsymbol{A}$ 的满秩分解是很不方便的. 对矩阵 $\boldsymbol{A}$ 作初等变换以求矩阵 $\boldsymbol{P}$，再求 $\boldsymbol{P}^{-1}$，最后才求得 $\boldsymbol{F}$ 和 $\boldsymbol{G}$. 现在，我们来看如何将求 $\boldsymbol{P}$ 及其逆的过程略去.

设 $\boldsymbol{G}=(\boldsymbol{g}_1,\boldsymbol{g}_2,\cdots,\boldsymbol{g}_n)$，则 $\boldsymbol{A}=(\boldsymbol{a}_1,\boldsymbol{a}_2,\cdots,\boldsymbol{a}_n)=\boldsymbol{FG}=(\boldsymbol{Fg}_1,\boldsymbol{Fg}_2,\cdots,\boldsymbol{Fg}_n)$，由于 $\boldsymbol{G}\in\mathbf{C}_r^{r\times n}$，$\boldsymbol{G}$ 中必有 r 个列向量线性无关，可对 $\boldsymbol{G}$ 作初等行变换，使得这 r 个列向量分别变成 r 阶单位矩阵的 r 个列向量. 若

$$g_j = e_i = (0,\cdots,1,\cdots,0)^{\mathrm{T}}, \qquad F = (f_1, f_2, \cdots, f_r),$$

则

$$a_j = Fg_j = Fe_i = f_i \quad (i = 1,2,\cdots,r).$$

上式说明，如果 G 的第 j 列是 r 阶单位矩阵的第 i 列，则 F 的第 i 列是 A 的第 j 列. 由此可以容易求得矩阵的满秩分解. 具体过程可通过一个例子来说明.

例 1 求矩阵 $A = \begin{pmatrix} 1 & -2 & 2 & -1 & 1 \\ 2 & -4 & 8 & 0 & 2 \\ -2 & 4 & -2 & 3 & 3 \\ 3 & -6 & 0 & -6 & 4 \end{pmatrix}$ 的满秩分解.

解 对 A 作初等行变换如下：

$$A \xrightarrow[r_4-3r_1]{\substack{r_2-2r_1 \\ r_3+2r_1}} \begin{pmatrix} 1 & -2 & 2 & -1 & 1 \\ 0 & 0 & 4 & 2 & 0 \\ 0 & 0 & 2 & 1 & 5 \\ 0 & 0 & -6 & -3 & 1 \end{pmatrix} \xrightarrow[r_4-3r_2]{\substack{r_2\div 2 \\ r_3-r_2}} \begin{pmatrix} 1 & -2 & 2 & -1 & 1 \\ 0 & 0 & 2 & 1 & 0 \\ 0 & 0 & 0 & 0 & 5 \\ 0 & 0 & 0 & 0 & 1 \end{pmatrix}$$

$$\xrightarrow[r_4-r_3]{r_3\div 5} \begin{pmatrix} 1 & -2 & 2 & -1 & 1 \\ 0 & 0 & 2 & 1 & 0 \\ 0 & 0 & 0 & 0 & 1 \\ 0 & 0 & 0 & 0 & 0 \end{pmatrix} \xrightarrow[r_2\div 2]{\substack{r_1-r_2 \\ r_1-r_3}} \begin{pmatrix} 1 & -2 & 0 & -2 & 0 \\ 0 & 0 & 1 & 1/2 & 0 \\ 0 & 0 & 0 & 0 & 1 \\ 0 & 0 & 0 & 0 & 0 \end{pmatrix}.$$

所以， $\operatorname{rank}(A) = 3$，取

$$F = \begin{pmatrix} 1 & 2 & 1 \\ 2 & 8 & 2 \\ -2 & -2 & 3 \\ 3 & 0 & 4 \end{pmatrix}, \quad G = \begin{pmatrix} 1 & -2 & 0 & -2 & 0 \\ 0 & 0 & 1 & 1/2 & 0 \\ 0 & 0 & 0 & 0 & 1 \end{pmatrix},$$

可得满秩分解为

$$A = \begin{pmatrix} 1 & -2 & 2 & -1 & 1 \\ 2 & -4 & 8 & 0 & 2 \\ -2 & 4 & -2 & 3 & 3 \\ 3 & -6 & 0 & -6 & 4 \end{pmatrix} = \begin{pmatrix} 1 & 2 & 1 \\ 2 & 8 & 2 \\ -2 & -2 & 3 \\ 3 & 0 & 4 \end{pmatrix} \begin{pmatrix} 1 & -2 & 0 & -2 & 0 \\ 0 & 0 & 1 & 1/2 & 0 \\ 0 & 0 & 0 & 0 & 1 \end{pmatrix}.$$

任给 $A \in \mathbf{C}_r^{m\times n}$，经一系列初等行变换，化成行最简形式后，可再经过有限次初

等列变换，将其化成最简形式$\begin{pmatrix} \boldsymbol{E}_r & \boldsymbol{0} \\ \boldsymbol{0} & \boldsymbol{0} \end{pmatrix}$，也就是说，对于秩为 r 的矩阵 $\boldsymbol{A}$ 经过一系列的初等变换，可化成最简形式，这个结论在线性代数里是强调过了的.

第四节 矩阵的奇异值分解

矩阵的奇异值分解在广义逆矩阵、最优化问题、特征值问题、最小二乘问题等方面都有重要的应用.

一、矩阵的正交对角分解

对于 n 阶实对称矩阵 $\boldsymbol{A}$，存在正交矩阵 $\boldsymbol{Q}$ 和对角矩阵 $\boldsymbol{D}=\mathrm{diag}(d_1,d_2,\cdots,d_n)$ 使得 $\boldsymbol{Q}^{\mathrm{T}}\boldsymbol{A}\boldsymbol{Q}=\boldsymbol{D}$，从而有 $\boldsymbol{A}=\boldsymbol{Q}\boldsymbol{D}\boldsymbol{Q}^{\mathrm{T}}$，其中 $d_1,d_2,\cdots,d_n$ 是 $\boldsymbol{A}$ 的 n 个特征值，$\boldsymbol{Q}$ 的列向量是 $\boldsymbol{A}$ 的单位特征向量. 而对于非对称矩阵，就没有这样的分解(因为 $\boldsymbol{Q}\boldsymbol{D}\boldsymbol{Q}^{\mathrm{T}}$ 是实对称矩阵). 但是，如果对于非对称矩阵能否将矩阵分解为 $\boldsymbol{A}=\boldsymbol{P}\boldsymbol{D}\boldsymbol{Q}$，其中 $\boldsymbol{P},\boldsymbol{Q}$ 为正交阵，$\boldsymbol{D}$ 为对角阵？我们将看到这样的分解是存在的，即是下面的正交对角分解定理.

定理 1 设 $\boldsymbol{A}\in\mathbf{R}^{n\times n}$ 非奇异，则存在正交矩阵 $\boldsymbol{P},\boldsymbol{Q}$ 和对角矩阵 $\boldsymbol{D}=\mathrm{diag}\ (\sigma_1,\sigma_2,\cdots,\sigma_n)$，使得

$$\boldsymbol{P}^{\mathrm{T}}\boldsymbol{A}\boldsymbol{Q}=\boldsymbol{D},$$

其中 $\sigma_i>0\ (i=1,2,\cdots,n)$.

证 因为 $\boldsymbol{A}$ 为非奇异阵，$\boldsymbol{A}^{\mathrm{T}}\boldsymbol{A}$ 为实对称正定矩阵，所以存在正交矩阵 $\boldsymbol{Q}$，使得

$$\boldsymbol{Q}^{\mathrm{T}}(\boldsymbol{A}^{\mathrm{T}}\boldsymbol{A})\boldsymbol{Q}=\boldsymbol{\Lambda}=\begin{pmatrix} \lambda_1 & & & \\ & \lambda_2 & & \\ & & \ddots & \\ & & & \lambda_n \end{pmatrix},$$

其中 $\lambda_i>0\ (i=1,2,\cdots,n)$ 为 $\boldsymbol{A}^{\mathrm{T}}\boldsymbol{A}$ 的特征值. 令 $\sigma_i=\sqrt{\lambda_i}\,(i=1,2,\cdots,n)$，则有

$$\boldsymbol{\Lambda}=\begin{pmatrix} \sqrt{\lambda_1} & & & \\ & \sqrt{\lambda_2} & & \\ & & \ddots & \\ & & & \sqrt{\lambda_n} \end{pmatrix}\begin{pmatrix} \sqrt{\lambda_1} & & & \\ & \sqrt{\lambda_2} & & \\ & & \ddots & \\ & & & \sqrt{\lambda_n} \end{pmatrix}=\boldsymbol{D}^{\mathrm{T}}\boldsymbol{D}.$$

从而

$$Q^{\mathrm{T}}(A^{\mathrm{T}}A)Q = D^{\mathrm{T}}D \Leftrightarrow (AQD^{-1})^{\mathrm{T}}(AQD^{-1}) = E,$$

记 $P = AQD^{-1}$，从而 P 为正交阵，并且有

$$A = PDQ^{\mathrm{T}} \Leftrightarrow P^{\mathrm{T}}AQ = D.$$

定理得证.

称 $A = PDQ^{\mathrm{T}}$ 为 A 的**正交对角分解**.

二、矩阵的奇异值与奇异值分解

定义 1 设 $A \in \mathbf{C}_r^{m\times n}\ (r>0)$，$A^{\mathrm{H}}A$ 的特征值为 $\lambda_1 \geqslant \cdots \geqslant \lambda_r > 0, \lambda_{r+1} = \cdots = \lambda_n = 0$，则称 $\sigma_i = \sqrt{\lambda_i}\ (i=1,2,\cdots,n)$ 为 A 的**奇异值**. 若 A 为零矩阵，则 A 的奇异值为 0.

显然，矩阵 A 的奇异值的个数为 n，非零奇异值的个数为 $\mathrm{rank}(A)$. 比较而言，我们更关心非零奇异值.

定义 2 设 $A, B \in \mathbf{C}^{m\times n}$，若存在 m 阶酉矩阵 U 和 n 阶酉矩阵 V，使得

$$U^{\mathrm{H}}AV = B,$$

则称 A 与 B 酉等价.

酉等价矩阵有如下基本性质.

定理 2 酉等价矩阵有相同的奇异值.

证 设 $U^{\mathrm{H}}AV = B$，则

$$B^{\mathrm{H}}B = (U^{\mathrm{H}}AV)^{\mathrm{H}}(U^{\mathrm{H}}AV) = V^{\mathrm{H}}A^{\mathrm{H}}AV,$$

即 $B^{\mathrm{H}}B$ 与 $A^{\mathrm{H}}A$ 相似，从而它们有相同的特征值，所以 A 与 B 有相同的奇异值.

下面我们给出矩阵奇异值分解定理.

定理 3 设 $A \in \mathbf{C}_r^{m\times n}\ (r>0)$，则存在 m 阶酉矩阵 U 和 n 阶酉矩阵 V，使得

$$U^{\mathrm{H}}AV = \begin{pmatrix} \boldsymbol{\Sigma} & \mathbf{0} \\ \mathbf{0} & \mathbf{0} \end{pmatrix},$$

其中，$\boldsymbol{\Sigma} = \mathrm{diag}(\sigma_1, \sigma_2, \cdots, \sigma_r), \sigma_i > 0\ (i=1,2,\cdots,r)$ 为 A 的所有非零奇异值. 而

$$A = U\begin{pmatrix} \boldsymbol{\Sigma} & \mathbf{0} \\ \mathbf{0} & \mathbf{0} \end{pmatrix}V^{\mathrm{H}}$$

称为 A 的**奇异值分解**.

证 由于 $A^{\mathrm{H}}A$ 为 Hermite 矩阵，则存在 n 阶酉矩阵 V，使得

$$V^{\mathrm{H}}A^{\mathrm{H}}AV=\begin{pmatrix}\lambda_1 & & & \\ & \lambda_2 & & \\ & & \ddots & \\ & & & \lambda_n\end{pmatrix}=\begin{pmatrix}\Sigma^2 & \mathbf{0}\\ \mathbf{0} & \mathbf{0}\end{pmatrix},$$

将V分块为

$$V=(V_1,V_2)\quad (V_1\in \mathbf{C}_r^{n\times r},V_2\in \mathbf{C}_{n-r}^{n\times(n-r)}),$$

得

$$V_1^{\mathrm{H}}A^{\mathrm{H}}AV_1=\Sigma^2,\quad V_2^{\mathrm{H}}A^{\mathrm{H}}AV_2=\mathbf{0}.$$

于是

$$\Sigma^{-1}V_1^{\mathrm{H}}A^{\mathrm{H}}AV_1\Sigma^{-1}=E,\quad (AV_2)^{\mathrm{H}}AV_2=\mathbf{0},$$

从而$AV_2=\mathbf{0}$. 记$U_1=AV_1\Sigma^{-1}$，则$U_1^{\mathrm{H}}U_1=E_r$，即U_1的r个列向量是两两正交的单位向量. 取$U_2\in \mathbf{C}_{m-r}^{m\times(m-r)}$使$U=(U_1,U_2)$为$m$阶酉矩阵, 即$U_2^{\mathrm{H}}U_1=\mathbf{0},U_2^{\mathrm{H}}U_2=E_{m-r}$，则有

$$U^{\mathrm{H}}AV=\begin{pmatrix}U_1^{\mathrm{H}}\\ U_2^{\mathrm{H}}\end{pmatrix}A(V_1,V_2)=\begin{pmatrix}U_1^{\mathrm{H}}AV_1 & U_1^{\mathrm{H}}AV_2\\ U_2^{\mathrm{H}}AV_1 & U_2^{\mathrm{H}}AV_2\end{pmatrix}$$

$$=\begin{pmatrix}U_1^{\mathrm{H}}(U_1\Sigma) & \mathbf{0}\\ U_2^{\mathrm{H}}(U_1\Sigma) & \mathbf{0}\end{pmatrix}=\begin{pmatrix}\Sigma & \mathbf{0}\\ \mathbf{0} & \mathbf{0}\end{pmatrix}.$$

由定理 3 的证明过程，可得A的奇异值分解的一种方法，其步骤如下：

(1)将$A^{\mathrm{H}}A$酉对角化，即求酉矩阵V，使$V^{\mathrm{H}}A^{\mathrm{H}}AV=\begin{pmatrix}\Sigma^2 & \mathbf{0}\\ \mathbf{0} & \mathbf{0}\end{pmatrix}$；

(2)将V分块为$V=(V_1,V_2)(V_1\in \mathbf{C}_r^{n\times r},V_2\in \mathbf{C}_{n-r}^{n\times(n-r)})$，计算$U_1=AV_1\Sigma^{-1}$；

(3)取U_2，使$U=(U_1,U_2)$为m阶酉矩阵, 则$A=U\begin{pmatrix}\Sigma & \mathbf{0}\\ \mathbf{0} & \mathbf{0}\end{pmatrix}V^{\mathrm{H}}$为$A$的奇异值分解.

例 1 求矩阵

$$A=\begin{pmatrix}1 & 0 & 0 & -1\\ 0 & 1 & 0 & 1\\ 0 & 0 & 0 & 0\end{pmatrix}$$

的奇异值分解.

解 经计算可得

$$A^{\mathrm{T}}A=\begin{pmatrix}1&0&0&-1\\0&1&0&1\\0&0&0&0\\-1&1&0&2\end{pmatrix},$$

其特征值为$\lambda_1=1,\lambda_2=3,\lambda_3=\lambda_4=0$，相应的特征向量分别为

$$\boldsymbol{p}_1=\begin{pmatrix}1\\1\\0\\0\end{pmatrix},\quad \boldsymbol{p}_2=\begin{pmatrix}-1\\1\\0\\2\end{pmatrix},\quad \boldsymbol{p}_3=\begin{pmatrix}0\\0\\1\\0\end{pmatrix},\quad \boldsymbol{p}_4=\begin{pmatrix}1\\-1\\0\\1\end{pmatrix},$$

标准化得

$$V=\begin{pmatrix}\frac{1}{\sqrt{2}}&-\frac{1}{\sqrt{6}}&0&\frac{1}{\sqrt{3}}\\\frac{1}{\sqrt{2}}&\frac{1}{\sqrt{6}}&0&-\frac{1}{\sqrt{3}}\\0&0&1&0\\0&\frac{2}{\sqrt{6}}&0&\frac{1}{\sqrt{3}}\end{pmatrix},$$

且

$$V^{\mathrm{T}}A^{\mathrm{T}}AV=\begin{pmatrix}1&0&0&0\\0&3&0&0\\0&0&0&0\\0&0&0&0\end{pmatrix}=\begin{pmatrix}\boldsymbol{\Sigma}^2&\boldsymbol{0}_{2\times2}\\\boldsymbol{0}_{2\times2}&\boldsymbol{0}_{2\times2}\end{pmatrix},$$

其中$\boldsymbol{\Sigma}=\begin{pmatrix}1&0\\0&\sqrt{3}\end{pmatrix}$，取$V_1=(\boldsymbol{v}_1,\boldsymbol{v}_2),U_1=AV_1\boldsymbol{\Sigma}^{-1}=\begin{pmatrix}\frac{1}{\sqrt{2}}&-\frac{1}{\sqrt{2}}\\\frac{1}{\sqrt{2}}&\frac{1}{\sqrt{2}}\\0&0\end{pmatrix}$,取

$$U=(U_1,\boldsymbol{e}_3)\begin{pmatrix}\frac{1}{\sqrt{2}}&-\frac{1}{\sqrt{2}}&0\\\frac{1}{\sqrt{2}}&\frac{1}{\sqrt{2}}&0\\0&0&1\end{pmatrix},$$

则 $\boldsymbol{A}$ 的奇异值分解为

$$\boldsymbol{A}=\boldsymbol{U}\begin{pmatrix}1 & 0 & 0 & 0\\ 0 & \sqrt{3} & 0 & 0\\ 0 & 0 & 0 & 0\end{pmatrix}\boldsymbol{V}^{\mathrm{T}}.$$

习 题 四

1. 求矩阵

$$\boldsymbol{A}=\begin{pmatrix}2 & 1 & -3\\ 2 & 5 & -4\\ 6 & 7 & 3\end{pmatrix}$$

的 Doolittle 分解.

2. 求矩阵

$$\boldsymbol{A}=\begin{pmatrix}6 & 2 & 1 & -1\\ 2 & 4 & 1 & 0\\ 1 & 1 & 4 & -1\\ -1 & 0 & -1 & 3\end{pmatrix}$$

的 Cholesky 分解.

3. 用 Schmidt 正交化方法求矩阵

$$\boldsymbol{A}=\begin{pmatrix}2 & -1 & 3\\ 2 & 0 & 1\\ -2 & 1 & 4\end{pmatrix}$$

的 QR 分解.

4. 设 $\boldsymbol{x}=(8,4,1)^{\mathrm{T}}$，求 Givens 矩阵 $\boldsymbol{T}$，使得 $\boldsymbol{Tx}=|\boldsymbol{x}|\boldsymbol{e}_1$.

5. 设 $\boldsymbol{x}=(4,7,-4)^{\mathrm{T}}$，求 Householder 矩阵 $\boldsymbol{H}$，使得 $\boldsymbol{Hx}=|\boldsymbol{x}|\boldsymbol{e}_1$.

6. 用 Givens 变换求

$$\boldsymbol{A}=\begin{pmatrix}0 & 3 & 4\\ 3 & 5 & 0\\ 4 & 0 & 5\end{pmatrix}$$

的 QR 分解.

7. 分别用 Householder 变换和 Givens 变换使矩阵

$$A=\begin{pmatrix}2 & 0 & 1 & 1\\ 3 & 10 & 0 & 0\\ 0 & 0 & 2 & 5\\ 4 & 5 & 1 & 0\end{pmatrix}$$

为正交相似的上 Hessenberg 矩阵.

8. 求矩阵 $A=\begin{pmatrix}1 & 1 & 1 & 1 & 1\\ 3 & 2 & 1 & 1 & -3\\ 0 & 1 & 2 & 2 & 6\\ 5 & 4 & 3 & 3 & -1\end{pmatrix}$ 的满秩分解.

9. 求下列矩阵的奇异值分解.

(1) $\begin{pmatrix}1 & 0 & 1\\ 1 & 1 & 0\end{pmatrix}$; (2) $\begin{pmatrix}1 & 0\\ 0 & 1\\ 1 & 1\end{pmatrix}$; (3) $\begin{pmatrix}1 & -1\\ 3 & -3\\ -3 & 3\end{pmatrix}$; (4) $\begin{pmatrix}1\\ 1\\ 1\end{pmatrix}$.

第五章　矩阵特征值的估计与对称矩阵的极性

本章将从数值线性代数方面介绍矩阵特征值的基本理论，主要包括特征值的估计、广义特征值问题和实对称矩阵特征值问题的极大值与极小值问题.

第一节　特征值的估计

在实际应用中，有时我们不需要求出特征值的精确值，而只需估计其取值范围，如谱半径是否小于1、特征值是否为实数、若是复数其实部是否小于0等. 这些都属于特征值的估计范围. 本节将从两个方面来对特征值作估计，即界估计和区域估计.

一、特征值的界估计

特征值的界估计包括单个特征值的界估计、所有特征值乘积的界估计、所有特征值模的平方和的界估计等.

我们知道，对于实对称矩阵 $\boldsymbol{A}$，其特征值都是实数，而对于任意非对称实矩阵 $\boldsymbol{A}$，由于 $\boldsymbol{A}$ 的非对称程度可由 $\boldsymbol{A}-\boldsymbol{A}^{\mathrm{T}}$ 来刻画，因此, $\boldsymbol{A}$ 的特征值的虚部的绝对值上界也应该可以由 $\boldsymbol{A}-\boldsymbol{A}^{\mathrm{T}}$ 的元素来表达. 实际情况确实如此，其结论可以由如下定理来描述.

定理 1　设 $\boldsymbol{A}=(a_{ij})\in\mathbf{R}^{n\times n}$，记 $M=\max\limits_{1\leqslant i,j\leqslant n}\dfrac{1}{2}\left|a_{ij}-a_{ji}\right|$，若 $\boldsymbol{A}$ 的特征值为 λ，则有

$$\left|\mathrm{Im}(\lambda)\right|\leqslant M\sqrt{\frac{n(n-1)}{2}}.$$

证　设 $\boldsymbol{x}=(x_1,x_2,\cdots,x_n)^{\mathrm{T}}\in\mathbf{C}^n$, $\|\boldsymbol{x}\|_2^2=1$, $\boldsymbol{A}\boldsymbol{x}=\lambda\boldsymbol{x}$，则有

$$\boldsymbol{x}^{\mathrm{H}}\boldsymbol{A}\boldsymbol{x}=\lambda\boldsymbol{x}^{\mathrm{H}}\boldsymbol{x}=\lambda\Rightarrow(\boldsymbol{x}^{\mathrm{H}}\boldsymbol{A}\boldsymbol{x})^{\mathrm{H}}=(\boldsymbol{x}^{\mathrm{H}}\boldsymbol{A}^{\mathrm{T}}\boldsymbol{x})=(\lambda)^{\mathrm{H}}=\overline{\lambda}.$$

所以

$$2\,\mathrm{Im}(\lambda)=\lambda-\overline{\lambda}=\boldsymbol{x}^{\mathrm{H}}(\boldsymbol{A}-\boldsymbol{A}^{\mathrm{T}})\boldsymbol{x}=\frac{1}{2}\left(\boldsymbol{x}^{\mathrm{H}}(\boldsymbol{A}-\boldsymbol{A}^{\mathrm{T}})\boldsymbol{x}+\boldsymbol{x}^{\mathrm{H}}(\boldsymbol{A}-\boldsymbol{A}^{\mathrm{T}})\boldsymbol{x}\right).$$

由于 $\boldsymbol{x}^{\mathrm{H}}(\boldsymbol{A}-\boldsymbol{A}^{\mathrm{T}})\boldsymbol{x}$ 是一个虚数，故

$$x^{\mathrm{H}}(A-A^{\mathrm{T}})x = x^{\mathrm{T}}(A^{\mathrm{T}}-A)\overline{x}.$$

因此

$$2\,\mathrm{Im}(\lambda)=\frac{1}{2}\left(\sum_{i,j=1}^{n}(a_{ij}-a_{ji})\overline{x}_i x_j+\sum_{i,j=1}^{n}(a_{ji}-a_{ij})x_i\overline{x}_j\right)$$

和

$$2\left|\mathrm{Im}(\lambda)\right|\leqslant\sum_{i,j=1}^{n}\frac{1}{2}\left|a_{ij}-a_{ji}\right|\left|\overline{x}_i x_j-x_i\overline{x}_j\right|\leqslant M\sum_{\substack{i,j=1\\ i\neq j}}^{n}\left|\overline{x}_i x_j-x_i\overline{x}_j\right|.$$

用数学归纳法可以证明：若 $a_i\in\mathbf{R}\ (i=1,2,\cdots,m)$，则

$$(a_1+a_2+\cdots+a_m)^2\leqslant m(a_1^2+a_2^2+\cdots+a_m^2).$$

由此可得

$$4\left(\mathrm{Im}(\lambda)\right)^2\leqslant M^2\left(\sum_{\substack{i,j=1\\ i\neq j}}^{n}\left|\overline{x}_i x_j-x_i\overline{x}_j\right|\right)^2\leqslant n(n-1)M^2\sum_{\substack{i,j=1\\ i\neq j}}^{n}\left|\overline{x}_i x_j-x_i\overline{x}_j\right|^2.$$

由于

$$\begin{aligned}\left|\overline{x}_i x_j-x_i\overline{x}_j\right|^2&=(\overline{x}_i x_j-x_i\overline{x}_j)\overline{(\overline{x}_i x_j-x_i\overline{x}_j)}\\&=(\overline{x}_i x_j-x_i\overline{x}_j)(x_i\overline{x}_j-\overline{x}_i x_j)\\&=\overline{x}_i x_i x_j\overline{x}_j+x_i\overline{x}_i\overline{x}_j x_j-(x_i^2\overline{x}_j^2+\overline{x}_i^2x_j^2)\\&=2\left|x_i\right|^2\left|x_j\right|^2-(x_i^2\overline{x}_j^2+\overline{x}_i^2x_j^2),\end{aligned}$$

注意到，当 $i=j$ 时，

$$\left|\overline{x}_i x_j-x_i\overline{x}_j\right|^2=2\left|x_i\right|^2\left|x_j\right|^2-(x_i^2\overline{x}_j^2+\overline{x}_i^2x_j^2)=0,$$

从而有

$$4\left(\mathrm{Im}(\lambda)\right)^2\leqslant n(n-1)M^2\sum_{\substack{i,j=1\\ i\neq j}}^{n}\left|\overline{x}_i x_j-x_i\overline{x}_j\right|^2\leqslant n(n-1)M^2\sum_{i,j=1}^{n}\left|\overline{x}_i x_j-x_i\overline{x}_j\right|^2.$$

这意味着

$$4\left(\mathrm{Im}(\lambda)\right)^2 \leqslant n(n-1)M^2\left(\sum_{i,j=1}^{n} 2|x_i|^2|x_j|^2 - \sum_{i,j=1}^{n}(x_i^2\overline{x}_j^2 + \overline{x}_i^2 x_j^2)\right).$$

清楚地可知

$$\sum_{i,j=1}^{n} 2|x_i|^2|x_j|^2 = 2\left(\sum_{i=1}^{n}|x_i|^2\right)\left(\sum_{j=1}^{n}|x_j|^2\right) = 2$$

和

$$\sum_{i,j=1}^{n}(x_i^2\overline{x}_j^2 + \overline{x}_i^2 x_j^2) = \sum_{i,j=1}^{n} x_i^2\overline{x}_j^2 + \sum_{i,j=1}^{n}\overline{x}_i^2 x_j^2 = 2\left|\sum_{i=1}^{n} x_i^2\right|.$$

因而

$$4(\mathrm{Im}(\lambda))^2 \leqslant n(n-1)M^2\left(2 - 2\left|\sum_{i=1}^{n} x_i^2\right|^2\right) \leqslant 2n(n-1)M^2.$$

所以

$$|\mathrm{Im}(\lambda)| \leqslant M\sqrt{\frac{n(n-1)}{2}}\,.$$

定理 1 给出了实矩阵的特征值的虚部的上界. 利用定理 1 的结论，容易证明：实对称矩阵的特征值都是实数. 因为此时特征值的虚部的上界为 0 . 对于实部的上界和特征值的上界，也有类似的结论，其结论对于复矩阵也成立，可用定理 2 叙述如下.

定理 2　设 $\boldsymbol{A} \in \mathbf{C}^{n\times n}$, λ 是 $\boldsymbol{A}$ 的任意一个特征值，则

$$|\lambda| \leqslant \|\boldsymbol{A}\|_\infty, \quad |\mathrm{Re}(\lambda)| \leqslant \frac{1}{2}\|\boldsymbol{A}+\boldsymbol{A}^{\mathrm{H}}\|_\infty, \quad |\mathrm{Im}(\lambda)| \leqslant \frac{1}{2}\|\boldsymbol{A}-\boldsymbol{A}^{\mathrm{H}}\|_\infty.$$

证明略.

显然，

$$M\sqrt{\frac{n(n-1)}{2}} < nM = n\max_{1\leqslant i,j\leqslant n}\frac{1}{2}|a_{ij}-a_{ji}| = \frac{1}{2}\|\boldsymbol{A}-\boldsymbol{A}^{\mathrm{T}}\|_\infty.$$

由此可得

$$|\mathrm{Im}(\lambda)| \leqslant M\sqrt{\frac{n(n-1)}{2}} \leqslant \frac{1}{2}\|\boldsymbol{A}-\boldsymbol{A}^{\mathrm{T}}\|_\infty.$$

所以，对于特征值的虚部的绝对值的界估计，定理 1 的结果优于定理 2 的结果.

由于全体特征值的乘积为矩阵的行列式，所以，对于特征值的乘积的模的估计就是对矩阵的行列式的模的上界的估计. 为此，先引进如下定义.

定义 1 设 $\boldsymbol{A}=(a_{ij})\in \mathbf{C}^{n\times n}$，记

$$R_i=R_i(\boldsymbol{A})=\sum_{\substack{j=1\\ j\neq i}}^{n}|a_{ij}| \quad (i=1,2,\cdots,n).$$

如果$|a_{ii}|>R_i(\boldsymbol{A})\ (i=1,2,\cdots,n)$，则称 $\boldsymbol{A}$ **按行严格对角占优**；如果$|a_{ii}|\geqslant R_i(\boldsymbol{A})(i=1,2,\cdots,n)$且存在 i_0 使得不等式严格成立，则称 $\boldsymbol{A}$ **按行弱对角占优**.

定义 2 设 $\boldsymbol{A}\in \mathbf{C}^{n\times n}$，若 $\boldsymbol{A}^{\mathrm{T}}$ 按行严格对角占优，则称 $\boldsymbol{A}$ **按列严格对角占优**；若 $\boldsymbol{A}^{\mathrm{T}}$ 按行弱对角占优，则称 $\boldsymbol{A}$ **按列弱对角占优**.

事实上，可以证明：若 $\boldsymbol{A}\in \mathbf{C}^{n\times n}$ 按行(列)严格对角占优，则 $\boldsymbol{A}$ 为非奇异阵.

对于矩阵的行列式的模的界估计，我们有如下两个定理.

定理 3 设 $\boldsymbol{A}\in \mathbf{C}^{n\times n}$，

$$M_i=|a_{ii}|+\sum_{j=i+1}^{n}|a_{ij}|,\quad m_i=|a_{ii}|-\sum_{j=i+1}^{n}|a_{ij}| \quad (i=1,2,\cdots,n).$$

若 $\boldsymbol{A}$ 为严格对角占优阵，则

$$0<\prod_{i=1}^{n}m_i\leqslant\prod_{i=1}^{n}|\lambda_i(\boldsymbol{A})|\leqslant\prod_{i=1}^{n}M_i,$$

其中 $\lambda_i(\boldsymbol{A})\ (i=1,2,\cdots,n)$ 为 $\boldsymbol{A}$ 的 n 个特征值.

证明略.

定理 4 设 $\boldsymbol{A}=(\boldsymbol{a}_1,\boldsymbol{a}_2,\cdots,\boldsymbol{a}_n)\in \mathbf{C}^{n\times n}$，则

$$\prod_{i=1}^{n}|\lambda_i(\boldsymbol{A})|=|\det(\boldsymbol{A})|\leqslant\left(\prod_{j=1}^{n}\left(\sum_{i=1}^{n}|a_{ij}|^2\right)\right)^{1/2},$$

等号成立的充要条件是存在 i_0 使得 $\boldsymbol{a}_{i_0}=\boldsymbol{0}$ 或 $\boldsymbol{A}$ 的列向量组两两正交，即 $(\boldsymbol{a}_i,\boldsymbol{a}_j)=0(i\neq j)$.

证明思路 若 $\boldsymbol{A}$ 是奇异矩阵，则估计式自然成立，不妨设 $\boldsymbol{A}$ 为非奇异矩阵，对 $\boldsymbol{A}$ 的列向量组作Schmidt 正交化，容易证明此定理，详细证明过程从略.

定理 5 设 $\boldsymbol{A}\in \mathbf{C}^{n\times n}$ 的特征值为 $\lambda_1,\lambda_2,\cdots,\lambda_n$，则

$$\sum_{i=1}^{n}|\lambda_i|^2\leqslant\sum_{i,j=1}^{n}|a_{ij}|^2=\|\boldsymbol{A}\|_F^2,$$

等号成立的充要条件是 $\boldsymbol{A}^{\mathrm{H}}\boldsymbol{A}=\boldsymbol{A}\boldsymbol{A}^{\mathrm{H}}$.

证　由矩阵的特征值分解式知，存在酉矩阵 $\boldsymbol{U}\in\mathbf{C}^{n\times n}$ 上三角阵 $\boldsymbol{T}\in\mathbf{C}^{n\times n}$，使得

$$\boldsymbol{U}^{\mathrm{H}}\boldsymbol{A}\boldsymbol{U}=\boldsymbol{T}\Rightarrow\boldsymbol{A}=\boldsymbol{U}\boldsymbol{T}\boldsymbol{U}^{\mathrm{H}}.$$

显然，上三角阵 $\boldsymbol{T}=(t_{ij})$ 的对角线上的元素 $t_{ii}(i=1,2,\cdots,n)$ 即为 $\boldsymbol{A}$ 的特征值. 因此

$$\sum_{i=1}^{n}|\lambda_i|^2=\sum_{i=1}^{n}|t_{ii}|^2\leqslant\sum_{i,j=1}^{n}|t_{ij}|^2=\|\boldsymbol{T}\|_F^2.$$

由于 $\boldsymbol{U},\boldsymbol{U}^{\mathrm{H}}$ 都是酉矩阵，因而

$$\|\boldsymbol{T}\|_F^2=\|(\boldsymbol{U}^{\mathrm{H}}\boldsymbol{A})\boldsymbol{U}\|_F^2=\|\boldsymbol{U}^{H}\boldsymbol{A}\|_F^2=\|\boldsymbol{A}\|_F^2.$$

故

$$\sum_{i=1}^{n}|\lambda_i|^2\leqslant\|\boldsymbol{A}\|_F^2.$$

另一方面，由于

$$\boldsymbol{A}^{\mathrm{H}}\boldsymbol{A}=(\boldsymbol{U}\boldsymbol{T}\boldsymbol{U}^{\mathrm{H}})^{\mathrm{H}}(\boldsymbol{U}\boldsymbol{T}\boldsymbol{U}^{\mathrm{H}})=\boldsymbol{U}\boldsymbol{T}^{\mathrm{H}}\boldsymbol{U}^{\mathrm{H}}\boldsymbol{U}\boldsymbol{T}\boldsymbol{U}^{\mathrm{H}}=\boldsymbol{U}\boldsymbol{T}^{\mathrm{H}}\boldsymbol{T}\boldsymbol{U}^{\mathrm{H}}$$

和

$$\boldsymbol{A}\boldsymbol{A}^{\mathrm{H}}=(\boldsymbol{U}\boldsymbol{T}\boldsymbol{U}^{\mathrm{H}})(\boldsymbol{U}\boldsymbol{T}\boldsymbol{U}^{\mathrm{H}})^{\mathrm{H}}=\boldsymbol{U}\boldsymbol{T}\boldsymbol{U}^{\mathrm{H}}\boldsymbol{U}\boldsymbol{T}^{\mathrm{H}}\boldsymbol{U}^{\mathrm{H}}=\boldsymbol{U}\boldsymbol{T}\boldsymbol{T}^{\mathrm{H}}\boldsymbol{U}^{\mathrm{H}},$$

所以

$$\boldsymbol{A}^{\mathrm{H}}\boldsymbol{A}=\boldsymbol{A}\boldsymbol{A}^{\mathrm{H}}\Leftrightarrow\boldsymbol{U}\boldsymbol{T}^{\mathrm{H}}\boldsymbol{T}\boldsymbol{U}^{\mathrm{H}}=\boldsymbol{U}\boldsymbol{T}\boldsymbol{T}^{\mathrm{H}}\boldsymbol{U}^{\mathrm{H}}\Leftrightarrow\boldsymbol{T}^{\mathrm{H}}\boldsymbol{T}=\boldsymbol{T}\boldsymbol{T}^{\mathrm{H}}.$$

若 $\sum_{i=1}^{n}|\lambda_i|^2=\sum_{i,j=1}^{n}|a_{ij}|^2=\|\boldsymbol{A}\|_F^2$，则由 $\|\boldsymbol{A}\|_F=\|\boldsymbol{T}\|_F$ 可得

$$\|\boldsymbol{A}\|_F^2=\sum_{i=1}^{n}|\lambda_i|^2=\sum_{i=1}^{n}|t_{ii}|^2\leqslant\sum_{i,j=1}^{n}|t_{ij}|^2=\|\boldsymbol{T}\|_F^2=\|\boldsymbol{A}\|_F^2,$$

所以

$$\sum_{i=1}^{n}|t_{ii}|^2=\sum_{i,j=1}^{n}|t_{ij}|^2\Rightarrow t_{ij}=0\quad(i,j=1,2,\cdots,n,i\neq j).$$

故 $\boldsymbol{T}$ 是对角阵. 因此有

$$\boldsymbol{T}^{\mathrm{H}}\boldsymbol{T}=\boldsymbol{T}\boldsymbol{T}^{\mathrm{H}}\Rightarrow\boldsymbol{A}^{\mathrm{H}}\boldsymbol{A}=\boldsymbol{A}\boldsymbol{A}^{\mathrm{H}},$$

即

$$\sum_{i=1}^{n}|\lambda_i|^2=\sum_{i,j=1}^{n}|a_{ij}|^2=\|A\|_F^2\Rightarrow A^{\mathrm{H}}A=AA^{\mathrm{H}}.$$

反之，若 $A^{\mathrm{H}}A=AA^{\mathrm{H}}$，则 $T^{\mathrm{H}}T=TT^{\mathrm{H}}$，由于 T 是上三角矩阵，由矩阵的乘法可知，由 $T^{\mathrm{H}}T$ 与 TT^{H} 的第一行第一列元素相等：

$$|t_{11}|^2=|t_{11}|^2+|t_{12}|^2+\cdots+|t_{1n}|^2\Rightarrow t_{12}=t_{13}=\cdots=t_{1n}=0,$$

用同样的方法处理第二行、第三行……第 n 行，可得 T 是一个对角阵，所以

$$\sum_{i=1}^{n}|\lambda_i|^2=\sum_{i=1}^{n}|t_{ii}|^2=\sum_{i,j=1}^{n}|t_{ij}|^2=\|T\|_F^2=\|A\|_F^2,$$

即

$$A^{\mathrm{H}}A=AA^{\mathrm{H}}\Rightarrow\sum_{i=1}^{n}|\lambda_i|^2=\|A\|_F^2,$$

定理 5 即证.

二、矩阵的区域估计

以下将用 Gerschgorin（盖尔）定理来估计矩阵的特征值所属区域.

定义 3 设 $A=(a_{ij})\in\mathbf{C}^{n\times n}$，称由不等式

$$|z-a_{ii}|\leqslant R_i$$

在复平面上确定的区域为矩阵 A 的**第 i 个盖尔圆**，并用 G_i 表示. 其中

$$R_i=|a_{i1}|+\cdots+|a_{i,\,i-1}|+|a_{i,\,i+1}|+\cdots+|a_{in}|\quad(i=1,2,\cdots,n)$$

称为**盖尔圆 G_i 的半径.**

本节用如下两个定理来对特征值作区域估计.

定理 6（盖尔 1） 矩阵 A 的所有特征值都在它的 n 个盖尔圆的并集内.

证 设 λ 是 $A=(a_{ij})\in\mathbf{C}^{n\times n}$ 的一个特征值，$x=(x_1,x_2,\cdots,x_n)^{\mathrm{T}}$ 是属于 λ 的一个特征向量，可知

$$|x_k|=\max_{1\leqslant i\leqslant n}|x_i|>0,$$

因为 $Ax=\lambda x$，其第 k 个等式为

$$a_{k1}x_1+\cdots+a_{k,k-1}x_{k-1}+a_{kk}x_k+a_{k,k+1}x_{k+1}+\cdots+a_{kn}x_n=\lambda x_k,$$

即

$$(\lambda-a_{kk})x_k=a_{k1}x_1+\cdots+a_{k,k-1}x_{k-1}+a_{k,k+1}x_{k+1}+\cdots+a_{kn}x_n.$$

将此等式两边除以 x_k，两边取绝对值并适当放大可得

$$|\lambda-a_{kk}|\leqslant|a_{k1}|+\cdots+|a_{k,k-1}|+|a_{k,k+1}|+\cdots+|a_{kn}|=R_k,$$

所以

$$\lambda\in R_k\subset\bigcup_{i=1}^{n}G_i,$$

定理 6 即证.

定理 6 只表明所有特征值都在盖尔圆的并集内，并没有说明一个盖尔圆内有多少个特征值. 我们将看到：并不是所有的盖尔圆都是相分离的，两个盖尔圆相交的充要条件是它们的圆心距离小于半径之和. $\bigcup_{i=1}^{n}G_i$ 可以看成由若干个互相分离的连通集的并集，这样的连通集称为连通部分. 如下定理将进一步说明矩阵特征的分布.

定理 7 (盖尔定理 2)　设矩阵 $\boldsymbol{A}\in\mathbf{C}^{n\times n}$ 的 n 个盖尔圆的并集为 $\bigcup_{i=1}^{n}G_i$，任取其中的一个连通部分，若该连通部分是由 k 个盖尔圆构成的，则必含有 $\boldsymbol{A}$ 的 k 个特征值.

证明思路　矩阵的特征值都是其元素的连续函数. 设 $\boldsymbol{A}=(a_{ij})\in\mathbf{C}^{n\times n}$，构造如下矩阵：

$$\boldsymbol{A}(s)=\begin{pmatrix}0 & sa_{12} & \cdots & sa_{1n}\\ sa_{21} & 0 & \cdots & sa_{2n}\\ \vdots & \vdots & & \vdots\\ sa_{n1} & sa_{n2} & \cdots & 0\end{pmatrix}+\begin{pmatrix}a_{11} & & & \\ & a_{22} & & \\ & & \ddots & \\ & & & a_{nn}\end{pmatrix},$$

则 $\boldsymbol{A}(s)$ 的特征值是 s 的连续函数，而且 $\boldsymbol{A}(1)=\boldsymbol{A}$. $\boldsymbol{A}(s)$ 的特征值 $\lambda_i(s)\ (0\leqslant s\leqslant 1)$ 将在复平面上画出一条曲线，起点为 a_{ii}，终点为 $\boldsymbol{A}$ 的一个特征值 λ_i. 如果定理不成立，则其中必有一个连通部分 R，它由 k 个盖尔圆构成，而特征值的个数 $\leqslant k-1$，从而 $\lambda_m(s)$ 的起点在 R 内，而其终点在另一个连通部分内，故曲线 $\lambda_m(s)\ (0\leqslant s\leqslant 1)$ 必有一点 $\lambda_m(s_0)$ 在 $\boldsymbol{A}$ 的所有盖尔圆之外，而 $\lambda_m(s_0)$ 是 $\boldsymbol{A}(s_0)$ 的一个特征值，由定理 6 知，它必属于 $\boldsymbol{A}(s_0)$ 的某个盖尔圆：

$$\lambda_m(s_0)\in G_j(s_0)\subset G_j,$$

这表明 $\lambda_m(s_0)$ 不属于 $\boldsymbol{A}$ 的任何盖尔圆，同时又属于 $\boldsymbol{A}$ 的某个盖尔圆，矛盾. 故定理 7 成立. 详细证明过程从略.

例 1 用盖尔圆定理讨论矩阵

$$A=\begin{pmatrix} 3 & 2 \\ -2.5 & -1 \end{pmatrix}$$

的特征值的分布.

解 矩阵 A 的两个盖尔圆为

$$G_1:\ |z-3|\leqslant 2,\quad G_2:\ |z+1|\leqslant 2.5 .$$

由于圆心距为 $|3-(-1)|=4$，半径和为 $2+2.5=4.5>4$，所以，$G_1\cap G_2\neq\varnothing, G_1\cup G_2$ 构成一个连通部分. 因此，$G_1\cup G_2$ 内含有 A 的两个特征值.

经简单计算可得 A 的两个特征值为 $\lambda_{1,2}=1\pm \mathrm{i}\in G_2, \lambda_{1,2}\notin G_1$.

定理 7 表明：由 k 个盖尔圆构成的连通部分含有 A 的 k 个特征值，并没有说明每个盖尔圆都含有一个特征值. 例 1 说明：并不是每个盖尔圆都含有一个特征值.

我们知道：每个特征值都是单根的矩阵有很好的性质，如它有完备的特征向量系、特征值和特征向量都易计算等. 定理 7 表明：如果某矩阵 A 的盖尔圆都是互相分离的，则每个盖尔圆内都只含有一个特征值，此时在不计算矩阵的特征值的前提下，可知其特征值都是单根. 现在考虑，如何用盖尔圆定理来对某些矩阵作特征值的隔离. 我们通过一些例子来加以说明.

例 2 用盖尔圆定理讨论矩阵

$$A=\begin{pmatrix} 1 & 0.1 & 0.2 & 0.3 \\ 0.5 & 3 & 0.1 & 0.2 \\ 1 & 0.3 & -1 & 0.5 \\ 0.2 & -0.3 & -0.1 & -4 \end{pmatrix}$$

的特征值的分布.

解 矩阵 A 的四个盖尔圆分别为

$$G_1:\ |z-1|\leqslant 0.1+0.2+0.3=0.6,$$

$$G_2:\ |z-3|\leqslant 0.5+0.1+0.2=0.8,$$

$$G_3:\ |z+1|\leqslant 1+0.3+0.5=1.8,$$

$$G_4:\ |z+4|\leqslant 0.2+0.3+0.1=0.6,$$

显然，$G_1\cup G_3, G_2, G_4$ 是三个连通部分，分别含有 A 的两个、一个、一个特征值. 对于任意给定的 $\boldsymbol{P}\in\mathbf{C}^{4\times 4}(|\boldsymbol{P}|\neq 0), \boldsymbol{B}=\boldsymbol{PAP}^{-1}$ 与 A 有相同的特征值. 因此，只要可以将 $\boldsymbol{B}$ 的盖尔圆分开，则可将 A 的特征值隔离开来，而其中的矩阵 $\boldsymbol{P}$ 越简单越好. 一

个常用的 $\boldsymbol{P}$ 是对角阵，比如对于 n 阶方阵，

$$\boldsymbol{P}=\boldsymbol{D}=\operatorname{diag}(d_{11},d_{22},\cdots,d_{nn}),$$

更简单的是取 $\boldsymbol{D}=\operatorname{diag}(1,\cdots,1,\lambda,1,\cdots,1)$，即对角线上的元素只有一个元素是 $\lambda\neq 0$，其他都是1，例如，对于这里的矩阵 $\boldsymbol{A}$，可选择的矩阵 $\boldsymbol{D}$ 为以下四种形式：

$$\boldsymbol{D}_1=\operatorname{diag}(\lambda,1,1,1),\quad \boldsymbol{D}_2=\operatorname{diag}(1,\lambda,1,1),$$
$$\boldsymbol{D}_3=\operatorname{diag}(1,1,\lambda,1),\quad \boldsymbol{D}_4=\operatorname{diag}(1,1,1,\lambda).$$

至于具体选择哪一个，可以算出来. 我们先来看一看其特点. 按照以上方法来选取矩阵 $\boldsymbol{D},\boldsymbol{DAD}^{-1}$ 与 $\boldsymbol{A}$ 对角线上的元素相同，即盖尔圆的位置相同，因此，就此例而言，只要 G_1 与 G_2，G_1 与 G_3，G_3 与 G_4 相分离，则四个盖尔圆就全部分离. 若选 $\boldsymbol{D}_1$，则

$$\boldsymbol{B}=\boldsymbol{D}_1\boldsymbol{A}\boldsymbol{D}_1^{-1}=\begin{pmatrix}1 & 0.1\lambda & 0.2\lambda & 0.3\lambda\\ 0.5/\lambda & 3 & 0.1 & 0.2\\ 1/\lambda & 0.3 & -1 & 0.5\\ 0.2/\lambda & -0.3 & -0.1 & -4\end{pmatrix},$$

要让四个盖尔圆互相分离，只需

$$\begin{cases}0.1\lambda+0.2\lambda+0.3\lambda+0.5/\lambda+0.1+0.2<2,\\ 0.1\lambda+0.2\lambda+0.3\lambda+1/\lambda+0.3+0.5<2,\\ 1/\lambda+0.3+0.5+0.2/\lambda+0.3+0.1<3,\end{cases}$$

这里 $\lambda>0$ 为实数，其值可以从这个不等式组求解出. 此不等式组等价于

$$\begin{cases}0.6\lambda+1/\lambda<1.2,\\ 1.2/\lambda<1.8.\end{cases}$$

该不等式组显然无解，因为，对于 $f(\lambda)=0.6\lambda+1/\lambda$ 其最小值为 $f(1/\sqrt{0.6})>1.2$，第一个不等式在 $\lambda>0$ 内无解，选择 $\boldsymbol{D}_1$ 无法分离 $\boldsymbol{B}$ 的特征值.

若取 $\boldsymbol{D}=\boldsymbol{D}_2$，则可类似地求得 λ 所满足的不等式组为

$$\begin{cases}0.1/\lambda+0.2+0.3+0.5\lambda+0.1\lambda+0.2\lambda<2,\\ 0.1/\lambda+0.2+0.3+1+0.3/\lambda+0.5<2,\\ 1+0.3/\lambda+0.5+0.2+0.3/\lambda+0.1<3,\end{cases}$$

这等价于

$$\begin{cases}0.8\lambda+0.1/\lambda<1.5,\\ 0.4/\lambda<0,\\ 0.6/\lambda<1.2,\end{cases}$$

该不等式组在 $\lambda>0$ 内显然无解.

若取 $\boldsymbol{D}=\boldsymbol{D}_3$，则可得 λ 所满足的不等式组为

$$\begin{cases}0.1+0.2/\lambda+0.3+0.5+0.1/\lambda+0.2<2,\\0.1+0.2/\lambda+0.3+\lambda+0.3\lambda+0.5\lambda<2,\\0.2+0.3+0.1/\lambda+\lambda+0.3\lambda+0.5\lambda<3,\end{cases}$$

也就是

$$\begin{cases}0.3/\lambda<0.9,\\1.8\lambda+0.2/\lambda<1.6,\\1.8\lambda+0.1/\lambda<2.5\end{cases}\Rightarrow\begin{cases}1/3<\lambda,\\1.8\lambda+0.2/\lambda<1.6.\end{cases}$$

容易求得该不等式组的解为 $\frac{1}{3}<\lambda<\frac{1}{9}\left(4+\sqrt{7}\right)$，任取其中的一个值 λ，$\boldsymbol{D}_3$ 都可使 $\boldsymbol{B}$ 的盖尔圆分离，从而达到分离其特征值的目的. 如取 $\lambda=\frac{1}{2}$，可得

$$\boldsymbol{B}=\boldsymbol{D}_3\begin{pmatrix}1&0.1&0.2&0.3\\0.5&3&0.1&0.2\\1&0.3&-1&0.5\\0.2&-0.3&-0.1&-4\end{pmatrix}\boldsymbol{D}_3^{-1}=\begin{pmatrix}1&0.1&0.4&0.3\\0.5&3&0.2&0.2\\0.5&0.15&-1&0.25\\0.2&-0.3&-0.2&-4\end{pmatrix}.$$

此时，$\boldsymbol{B}$ 的四个盖尔圆分别为

$$G_1':|z-1|\leqslant0.8,\quad G_2':|z-3|\leqslant0.9,\quad G_3':|z+1|\leqslant0.9,\quad G_4':|z+4|\leqslant0.7.$$

显然，这四个盖尔圆已经分离. 由定理 7 知，矩阵 $\boldsymbol{A}$ 在 G_1',G_2',G_3',G_4' 内分别有一个特征值.

对于取 $\boldsymbol{D}=\boldsymbol{D}_4$ 可作类似的分析，此处从略.

其实，一开始我们就可以将注意力放在 $\boldsymbol{D}=\boldsymbol{D}_3$ 这种情形，因为 $\boldsymbol{A}$ 的盖尔圆不分离的原因是其第三行非对角线上的元素绝对值之和(即第三个盖尔圆的半径)太大，而第三列非对角线上的元素的绝对值又相对较小，此时可取 $\lambda<1$，则可比较明显减小第三个盖尔圆的半径而其他的盖尔圆的半径的增加又不明显，从而可能达到使盖尔圆分离的目的. 如取 $\lambda=0.9$，则 $\boldsymbol{B}$ 的第三个盖尔圆半径为 $R_3'=1.8\times0.9=1.62$，与 $\boldsymbol{A}$ 相比，第三个盖尔圆半径减小了 0.18，而第一、二、四个盖尔圆的半径分别增加了 $0.0222\cdots,0.0111\cdots,0.0111\cdots$，减小的速度和增加的速度之差比较明显. 具体取什么值可由如上列出的不等式组解出.

以上我们介绍了取 $\boldsymbol{B}=\boldsymbol{PAP}^{-1},\boldsymbol{P}=\boldsymbol{D}=\mathrm{diag}(1,\cdots,1,\lambda,1,\cdots,1)$ 时，再对 $\boldsymbol{B}$ 使用盖

尔圆定理进行特征值分离，这里我们再次强调，$\boldsymbol{P}$ 取任意可逆矩阵都可以，实际应用时，只要达到目的，越简单越好. 选择这里的 $\boldsymbol{P}=\boldsymbol{D}=\operatorname{diag}(1,\cdots,1,\lambda,1,\cdots,1)$ 是因为简单而且有时可以达到目的. 另一种比较简单也能达到目的的矩阵 $\boldsymbol{P}$ 是如下形式的矩阵：

$$\boldsymbol{P}=\begin{pmatrix}1 & & & \\ & \ddots & & \\ & c & & \\ & & & 1\end{pmatrix},$$

使 $\boldsymbol{B}=\boldsymbol{PAP}^{-1}$ 的某个盖尔圆半径明显减小，例如，对于本例的矩阵 $\boldsymbol{A}$, 因为其第三个盖尔圆的半径太大，如能使 $\boldsymbol{B}$ 中的 $b_{31}\approx 0$, 则可比较明显地减小 $\boldsymbol{B}$ 的第三个盖尔圆的半径，从而有可能使得 $\boldsymbol{B}$ 的盖尔圆互相分离，进而达到我们的目的. 也就是，我们可以选择 $\boldsymbol{P}$ 如下：

$$\boldsymbol{P}=\begin{pmatrix}1 & & & \\ & 1 & & \\ c & & 1 & \\ & & & 1\end{pmatrix},\quad \boldsymbol{P}^{-1}=\begin{pmatrix}1 & & & \\ & 1 & & \\ -c & & 1 & \\ & & & 1\end{pmatrix},$$

此时

$$\boldsymbol{B}=\boldsymbol{PAP}^{-1}=\begin{pmatrix}1-0.2c & 0.1 & 0.2 & 0.3\\ 0.5-0.2c & 3 & 0.1 & 0.2\\ 1+2c-0.2c^2 & 0.3+0.1c & -1+0.2c & 0.5+0.3c\\ 0.2+0.1c & -0.3 & -0.1 & -4\end{pmatrix}.$$

显然，c 的绝对值越小越好，$1+2c-0.2c^2$ 的绝对值越小越好；还应该考虑是否容易计算，因此可取

$$1+2c-0.2c^2\approx 0\Rightarrow c=-0.45.$$

由此得

$$\boldsymbol{B}=\boldsymbol{PAP}^{-1}=\begin{pmatrix}1.09 & 0.1 & 0.2 & 0.3\\ 0.59 & 3 & 0.1 & 0.2\\ 0.0595 & 0.255 & -1.09 & 0.365\\ 0.155 & -0.3 & -0.1 & -4\end{pmatrix}.$$

此时 $\boldsymbol{B}$ 的四个盖尔圆分别为

$$G_1': \ |z-1.09|\leqslant 0.6, \quad G_2': \ |z-3|\leqslant 0.89,$$

$$G_3': \ |z+1.09|\leqslant 0.6795, \quad G_4': \ |z+4|\leqslant 0.555,$$

显然，已经分离开来，而且分离的效果还不错.

我们还可以从这里得到更进一步的结果：设 $\boldsymbol{A}\in\mathbf{R}^{n\times n}$, 则

$$\varphi_{A}(\lambda)=\det(\lambda\boldsymbol{E}-\boldsymbol{A})=\begin{vmatrix}\lambda-a_{11} & -a_{12} & \cdots & -a_{1n}\\ -a_{21} & \lambda-a_{22} & \cdots & -a_{2n}\\ \vdots & \vdots & & \vdots\\ -a_{n1} & -a_{n2} & \cdots & \lambda-a_{nn}\end{vmatrix}$$

$$=\lambda^{n}+b_1\lambda^{n-1}+\cdots+b_{n-1}\lambda+b_n$$

是实系数多项式，而实系数多项式的零点是成对出现的：若 $\lambda\in\mathbf{C}$ 是其零点，则 $\bar{\lambda}$ 也是其零点. 因此，实矩阵的特征值都是成对出现的. 设 $\boldsymbol{A}$ 的一个特征值为 $\lambda=d_1+\mathrm{i}d_2\in G_k$，则 $\bar{\lambda}=d_1-\mathrm{i}d_2$ 也是其特征值，由于 $\boldsymbol{A}$ 的盖尔圆的圆心都在实数轴上. 因此，这对特征值都属于同一个盖尔圆：

$$|\bar{\lambda}-a_{kk}|=|\lambda-a_{kk}|=\sqrt{(d_1-a_{kk})^2+d_2^2}<R_k\Rightarrow\bar{\lambda}\in G_k.$$

由此可得：对于实矩阵 $\boldsymbol{A}$，由单个盖尔圆组成的连通部分，含有 $\boldsymbol{A}$ 的一个特征值，该特征值一定是实值而且是单根. 例如，本例的矩阵是一个实矩阵，估计之前，就已经知道：G_2 与 G_4 内各有一个实特征单根，因而分别在区间 $[2.2, 3.8]$ 与区间 $[-4.6, -3.4]$ 内.

进一步地，经过以上估计以后可知：矩阵 $\boldsymbol{A}$ 有四个实单根特征值，分别在区间

$$|\lambda_1+4|\leqslant 0.7, \quad |\lambda_2+1|\leqslant 0.9, \quad |\lambda_3-1|\leqslant 0.8, \quad |\lambda_4-3|\leqslant 0.9,$$

或在

$$|\lambda_1+4|\leqslant 0.555, \quad |\lambda_2+1.09|\leqslant 0.6795, \quad |\lambda_3-1.09|\leqslant 0.6, \quad |\lambda_4-3|\leqslant 0.89.$$

实际上，经计算可得，$\boldsymbol{A}$ 的四个特征值由小到大依次为分别为

$$\lambda_1=-3.9893, \quad \lambda_2=-1.1118, \quad \lambda_3=1.0757, \quad \lambda_4=3.0253.$$

例 3 用盖尔圆来讨论矩阵

$$\boldsymbol{A}=\begin{pmatrix}20 & 3 & 1\\ 2 & 10 & 2\\ 8 & 1 & 0\end{pmatrix}$$

的特征值的分布.

解　矩阵 $\boldsymbol{A}$ 的三个盖尔圆为

$$G_1:\ |z-20|\leqslant 4,\quad G_2:\ |z-10|\leqslant 4,\quad G_3:\ |z-0|\leqslant 9.$$

显然,

$$G_1\cap(G_2\cup G_3)=\varnothing,\quad G_2\cap G_3\neq\varnothing.$$

设 $\boldsymbol{D}=\mathrm{diag}(\lambda,1,1)$, 则

$$\boldsymbol{B}=\boldsymbol{DAD}^{-1}=\begin{pmatrix}20 & 3\lambda & \lambda\\ 2/\lambda & 10 & 2\\ 8/\lambda & 1 & 0\end{pmatrix}.$$

$\boldsymbol{B}$ 的三个盖尔圆为

$$G_1':|z-20|\leqslant 4\lambda,\quad G_2':|z-10|\leqslant\frac{2}{\lambda}+2,\quad G_3':|z-0|\leqslant\frac{8}{\lambda}+1,$$

要使 $\boldsymbol{B}$ 的三个盖尔圆互相分离，需使

$$\begin{cases}4\lambda+2/\lambda+2<10,\\ 4\lambda+8/\lambda+1<20,\\ 2/\lambda+2+8/\lambda+1<10\end{cases}\Leftrightarrow\begin{cases}4\lambda+2/\lambda<8,\\ 4\lambda+8/\lambda<19,\\ 10/\lambda<7.\end{cases}$$

易得

$$10/7<\lambda<1+1/\sqrt{2}.$$

显然，$10/7<1.5<1+1/\sqrt{2}$，可取 $\lambda=1.5$ 得

$$\boldsymbol{B}=\boldsymbol{DAD}^{-1}=\begin{pmatrix}20 & 4.5 & 1.5\\ 4/3 & 10 & 2\\ 16/3 & 1 & 0\end{pmatrix}.$$

此时，其盖尔圆为

$$G_1':|z-20|\leqslant 6,\quad G_2':|z-10|\leqslant 2+4/3,\quad G_3':|z-0|\leqslant 16/3+1.$$

显然，三个盖尔圆已经分离开来，但分离得很不明显.

现在，我们来看另一种方法. 显然，$\boldsymbol{A}=(a_{ij})_{3\times3}$ 中 $a_{31}=8$，其绝对值太大，使得 G_3 的半径太大，从而盖尔圆相交. 若能将第三行第一列的元素绝对值大幅度减小，则对 $\boldsymbol{A}$ 的特征值的分离必定很有好处. 设

$$P=\begin{pmatrix}1&&\\&1&\\c&&1\end{pmatrix},\quad P^{-1}=\begin{pmatrix}1&&\\&1&\\-c&&1\end{pmatrix}$$

和

$$B=PAP^{-1}=\begin{pmatrix}20-c&3&1\\2-2c&10&2\\8+20c-c^2&1+3c&c\end{pmatrix}.$$

取$8+20c-c^2\approx 0\Rightarrow c=-0.4$，易得

$$B=PAP^{-1}=\begin{pmatrix}20.4&3&1\\2.8&10&2\\-0.16&-0.2&-0.4\end{pmatrix}.$$

此时，容易算得$\boldsymbol{B}$的三个盖尔圆分别为

$$G_1':|z-20.4|\leqslant 4,\quad G_2':|z-10|\leqslant 4.8,\quad G_3':|z+0.4|\leqslant 0.32.$$

显然，这三个盖尔圆已经分离开来，且分离效果更明显. 结合$\boldsymbol{A}$为实矩阵这一点，可得$\boldsymbol{A}$有三个实特征值，分别在区间[16.4, 24.4], [5.2, 14.8], [−0.72, −0.08]内，即得$\boldsymbol{A}$的三个特征值分别为21.1391, 9.2200, −0.3592.

注 若记

$$A=\begin{pmatrix}20&3&1\\2&10&2\\8&1&0\end{pmatrix}=\left(\begin{array}{c|c}20&A_{12}\\\hline A_{21}&A_{22}\end{array}\right),\quad P=\left(\begin{array}{c|c}1&0\\\hline P_{21}&E\end{array}\right)=\begin{pmatrix}1&0&0\\p_{21}&1&0\\p_{31}&0&1\end{pmatrix}.$$

取

$$B=P^{-1}AP=\left(\begin{array}{c|c}b_{11}&B_{12}\\\hline B_{21}&B_{22}\end{array}\right),$$

则

$$b_{11}=20+A_{12}P_{21},\quad B_{12}=A_{12}$$

和

$$B_{21}=-20P_{21}+A_{21}+A_{22}P_{21}-P_{21}A_{12}P_{21},\quad B_{22}=A_{22}-P_{21}A_{12}.$$

令$\boldsymbol{B}_{21}=\boldsymbol{0}_{2\times 1}$，并略去$\boldsymbol{P}_{21}\boldsymbol{A}_{12}\boldsymbol{P}_{21}$一项，则可得

$$-20\boldsymbol{P}_{21}+\boldsymbol{A}_{21}+\boldsymbol{A}_{22}\boldsymbol{P}_{21}\approx\boldsymbol{0}\Rightarrow(\boldsymbol{A}_{22}-20\boldsymbol{E})\boldsymbol{P}_{21}\approx-\boldsymbol{A}_{21},$$

即

$$\begin{pmatrix}-10 & 2\\ 1 & -20\end{pmatrix}\begin{pmatrix}p_{21}\\ p_{31}\end{pmatrix}\approx\begin{pmatrix}-2\\ -8\end{pmatrix}\Rightarrow\begin{cases}p_{21}=0.28,\\ p_{31}=0.41.\end{cases}$$

此时

$$\boldsymbol{B}=\boldsymbol{P}^{-1}\boldsymbol{A}\boldsymbol{P}=\begin{pmatrix}21.25 & 3 & 1\\ -0.3300 & 9.1600 & 1.7200\\ -0.4325 & -0.2300 & -0.4100\end{pmatrix}.$$

因而，$\boldsymbol{B}$ 的特征值已经分离，而且分离效果更好.

第二节　特征值的近似计算简介

n 阶方阵的特征值实际上是一个 n 阶多项式的零点，而当 $n\geqslant 5$ 时，其零点是没有求根公式的. 因此，特征值只能是近似计算. 即使多项式是实系数多项式，其零点也只能在复数范围内考虑，此时，n 阶多项式正好有 n 个根（m 重根算 m 个根）. 对于复矩阵的情况，其方法类似.

一、乘幂法和反幂法

乘幂法的原理：设 $\boldsymbol{A}\in\mathbf{R}^{n\times n}$，$\boldsymbol{u}_0\in\mathbf{R}^n$，$\boldsymbol{A}$ 的特征值为 $\lambda_1,\lambda_2,\cdots,\lambda_n$，相应的线性无关特征向量为 $\boldsymbol{x}_1,\boldsymbol{x}_2,\cdots,\boldsymbol{x}_n$，满足：

$$|\lambda_1|>|\lambda_2|\geqslant\cdots\geqslant|\lambda_n|$$

和

$$\boldsymbol{u}_0=a_1\boldsymbol{x}_1+a_2\boldsymbol{x}_2+\cdots+a_n\boldsymbol{x}_n\quad(a_1\neq 0),$$

则

$$\boldsymbol{A}^k\boldsymbol{u}_0=a_1\lambda_1^k\boldsymbol{x}_1+a_2\lambda_2^k\boldsymbol{x}_2+\cdots+a_n\lambda_n^k\boldsymbol{x}_n.$$

显然

$$\lim_{k\to+\infty}\frac{1}{\lambda_1^k}\boldsymbol{A}^k\boldsymbol{u}_0=a_1\boldsymbol{x}_1,$$

利用这个特征，可构造乘幂法如下：

$$\begin{cases} \boldsymbol{v}_0 = \boldsymbol{u}_0 \neq \boldsymbol{0}, \\ \boldsymbol{v}_k = \boldsymbol{A}\boldsymbol{u}_{k-1}, \\ \mu_k = \max\{\boldsymbol{v}_k\}, \\ \boldsymbol{\mu}_k = \boldsymbol{v}_k / \mu_k \end{cases} \quad (k=1,2,\cdots),$$

其中 $\max\{\boldsymbol{v}_k\}$ 表示 $\boldsymbol{v}_k$ 绝对值最大的分量，即若 $|v_{mk}| = \max\limits_{1\leqslant j\leqslant k}|v_{jk}|$，则

$$\max\{\boldsymbol{v}_k\} = v_{mk}, \quad \boldsymbol{v}_k = \frac{\boldsymbol{A}^k\boldsymbol{v}_0}{\max\{\boldsymbol{A}^{k-1}\boldsymbol{v}_0\}}, \quad u_k = \frac{\boldsymbol{A}^k\boldsymbol{v}_0}{\max\{\boldsymbol{A}^k\boldsymbol{v}_0\}}.$$

观察发现

$$\boldsymbol{u}_k = \frac{\lambda_1^k\left(a_1\boldsymbol{x}_1 + \sum\limits_{j=2}^n a_j\left(\dfrac{\lambda_j}{\lambda_1}\right)^k \boldsymbol{x}_j\right)}{\max \lambda_1^k\left(a_1\boldsymbol{x}_1 + \sum\limits_{j=2}^n a_j\left(\dfrac{\lambda_j}{\lambda_1}\right)^k \boldsymbol{x}_j\right)} \to \frac{\boldsymbol{x}_1}{\max\{x_1\}} \quad (k\to+\infty)$$

和

$$\boldsymbol{v}_k = \frac{\lambda_1^k\left(a_1\boldsymbol{x}_1 + \sum\limits_{j=2}^n a_j\left(\dfrac{\lambda_j}{\lambda_1}\right)^k \boldsymbol{x}_j\right)}{\max\left\{\lambda_1^{k-1}\left(a_1\boldsymbol{x}_1 + \sum\limits_{j=2}^n a_j\left(\dfrac{\lambda_j}{\lambda_1}\right)^{k-1} \boldsymbol{x}_j\right)\right\}}.$$

所以

$$\max\{\boldsymbol{v}_k\} \to \lambda_1 \quad (k\to+\infty).$$

由此可知，乘幂法是收敛的，

$$\lim_{k\to+\infty}\boldsymbol{u}_k = \frac{\boldsymbol{x}_1}{\|\boldsymbol{x}_1\|_\infty} \ \text{或} \ -\frac{\boldsymbol{x}_1}{\|\boldsymbol{x}_1\|_\infty}, \quad \max\{\boldsymbol{v}_k\} = \lambda_1,$$

而且是线性收敛的，其收敛率是 $r = \dfrac{|\lambda_2|}{|\lambda_1|}$. 如果 $|\lambda_2| < |\lambda_1|, |\lambda_2| \approx |\lambda_1|$, 则收敛速度会很慢. 这时就需要各种改进. 其中一个实用的改进可称为反幂法：设已知矩阵 $\boldsymbol{A}$ 的一个特征值 λ_j 的近似值 $\lambda_j \approx \mu$，则用乘幂法求 $(\boldsymbol{A}-\mu\boldsymbol{E})^{-1}$ 的特征值. 此时当然也是线性收敛的，其收敛率是

$$r = \frac{|\lambda_j - \mu|}{\max\limits_{1\leqslant k\leqslant n, k\neq j}|\lambda_k - \mu|}.$$

显然，$\lambda_j \approx \mu$ 的精度越高，其收敛速度就越快. 在实际应用中，可先对 $(\boldsymbol{A}-\mu\boldsymbol{E})$ 作 LU 分解，记 $\boldsymbol{\alpha}=(1,1,\cdots,1)^{\mathrm{T}}\in\mathbf{R}^n$，取 $\boldsymbol{u}_0=\boldsymbol{U}^{-1}\boldsymbol{\alpha}$，在计算 $\boldsymbol{v}_k$ 时改为解方程 $(\boldsymbol{A}-\mu\boldsymbol{E})\boldsymbol{v}_k=\boldsymbol{u}_{k-1}$，实际计算表明：效果不错.

乘幂法原理中提到的条件：矩阵 $\boldsymbol{A}$ 有 n 个线性无关的特征向量，而且其绝对值最大的特征值只有一个. 这个条件可以稍作改进：$\boldsymbol{A}$ 的绝对值最大的特征值只有一个，设为 m 重根，则 $\boldsymbol{A}$ 有 m 个属于此绝对值最大的特征值的线性无关的特征向量. 如果不满足这个条件，则情况变得非常复杂：在收敛性方面，可表现为不收敛，或收敛速度非常慢(比线性收敛还慢). 例如，设

$$\boldsymbol{A}=\begin{pmatrix}1 & 0\\ 0 & -1\end{pmatrix},\quad \boldsymbol{u}_0=\begin{pmatrix}1\\ 1\end{pmatrix},$$

此时乘幂法不收敛；若 $\boldsymbol{A}=\begin{pmatrix}1 & c\\ 0 & 1\end{pmatrix}$，其中 c 为正实数，$\boldsymbol{u}_0$ 不变，则经简单计算可得

$$\boldsymbol{u}_k=\begin{pmatrix}1\\ 1/(k+1)c\end{pmatrix}\quad (k=0,1,2,\cdots).$$

此时，$\boldsymbol{u}_k$ 以非常慢的速度收敛于 $\boldsymbol{A}$ 的特征向量 $(1,0)^{\mathrm{T}}$. 如果矩阵 $\boldsymbol{A}$ 有复特征值，则情况变得更复杂，要想求出其特征值，还需要求将实数运算变为复数运算.

二、实对称矩阵的特征值与特征向量的近似计算

实对称矩阵有很好的性质，就特征值与特征向量而言，其所有的特征值都是实数，而且，存在一组由其特征向量组成的标准正交基，也就是：对于任意的 $\boldsymbol{A}\in\mathbf{R}^{n\times n},\boldsymbol{A}^{\mathrm{T}}=\boldsymbol{A}$，存在正交矩阵 $\boldsymbol{P}$ 和实对角矩阵 $\boldsymbol{D}$，满足 $\boldsymbol{P}^{\mathrm{T}}\boldsymbol{A}\boldsymbol{P}=\boldsymbol{D}$，也就是 $\boldsymbol{A}=\boldsymbol{P}\boldsymbol{D}\boldsymbol{P}^{\mathrm{T}}$，其中，$\boldsymbol{D}$ 的对角线上的元素都是矩阵 $\boldsymbol{A}$ 的特征值，正交阵 $\boldsymbol{P}$ 的列向量为 $\boldsymbol{A}$ 的特征向量.

1. 雅可比方法

对于二阶实对称方阵

$$\boldsymbol{A}=\begin{pmatrix}a_{11} & a_{12}\\ a_{21} & a_{22}\end{pmatrix}\in\mathbf{R}^{2\times 2},\quad a_{12}=a_{21},$$

可用旋转矩阵来将其对角化. 设

$$\boldsymbol{P}=\begin{pmatrix}\cos\theta & \sin\theta\\ -\sin\theta & \cos\theta\end{pmatrix},$$

$$\boldsymbol{P}^{\mathrm{T}}\boldsymbol{A}\boldsymbol{P}=\begin{pmatrix}\cos\theta & -\sin\theta\\ \sin\theta & \cos\theta\end{pmatrix}\begin{pmatrix}a_{11} & a_{12}\\ a_{21} & a_{22}\end{pmatrix}\begin{pmatrix}\cos\theta & \sin\theta\\ -\sin\theta & \cos\theta\end{pmatrix}=\begin{pmatrix}b_{11} & b_{12}\\ b_{21} & b_{22}\end{pmatrix},$$

则

$$\begin{cases}b_{11}=a_{11}\cos^2\theta+a_{22}\sin^2\theta-a_{12}\sin 2\theta,\\ b_{12}=\dfrac{1}{2}(a_{11}-a_{22})\sin 2\theta+a_{12}\cos 2\theta,\\ b_{21}=\dfrac{1}{2}(a_{11}-a_{22})\sin 2\theta+a_{21}\cos 2\theta,\\ b_{22}=a_{11}\sin^2\theta+a_{22}\cos^2\theta+a_{12}\sin 2\theta.\end{cases}$$

此时，若令

$$b_{12}=b_{21}=\frac{1}{2}(a_{11}-a_{22})\sin 2\theta+a_{12}\cos 2\theta=0\Rightarrow\tan 2\theta=\frac{2a_{12}}{a_{22}-a_{11}},$$

取

$$\theta=\begin{cases}\dfrac{1}{2}\arctan\left(\dfrac{2a_{12}}{a_{22}-a_{11}}\right), & a_{22}-a_{11}\neq 0,\\ \dfrac{\pi}{4}, & a_{22}-a_{11}=0,\end{cases}$$

则

$$\boldsymbol{P}^{\mathrm{T}}\boldsymbol{A}\boldsymbol{P}=\begin{pmatrix}d_{11} & 0\\ 0 & d_{22}\end{pmatrix},$$

其中

$$d_{11}=a_{11}\cos^2\theta+a_{22}\sin^2\theta-a_{12}\sin 2\theta,$$

$$d_{22}=a_{11}\sin^2\theta+a_{22}\cos^2\theta+a_{12}\sin 2\theta.$$

对于 $\boldsymbol{A}=(a_{ij})\in\mathbf{R}^{n\times n},\boldsymbol{A}^{\mathrm{T}}=\boldsymbol{A}$，若 $|a_{pq}|=\max\limits_{1\leqslant i<j\leqslant n}|a_{ij}|>0$，取

$$\theta=\begin{cases}\dfrac{1}{2}\arctan\left(\dfrac{2a_{pq}}{a_{qq}-a_{pp}}\right), & a_{qq}-a_{pp}\neq 0,\\ \dfrac{\pi}{4}, & a_{qq}-a_{pp}=0,\end{cases}\tag{1}$$

$$\boldsymbol{P}=\boldsymbol{P}(p,q,\theta)=\begin{pmatrix}\boldsymbol{I} & & & & \\ & \cos\theta & & \sin\theta & \\ & & \boldsymbol{I} & & \\ & -\sin\theta & & \cos\theta & \\ & & & & \boldsymbol{I}\end{pmatrix}\begin{matrix} \\ (p) \\ \\ (q) \\ \\ \end{matrix} \tag{2}$$

和 $\boldsymbol{A}_1=\boldsymbol{P}^{\mathrm{T}}\boldsymbol{A}\boldsymbol{P}$. 若将 $\boldsymbol{A},\boldsymbol{A}_1$ 分裂成

$$\boldsymbol{A}=\boldsymbol{L}+\boldsymbol{D}+\boldsymbol{L}^{\mathrm{T}},\quad \boldsymbol{A}_1=\boldsymbol{L}_1+\boldsymbol{D}_1+\boldsymbol{L}_1^{\mathrm{T}},$$

其中 $\boldsymbol{L},\boldsymbol{L}_1$ 为对角线上的元素为 0 的下三角阵，$\boldsymbol{D},\boldsymbol{D}_1$ 为对角阵，则由正交阵的性质可得

$$\left\|\boldsymbol{L}+\boldsymbol{L}^{\mathrm{T}}\right\|_F^2=\left\|\boldsymbol{L}_1+\boldsymbol{L}_1^{\mathrm{T}}\right\|_F^2+2\left|a_{pq}\right|^2,\quad \left\|\boldsymbol{D}_1\right\|_F^2=\left\|\boldsymbol{D}\right\|_F^2+2\left|a_{pq}\right|^2.$$

由此可知：对于 $\boldsymbol{A}$，左乘 $\boldsymbol{P}^{\mathrm{T}}$ 右乘 $\boldsymbol{P}$ 后，其非对角线上的值为 0 的元素可能会变为非 0，但其非对角线上的元素的平方和减少了 $2\left|a_{pq}\right|^2$，持续作这样的变换，则 $\boldsymbol{A}$ 的非对角线上的元素的平方和持续减少，直至最终可以忽略不记，即 $\boldsymbol{A}$ 已经对角化. 据此思路可得如下雅可比方法.

第 0 步：给定 $0<\varepsilon_0<\varepsilon_1,\boldsymbol{U}=\boldsymbol{I}_{n\times n}$，其中，若 $\boldsymbol{A}$ 的非对角线上的元素绝对值小于 ε_0，则视为 $0,\varepsilon_1$ 过关的关，可取 $\varepsilon_1=\dfrac{\left\|\boldsymbol{L}+\boldsymbol{L}^{\mathrm{T}}\right\|_F}{n(n-1)},\boldsymbol{U}$ 为 $\boldsymbol{A}$ 的特征向量组成的正交矩阵.

第 1 步：扫描 $\boldsymbol{A}$ 的所有非对角线上的元素，若 $\left|a_{pq}\right|\geqslant\varepsilon_1\ (p<q)$，则按 (1) 式和 (2) 式构造正交矩阵 $\boldsymbol{P}=\boldsymbol{P}(p,q,\theta)$，对 $\boldsymbol{A}$ 作旋转并记录 $\boldsymbol{P}$：$\boldsymbol{A}=\boldsymbol{P}^{\mathrm{T}}\boldsymbol{A}\boldsymbol{P},\boldsymbol{U}=\boldsymbol{U}\boldsymbol{P}$ 直至 $\left|a_{ij}\right|<\varepsilon_1(i,j=1,2,\cdots,n,i<j)$.

第 2 步：如果 $\varepsilon_1<\varepsilon_0$，则计算过程结束，$\boldsymbol{U}$ 即为由 $\boldsymbol{A}$ 的特征向量组成的正交矩阵，$\boldsymbol{A}$ 的对角线上的元素即为其特征值；如果 $\varepsilon_0\leqslant\varepsilon_1$，则取 $\varepsilon_1=\dfrac{1}{n}\varepsilon_1$，重复第 1 步.

在计算 $\boldsymbol{P}^{\mathrm{T}}\boldsymbol{A}\boldsymbol{P}$ 和 $\boldsymbol{U}\boldsymbol{P}$ 时，充分利用 $\boldsymbol{A}$ 的对称性和 $\boldsymbol{P}$ 的特点，可使计算工作量为 $8n$ 数量级. 用雅可比方法求得的正交阵 $\boldsymbol{U}$ 的正交性很好.

2. **QR** 算法

QR 算法是求实对称矩阵的全部特征值和特征向量的比较实用的方法，其思路是：先将实对称矩阵正交相似化为上 Hessenberg 阵，然后再对上 Hessenberg 阵不断作 QR 分解，最终求得其所有特征值的近似值. 由于实对称矩阵容易求得其正交相似上 Hessenberg 阵，此处从上 Hessenberg 阵开始分析. 设 $\boldsymbol{A}$ 为一上 Hessenberg 阵，利用其对称性可得其为如下形式：

$$\boldsymbol{A}=\begin{pmatrix} * & * & & & \\ * & * & * & & \\ & \ddots & \ddots & \ddots & \\ & & * & * & \varepsilon \\ & & & \varepsilon & \delta \end{pmatrix} \Rightarrow \boldsymbol{A}-\delta\boldsymbol{E}=\begin{pmatrix} * & * & & & & \\ * & * & * & & & \\ & \ddots & \ddots & \ddots & & \\ & & * & * & * & \\ & & & * & * & \varepsilon \\ & & & & \varepsilon & 0 \end{pmatrix}.$$

对 $\boldsymbol{A}-\delta\boldsymbol{E}$ 作 QR 分解：依次左乘 Householder 阵 $\boldsymbol{H}_i\,(i=1,\cdots,n-1)$，使之作正交三角分解. 记 $\boldsymbol{P}=\boldsymbol{H}_{n-2}\cdots\boldsymbol{H}_2\boldsymbol{H}_1$，设乘了 $n-2$ 个 Householder 阵之后，矩阵化为

$$\boldsymbol{P}(\boldsymbol{A}-\delta\boldsymbol{E})=\begin{pmatrix} * & * & * & & & \\ & * & * & * & & \\ & & \ddots & \ddots & * & \\ & & & * & * & c_1\varepsilon \\ & & & & a & c_2\varepsilon \\ & & & & \varepsilon & 0 \end{pmatrix},$$

其中 c_1,c_2 满足 $c_1^2+c_2^2=1$. 现在来构造 $\boldsymbol{H}_{n-1}$，如果 $a=0$，则 $\boldsymbol{H}_{n-1}$ 为单位阵交换最后两行，此时，容易求得

$$\boldsymbol{H}_{n-1}\cdots\boldsymbol{H}_2\boldsymbol{H}_1(\boldsymbol{A}-\delta\boldsymbol{E})\boldsymbol{H}_1\boldsymbol{H}_2\cdots\boldsymbol{H}_{n-1}$$

的第 n 行第 $n-1$ 列的元素为 $c_2\varepsilon$，与 $\boldsymbol{A}-\delta\boldsymbol{E}$ 相比，其绝对值已经减小；若 $a\neq 0$，不妨设 $a>0$，为了计算上的稳定性，取

$$\boldsymbol{u}=\frac{1}{\sqrt{\varepsilon^2+(a+\sqrt{a^2+\varepsilon^2})^2}}\begin{pmatrix} a+\sqrt{a^2+\varepsilon^2} \\ \varepsilon \end{pmatrix}$$

和

$$\boldsymbol{H}=\begin{pmatrix} 1 & 0 \\ 0 & 1 \end{pmatrix}-\frac{2}{\varepsilon^2+(a+\sqrt{a^2+\varepsilon^2})^2}\boldsymbol{u}\boldsymbol{u}^{\mathrm{T}}, \quad \boldsymbol{H}_{n-1}=\begin{pmatrix} \boldsymbol{E}_{n-2} & \\ & \boldsymbol{H} \end{pmatrix},$$

此时有

$$\boldsymbol{H}_{n-1}\boldsymbol{P}(\boldsymbol{A}-\delta\boldsymbol{E})=\begin{pmatrix} * & * & * & & & \\ & * & * & * & & \\ & & \ddots & \ddots & * & \\ & & & * & * & c_1\varepsilon \\ & & & & * & c_2d_1\varepsilon \\ & & & & & c_2d_2\varepsilon^2 \end{pmatrix},$$

其中

$$d_1=\frac{\varepsilon^2-(a^2+\sqrt{a^2+\varepsilon^2})^2}{\varepsilon^2+(a+\sqrt{a^2+\varepsilon^2})^2},\quad d_2=-\frac{2(a+\sqrt{a^2+\varepsilon^2})}{\varepsilon^2+(a+\sqrt{a^2+\varepsilon^2})^2}.$$

经简单计算可得：若

$$\boldsymbol{H}_{n-1}\boldsymbol{P}(\boldsymbol{A}-\delta\boldsymbol{E})\boldsymbol{P}^{\mathrm{T}}\boldsymbol{H}_{n-1}=\begin{pmatrix} * & * & & & \\ * & * & * & & \\ & \ddots & \ddots & \ddots & \\ & & * & * & s \\ & & & s & t \end{pmatrix},$$

则

$$s=-\frac{2c_2d_2(a+\sqrt{a^2+\varepsilon^2})}{\varepsilon^2+(a+\sqrt{a^2+\varepsilon^2})^2}\varepsilon^3=\frac{4c_2(a+\sqrt{a^2+\varepsilon^2})^2}{(\varepsilon^2+(a+\sqrt{a^2+\varepsilon^2})^2)^2}\varepsilon^3$$

和

$$t=\frac{c_2d_2(a+\sqrt{a^2+\varepsilon^2})^2}{\varepsilon^2+(a+\sqrt{a^2+\varepsilon^2})^2}\varepsilon^2.$$

显然，$|s|<|\varepsilon|$，则 $\boldsymbol{H}_{n-1}\boldsymbol{P}(\boldsymbol{A}-\delta\boldsymbol{E})\boldsymbol{P}^{\mathrm{T}}\boldsymbol{H}_{n-1}$ 仍是上 Hessenberg 阵，与 $\boldsymbol{A}-\delta\boldsymbol{E}$ 相比，其第 n 行第 n 列元素更接近于其特征值，由此可构造出求给定实对称上 Hessenberg 阵 $\boldsymbol{A}\in\mathbf{R}^{n\times n}$ 的特征值的 QR 法：

第 0 步：给定 $\varepsilon>0, k=0$，设 $\boldsymbol{A}=\boldsymbol{A}_0=(a_{ij}^{(0)})$，$\boldsymbol{U}=\boldsymbol{E}\in\mathbf{R}^{n\times n}$.

第 1 步：用 Givens 矩阵或 Hessenberg 阵求如下矩阵的 QR 分解：

$$\boldsymbol{A}_k-a_{nn}^{(k)}\boldsymbol{E}=\boldsymbol{Q}_k\boldsymbol{R}_k,\quad \boldsymbol{A}_{k+1}=\boldsymbol{R}_k\boldsymbol{Q}_k+a_{nn}^{(k)}\boldsymbol{E}=(a_{ij}^{(k+1)}),\quad \boldsymbol{U}=\boldsymbol{U}\boldsymbol{Q}_k.$$

第 2 步：若 $\left|a_{nn-1}^{(k+1)}\right|<\varepsilon$，则 $a_{nn-1}^{(k+1)}\approx 0$，由此可得 $\boldsymbol{A}$ 的一个特征值为 $a_{nn}^{(k+1)}$，相应的一个特征向量为 $\boldsymbol{U}$ 的第 n 列；若 $\left|a_{nn-1}^{(k+1)}\right|\geqslant\varepsilon$，取 $k=k+1$，重复第 1 步.

可以证明；实对称上 Hessenberg 阵的特征值都是实单根，第 1 步表明：$\left|a_{nn-1}^{(k+1)}\right|<\left|a_{nn-1}^{(k)}\right|$，进一步可以证明 $\lim\limits_{k\to\infty}a_{nn-1}^{(k)}=0$，而且是三阶收敛的，

$$\frac{\left|a_{nn-1}^{(k+1)}-0\right|}{\left|a_{nn-1}^{(k)}-0\right|^3}\leqslant M,$$

这个收敛速度是非常快的. 由于 $A_k\ (k=0,1,2,\cdots)$ 都是上 Hessenberg 阵，因此，当 $\left|a_{nn-1}^{(k)}\right|<\varepsilon$ 时，A_k 为

$$A_k=\begin{pmatrix} a_{11}^{(k)} & a_{12}^{(k)} & & & \\ a_{21}^{(k)} & a_{22}^{(k)} & a_{23}^{(k)} & & \\ & \ddots & \ddots & \ddots & \\ & & a_{n-1n-2}^{(k)} & a_{n-1n-1}^{(k)} & a_{n-1n}^{(k)} \\ & & & a_{nn-1}^{(k)} & a_{nn}^{(k)} \end{pmatrix}\approx\begin{pmatrix} A_{11} & \mathbf{0} \\ \mathbf{0}^{\mathrm{T}} & a_{nn}^{(k)} \end{pmatrix},$$

其中 $A_{11}\in\mathbf{R}^{(n-1)\times(n-1)}$ 为实对称上 Hessenberg 阵，且其特征值是 A_k 的特征值的一部分，从而是 A 的特征值的一部分. 因此，我们可以每调用一次 QR 算法，就可以求出上 Hessenberg 阵的一个特征值并将上 Hessenberg 阵的阶数降低一阶，调用 $n-1$ 次即可求出 A 的所有 n 个特征值. 而且，还可以将求特征值和特征向量分开来以便降低计算工作量.

三、实非对称矩阵的特征值与特征向量的近似计算

实非对称矩阵的特征值与特征向量问题非常复杂. 有时，矩阵元素的一个微小变换就可使得矩阵的特征值与特征向量结构发生很大的变化. 例如，对于矩阵

$$A=\begin{pmatrix} 0 & 1 & & \\ & \ddots & \ddots & \\ & & 0 & 1 \\ 0 & & & 0 \end{pmatrix}_{n\times n},\quad A_1=\begin{pmatrix} 0 & 1 & & \\ & \ddots & \ddots & \\ & & 0 & 1 \\ \varepsilon & & & 0 \end{pmatrix}_{n\times n}.$$

此处 $\varepsilon\neq 0$. 矩阵 A 有一个 n 重特征值 $\lambda=0$，只有一个线性无关的特征向量，因而它不能对角化；而 A_1 有 n 个复特征根，即方程 $\lambda^n+(-1)^{n+1}\varepsilon=0$ 的 n 个复根，因此可以对角化.

求实对称上 Hessenberg 阵特征值的 QR 分解法快速收敛的原因是：不是直接对 A 作三角分解，而是对 $A-\lambda E=QR$ 作三角分解，其中 λ 是矩阵 A 的特征值的一个近似值，此时，上三角矩阵 $R=(r_{ij})$ 中的元素

$$r_{nn}=O(\lambda_n-\lambda)\approx 0,$$

由 QR 分解的构造过程可知，

$$Q^{\mathrm{T}}(A-\lambda E)Q=RQ=(a_{ij}^{(1)})$$

的元素 $a_{n,n-1}^{(1)}=o(\lambda_n-\lambda)$，进而得到 A 的特征值 λ_n 的一个精度更高的近似值 $\lambda+a_{nn}^{(1)}$.

对于非对称矩阵，由于 A 的特征值可能是复数，对上 Hessenberg 阵的特征值可

能是复数，因此，以其特征值的近似值作为位移量，则有可能使得计算过程出现复数运算，为了避免可能出现的复数运算，可以采取双重位移正交分解法，其原理如下：对于非奇异矩阵 $\boldsymbol{A}$ ，其正交三角分解具有唯一性，对于其正交相似于上 Hessenberg 阵的正交变换阵一般情况下是不唯一的，但可以证明如下定理.

定理 1　设 $\boldsymbol{A}\in\mathbf{R}^{n\times n},\boldsymbol{Q}=(\boldsymbol{q}_1,\boldsymbol{q}_2,\cdots,\boldsymbol{q}_n),\boldsymbol{U}=(\boldsymbol{u}_1,\boldsymbol{u}_2,\cdots,\boldsymbol{u}_n)\in\mathbf{R}^{n\times n}$ 为两个正交阵，$\boldsymbol{Q}^{\mathrm{T}}\boldsymbol{A}\boldsymbol{Q}=\boldsymbol{H}_1,\boldsymbol{U}^{\mathrm{T}}\boldsymbol{A}\boldsymbol{U}=\boldsymbol{H}_2,\boldsymbol{H}_1,\boldsymbol{H}_2$ 都是上 Hessenberg 阵，$\boldsymbol{H}_1=(h_{ij}^{(1)})$，若 $h_{i+1i}^{(1)}\neq 0\ (i=1,2,\cdots,n-1)$，而且 $\boldsymbol{q}_1=\boldsymbol{u}_1$，则存在 $\boldsymbol{D}=\mathrm{diag}(1,\pm1,\cdots,\pm1)$，也就是：存在对角线上的元素的绝对值为 1 的对角阵 $\boldsymbol{D}$ 使得 $\boldsymbol{Q}=\boldsymbol{U}\boldsymbol{D},\boldsymbol{H}_1=\boldsymbol{D}\boldsymbol{H}_2\boldsymbol{D}$.

以上定理是对实矩阵而言的，对于复矩阵自然成立.

现在，我们在复矩阵范围内讨论，并最终转化为实矩阵. 设实上 Hessenberg 阵 $\boldsymbol{A}$ 有一对共轭复特征值的近似值 $\lambda=a+\mathrm{i}b,\bar{\lambda}=a-\mathrm{i}b$，对 $\boldsymbol{A}$ 作两次位移 QR 分解如下：

$$\boldsymbol{A}-\lambda\boldsymbol{E}=\boldsymbol{Q}_1\boldsymbol{R}_1,\quad \boldsymbol{A}_1=\boldsymbol{R}_1\boldsymbol{Q}_1+\lambda\boldsymbol{E},$$

$$\boldsymbol{A}_1-\bar{\lambda}\boldsymbol{E}=\boldsymbol{Q}_2\boldsymbol{R}_2,\quad \boldsymbol{A}_2=\boldsymbol{R}_2\boldsymbol{Q}_2+\bar{\lambda}\boldsymbol{E},$$

则

$$\boldsymbol{A}_1=\boldsymbol{Q}_1^{\mathrm{T}}\boldsymbol{A}\boldsymbol{Q}_1,\quad \boldsymbol{A}_2=\boldsymbol{Q}_2^{\mathrm{T}}\boldsymbol{A}_1\boldsymbol{Q}_2=(\boldsymbol{Q}_1\boldsymbol{Q}_2)^{\mathrm{T}}\boldsymbol{A}(\boldsymbol{Q}_1\boldsymbol{Q}_2)$$

为上 Hessenberg 阵，其中 $\boldsymbol{Q}_1,\boldsymbol{Q}_2,\boldsymbol{R}_1,\boldsymbol{R}_2,\boldsymbol{A}_1,\boldsymbol{A}_2$ 均可能为复矩阵，记

$$\boldsymbol{B}=(\boldsymbol{A}-\bar{\lambda}\boldsymbol{E})(\boldsymbol{A}-\lambda\boldsymbol{E}),$$

则

$$\begin{aligned}\boldsymbol{B}&=(\boldsymbol{A}-\bar{\lambda}\boldsymbol{E})\boldsymbol{Q}_1\boldsymbol{R}_1=\boldsymbol{Q}_1\boldsymbol{Q}_1^{\mathrm{T}}(\boldsymbol{A}-\bar{\lambda}\boldsymbol{E})\boldsymbol{Q}_1\boldsymbol{R}_1\\&=\boldsymbol{Q}_1(\boldsymbol{Q}_1^{\mathrm{T}}\boldsymbol{A}\boldsymbol{Q}_1-\bar{\lambda}\boldsymbol{E})\boldsymbol{R}_1=\boldsymbol{Q}_1(\boldsymbol{A}_1-\bar{\lambda}\boldsymbol{E})\boldsymbol{R}_1=\boldsymbol{Q}_1\boldsymbol{Q}_2\boldsymbol{R}_1\boldsymbol{R}_2=\boldsymbol{Q}\boldsymbol{R},\end{aligned}$$

其中 $\boldsymbol{Q}=\boldsymbol{Q}_1\boldsymbol{Q}_2$ 为酉矩阵，$\boldsymbol{R}=\boldsymbol{R}_2\boldsymbol{R}_1$ 为上三角阵. 显然

$$\boldsymbol{B}=\boldsymbol{A}^2-(\lambda+\bar{\lambda})\boldsymbol{A}+\lambda\bar{\lambda}\boldsymbol{E}\in\mathbf{R}^{n\times n}.$$

因此，虽然 $\boldsymbol{Q}_1,\boldsymbol{Q}_2,\boldsymbol{R}_1,\boldsymbol{R}_2$ 都有可能是复矩阵，仍可以要求 $\boldsymbol{Q}_1\boldsymbol{Q}_2\in\mathbf{R}^{n\times n}$，可以证明：随着迭代的进行，上 Hessenberg 矩阵 $\boldsymbol{A}=(a_{ij})_{nn}$ 右下角的二阶子块

$$\begin{pmatrix}a_{n-1,n-1}&a_{n-1,n}\\a_{n,n-1}&a_{nn}\end{pmatrix}$$

的特征值最接近于 $\boldsymbol{A}$ 的特征值，也就是 $a_{n-1,n-2}\to 0$，因此可以选择此二阶矩阵的

两个特征值来作为位移量，此时

$$B = A^2 - (a_{n-1,n-1} + a_{nn})A + (a_{n-1,n-1}a_{nn} - a_{n,n-1}a_{n-1,n})E.$$

为了避免分解过程中出现复数计算，可以直接形成此处的 B，然后再对其作正交三角分解 $B = QR$，令 $A_1 = Q^{\mathrm{T}}AQ = (a_{ij}^{(1)})$，则 A_1 仍是上 Hessenberg 阵，而且 $a_{n-1,n-2}^{(1)} = o(a_{n-1,n-2})$.

如果直接形成此处的矩阵 B，由于形成 B 时需要的计算工作量是 n^3 数量级而使得该方法没有实用价值. 可以利用定理 8 和 QR 分解的唯一性避开直接形成 B，方法如下：设

$$B = (b_1, b_2, \cdots, b_n) = QR = (q_1, q_2, \cdots, q_n)R = (r_{11}q_1, r_{12}q_1 + r_{22}q_2, \cdots, r_{1n}q_n),$$

则

$$b_1 = Be_1 = Q, \quad e_1 = r_{11}q_1 \Rightarrow q_1 = \frac{1}{\|b_1\|}b_1$$

和

$$b_1 = Be_1 = A^2e_1 - (a_{n-1,n-1} + a_{nn})Ae_1 + (a_{n-1,n-1}a_{nn} - a_{nn-1}a_{n-1n})e_1.$$

由此可知：若求一正交阵 P 满足 $P^{\mathrm{T}}b_1 = \|b_1\|_2 e_1$，则有

$$b_1 = Pe_1 = Be_1 = Qe_1,$$

也就是：P 与 Q 均为正交阵，且其第一列相同. 由此可得双步 QR 方法的一次迭代过程如下.

第 1 步：构造

$$b_1 = A^2e_1 - sAe_1 + te_1 = (x, y, z, 0, \cdots, 0)^{\mathrm{T}} \in \mathbf{R}^n,$$

其中

$$s = a_{n-1,n-1} + a_{nn}, \quad t = a_{n-1,n-1}a_{nn} - a_{n,n-1}a_{n-1,n}.$$

第 2 步：构造 Hessenberg 阵 H_0 使之满足

$$H_0b_1 = \|b_1\|_2 e_1.$$

第 3 步：依次求 $n-2$ 个 Hessenberg 阵 $H_1, H_2, \cdots, H_{n-2}$ 使

$$A_1 = H_{n-2}\cdots H_2H_1(H_0AH_0)H_1H_2\cdots H_{n-2}$$

为上 Hessenberg 阵，即 $\boldsymbol{A}_1$ 为 $\boldsymbol{A}$ 的正交相似上 Hessenberg 阵，一次迭代过程完成.

显然，$\boldsymbol{H}_0$ 的形式为

$$\boldsymbol{H}_0=\begin{pmatrix}\boldsymbol{H}_{11} & \boldsymbol{0}\\ \boldsymbol{0} & \boldsymbol{E}\end{pmatrix},$$

其中 $\boldsymbol{H}_{11}$ 为一个三阶子块，因此 $\boldsymbol{H}_0\boldsymbol{A}\boldsymbol{H}_0$ 具有如下形式：

$$\boldsymbol{H}_0\boldsymbol{A}\boldsymbol{H}_0=\begin{pmatrix} * & * & * & * & * & \cdots & \\ * & * & * & * & * & \cdots & \\ * & * & * & * & * & \cdots & \\ * & * & * & * & * & \cdots & \\ & & & * & * & \cdots & \\ & & & & \ddots & \ddots & \\ & & & & & * & * \end{pmatrix}.$$

此时，求 Householder 阵 $\boldsymbol{H}_1$ 的向量 $\boldsymbol{u}_1=(0,\cdots,0)^{\mathrm{T}}\in\mathbf{R}^n$，由此求得 $\boldsymbol{H}_1$ 的形式为

$$\boldsymbol{H}_1=\begin{pmatrix} 1 & & & & \\ & * & * & * & \\ & * & * & * & \\ & * & * & * & \\ & & & & \boldsymbol{E} \end{pmatrix}.$$

此时，$\boldsymbol{H}_1\boldsymbol{H}_0\boldsymbol{A}\boldsymbol{H}_0\boldsymbol{H}_1$ 具有如下形式：

$$\boldsymbol{H}_1\boldsymbol{H}_0\boldsymbol{A}\boldsymbol{H}_0\boldsymbol{H}_1=\begin{pmatrix} * & * & * & * & * & & & \\ * & * & * & * & * & \cdots & & \\ & * & * & * & * & & & \\ & * & * & * & * & & & \\ & * & * & * & * & & & \\ & & & & * & \ddots & & \\ & & & & & \ddots & & \\ & & & & & & a_{nn-1} & a_{nn} \end{pmatrix}.$$

依次类推，由此可得：由上 Hessenberg 阵 $\boldsymbol{A}$ 到其正交相似上 Hessenberg 阵 $\boldsymbol{A}_1$，其元素的变化过程如下：$\boldsymbol{A}\to\boldsymbol{H}_0\boldsymbol{A}\boldsymbol{H}_0, \boldsymbol{A}$ 的左上角的四阶子块的元素均变为非零，有三个元素由 0 变为非零；$\boldsymbol{H}_1\boldsymbol{H}_0\boldsymbol{A}\boldsymbol{H}_0$：第一列后两个非零元素化为零；$\boldsymbol{H}_1\boldsymbol{H}_0\boldsymbol{A}\boldsymbol{H}_0\boldsymbol{H}_1$：第 5 行第 2,3 列元素化为非零；以此类推 $\boldsymbol{H}_k\boldsymbol{H}_{k-1}\cdots\boldsymbol{H}_1\boldsymbol{H}_0\boldsymbol{A}\boldsymbol{H}_0\boldsymbol{H}_1\cdots\boldsymbol{H}_{k-1}$：第 k 列第 $k+2,k+3$ 行元素化为零；$\boldsymbol{H}_k\cdots\boldsymbol{H}_1\boldsymbol{H}_0\boldsymbol{A}\boldsymbol{H}_0\boldsymbol{H}_1\cdots\boldsymbol{H}_k$：第 $k+4$ 行，第 $k+1,k+2$ 列元

素化为非零$(k=1,\cdots,n-4)$，构造$\boldsymbol{H}_{n-3}$的向量

$$\boldsymbol{u}_{n-3}=(0,\cdots,0)^{\mathrm{T}}\in\mathbf{R}^n,$$

$\boldsymbol{H}_{n-3}\boldsymbol{H}_{n-4}\cdots\boldsymbol{H}_1\boldsymbol{H}_0\boldsymbol{A}\boldsymbol{H}_0\boldsymbol{H}_1\cdots\boldsymbol{H}_{n-4}$：第$n-3$列元素最后两个元素化为零，$\boldsymbol{H}_{n-3}\cdots\boldsymbol{H}_1\boldsymbol{H}_0\boldsymbol{A}\boldsymbol{H}_0\boldsymbol{H}_1\cdots\boldsymbol{H}_{n-3}$没有元素化为零；构造$\boldsymbol{H}_{n-2}$的向量为$\boldsymbol{u}_{n-2}=(0,\cdots,0)^{\mathrm{T}}\in\mathbf{R}^n,\boldsymbol{H}_{n-2}\cdots\boldsymbol{H}_1\boldsymbol{H}_0\boldsymbol{A}\boldsymbol{H}_0\boldsymbol{H}_1\cdots\boldsymbol{H}_{n-2}$：将第$n-2$列最后一个元素化为零，并求得与$\boldsymbol{A}$正交相似的上Hessenberg阵$\boldsymbol{A}_1$.

由于在由$\boldsymbol{A}$求$\boldsymbol{A}_1$的过程中没有明显使用移位操作，因此也称为隐式QR法. 而且，此算法最终没有要求$\boldsymbol{A}$的两个特征值的近似值，也就是$\boldsymbol{A}$的右下角的二阶子块的两个特征值必须为一对共轭复数，因此，对于实特征值，此处的双步QR法也能适用.

四、Lyapunov方程的数值解法

在控制论中经常需要求如下矩阵方程（Lyapunov方程）：

$$\boldsymbol{A}^{\mathrm{T}}\boldsymbol{X}+\boldsymbol{X}\boldsymbol{A}+\boldsymbol{Q}=\boldsymbol{O},$$

其中$\boldsymbol{A},\boldsymbol{Q}\in\mathbf{R}^{n\times n}$是已知矩阵，$\boldsymbol{Q}^{\mathrm{T}}=\boldsymbol{Q}$，$\lambda+\mu\neq 0$，$\forall\lambda,\mu\in\lambda(\boldsymbol{A})$为$\boldsymbol{A}$的特征值，则方程有唯一实对称解，$\boldsymbol{X}\in\mathbf{R}^{n\times n}$是待求的未知矩阵.

若将矩阵$\boldsymbol{X}=(x_{ij})$视为一向量

$$\operatorname{vec}(\boldsymbol{X})=(x_{11},\cdots,x_{n1},\cdots,x_{1n},\cdots,x_{nn})^{\mathrm{T}},$$

则此矩阵方程可化为一个有n^2个未知数和n^2个方程的线性方程组，再用Gauss消元法即可求得此方程组；但这个方法是不实用的，因为，此时所需要的计算工作量为$\dfrac{n^6}{3}$数量级. 可以考虑用如下方法来求解此线性矩阵方程：先对矩阵$\boldsymbol{A}$作如下实Schur分解：

$$\boldsymbol{U}^{\mathrm{T}}\boldsymbol{A}\boldsymbol{U}=\boldsymbol{D}=\begin{pmatrix}\boldsymbol{D}_{11} & \boldsymbol{D}_{12} & \cdots & \boldsymbol{D}_{1p}\\ & \boldsymbol{D}_{22} & \cdots & \boldsymbol{D}_{2p}\\ & & \ddots & \vdots\\ & & & \boldsymbol{D}_{pp}\end{pmatrix},$$

其中$\boldsymbol{U}$为实正交阵，$\boldsymbol{D}$为分块上三角阵，其对角线上的元素$\boldsymbol{D}_{ii}$为一阶或二阶子块，若为二阶子块，则其特征值为一对共轭复数. 记

$$\boldsymbol{Y}=\boldsymbol{U}^{\mathrm{T}}\boldsymbol{X}\boldsymbol{U},\quad \boldsymbol{R}=\boldsymbol{U}^{\mathrm{T}}\boldsymbol{Q}\boldsymbol{U},$$

则

$$\boldsymbol{A}^{\mathrm{T}}\boldsymbol{X}+\boldsymbol{X}\boldsymbol{A}+\boldsymbol{Q}=\boldsymbol{0}\Rightarrow \boldsymbol{U}\boldsymbol{D}^{\mathrm{T}}\boldsymbol{U}^{\mathrm{T}}\boldsymbol{X}+\boldsymbol{X}\boldsymbol{U}\boldsymbol{D}\boldsymbol{U}^{\mathrm{T}}+\boldsymbol{Q}=\boldsymbol{0},$$

即

$$\boldsymbol{A}^{\mathrm{T}}\boldsymbol{X}+\boldsymbol{X}\boldsymbol{A}+\boldsymbol{Q}=\boldsymbol{0}\Rightarrow \boldsymbol{D}^{\mathrm{T}}(\boldsymbol{U}^{\mathrm{T}}\boldsymbol{X}\boldsymbol{U})+(\boldsymbol{U}^{\mathrm{T}}\boldsymbol{X}\boldsymbol{U})\boldsymbol{D}+\boldsymbol{U}^{\mathrm{T}}\boldsymbol{Q}\boldsymbol{U}=\boldsymbol{0},$$

因而

$$\boldsymbol{A}^{\mathrm{T}}\boldsymbol{X}+\boldsymbol{X}\boldsymbol{A}+\boldsymbol{Q}=\boldsymbol{0}\Leftrightarrow \boldsymbol{D}^{\mathrm{T}}\boldsymbol{Y}+\boldsymbol{Y}\boldsymbol{D}+\boldsymbol{R}=\boldsymbol{0}.$$

对 $\boldsymbol{Y}$ 与 $\boldsymbol{R}$ 作与 $\boldsymbol{D}$ 相同的分块，则对于 $j=1,2,\cdots,p,i=j,j+1,\cdots,p$,

$$\boldsymbol{D}_{ii}^{\mathrm{T}}\boldsymbol{Y}_{ij}+\boldsymbol{Y}_{ij}\boldsymbol{D}_{jj}=-\boldsymbol{R}_{ij}-\sum_{k=1}^{i-1}\boldsymbol{D}_{ki}^{\mathrm{T}}\boldsymbol{Y}_{jk}^{\mathrm{T}}-\sum_{k=1}^{j-1}\boldsymbol{Y}_{ik}\boldsymbol{D}_{kj}.$$

此时的未知矩阵 $\boldsymbol{Y}_{ij}$ 只能是 $1\times1,1\times2,2\times1,2\times2$ 矩阵，因此，以上矩阵方程可化为最多 4 个未知数的线性方程组，用 Gauss 消元法很容易求解此线性方程组. 依次取 $j=1,2,\cdots,p,i=j,j+1,\cdots,p$ 可逐列求得 $\boldsymbol{Y}$，再由 $\boldsymbol{Y}$ 的定义可得原矩阵方程的解 $\boldsymbol{X}=\boldsymbol{U}\boldsymbol{Y}\boldsymbol{U}^{\mathrm{T}}$.

第三节　对称矩阵的广义特征值与特征值的极性

一、广义特征值问题

在振动理论中经常需要求解如下形式的特征值问题：求数 λ 使方程组

$$\boldsymbol{A}\boldsymbol{x}=\lambda\boldsymbol{B}\boldsymbol{x}$$

有非零解，其中 $\boldsymbol{x}\in\mathbf{R}^n,\boldsymbol{A},\boldsymbol{B}\in\mathbf{R}^{n\times n},\boldsymbol{A}^{\mathrm{T}}=\boldsymbol{A},\boldsymbol{B}^{\mathrm{T}}=\boldsymbol{B},\boldsymbol{B}$ 为正定矩阵. 显然，若 $\boldsymbol{B}=\boldsymbol{E}$ 则为普通的对称矩阵特征值问题，因此，这个问题称为矩阵 $\boldsymbol{A}$ 相对于矩阵 $\boldsymbol{B}$ 的广义特征值.

定义 1（广义特征值的定义）　对于实对称阵 $\boldsymbol{A}$ 和实对称正定阵 $\boldsymbol{B}$，称

$$\boldsymbol{A}\boldsymbol{x}=\lambda\boldsymbol{B}\boldsymbol{x}$$

为矩阵 $\boldsymbol{A}$ 相对于矩阵 $\boldsymbol{B}$ 的**广义特征值问题**，简称为广义特征值问题；称使得齐次线性方程组有非零解的数 λ 为矩阵 $\boldsymbol{A}$ 相对于矩阵 $\boldsymbol{B}$ 的**广义特征值**，而其非零解向量称为属于广义特征值 λ 的**广义特征向量**.

对于广义特征值问题的研究，最自然的思路是将其转化为普通的特征值问题.例如，广义特征值问题可以转化为如下等价形式：

$$\boldsymbol{Ax}=\lambda\boldsymbol{Bx}\Leftrightarrow\boldsymbol{B}^{-1}\boldsymbol{Ax}=\lambda\boldsymbol{x}.$$

由此可以将广义特征值问题转化为常义特征值问题，只是如果 $\boldsymbol{AB}\neq\boldsymbol{BA}$，则将失去对称性. 为了克服这个问题，可用如下转化方法：设 $\boldsymbol{B}=\boldsymbol{LL}^{\mathrm{T}}$ 为其平方根分解，

$$\boldsymbol{Ax}=\lambda\boldsymbol{Bx}=\lambda\boldsymbol{LL}^{\mathrm{T}}\boldsymbol{x}\Rightarrow\boldsymbol{L}^{-1}\boldsymbol{AL}^{-\mathrm{T}}\boldsymbol{L}^{\mathrm{T}}\boldsymbol{x}=\lambda\boldsymbol{L}^{\mathrm{T}}\boldsymbol{x}.$$

若记 $\boldsymbol{y}=\boldsymbol{L}^{\mathrm{T}}\boldsymbol{x}$，则广义特征值问题就转化为如下特征值问题：

$$\boldsymbol{Ax}=\lambda\boldsymbol{Bx}\Leftrightarrow(\boldsymbol{L}^{-1}\boldsymbol{AL}^{-\mathrm{T}})\boldsymbol{y}=\lambda\boldsymbol{y}.$$

由于 $(\boldsymbol{L}^{-1}\boldsymbol{AL}^{-\mathrm{T}})^{\mathrm{T}}=\boldsymbol{L}^{-1}\boldsymbol{AL}^{-\mathrm{T}}$，广义特征值问题转化为实对称矩阵 $\boldsymbol{L}^{-1}\boldsymbol{AL}^{-\mathrm{T}}$ 的特征值问题. 由此可知：广义特征值问题有 n 个广义特征值，其 n 个广义特征值就是 $\boldsymbol{L}^{-1}\boldsymbol{AL}^{-\mathrm{T}}$ 的 n 个特征值，有完备的广义特征向量系. 现在，我们来看一看其广义特征向量系的特点.

设 $y_1,y_2,\cdots,y_n$ 是 $\boldsymbol{L}^{-1}\boldsymbol{AL}^{-\mathrm{T}}$ 的正交单位特征向量组，

$$\boldsymbol{x}_j=\boldsymbol{L}^{-\mathrm{T}}\boldsymbol{y}_j\quad(j=1,2,\cdots,n),$$

则有

$$\boldsymbol{x}_i^{\mathrm{T}}\boldsymbol{Bx}_j=\boldsymbol{x}_i^{\mathrm{T}}\boldsymbol{LL}^{\mathrm{T}}\boldsymbol{x}_j=\boldsymbol{y}_i^{\mathrm{T}}\boldsymbol{y}_j=\begin{cases}1, & i=j,\\ 0, & i\neq j,i,j=1,2,\cdots,n.\end{cases}$$

定义 2 设 $\boldsymbol{B}$ 为 n 阶实对称正定阵，$\boldsymbol{x},\boldsymbol{y}\in\mathbf{R}^n$，若

$$\boldsymbol{x}^{\mathrm{T}}\boldsymbol{By}=\boldsymbol{0},$$

则称 $\boldsymbol{x}$ 与 $\boldsymbol{y}$ 是 **$\boldsymbol{B}$-共轭或按 $\boldsymbol{B}$ 正交**.

容易证明：一组 $\boldsymbol{B}$-共轭的非零向量组是线性无关的. 由此可知：广义特征值问题存在 n 个广义特征值(重根按重数计算)、存在完备的 $\boldsymbol{B}$-共轭的广义特征向量系.

二、实对称矩阵特征值的极性

定义 3 设 $\boldsymbol{A}$ 是 n 阶实对称矩阵，$\boldsymbol{x}\in\mathbf{R}^n$，称

$$R(\boldsymbol{x})=\frac{\boldsymbol{x}^{\mathrm{T}}\boldsymbol{Ax}}{\boldsymbol{x}^{\mathrm{T}}\boldsymbol{x}}\quad(\boldsymbol{x}\neq\boldsymbol{0})$$

为矩阵 $\boldsymbol{A}$ 的 **Rayleigh 商**.

现在，我们来讨论 Rayleigh 商的极性.

显然，由 Rayleigh 商的定义，有

$$R(\boldsymbol{x})=\frac{\boldsymbol{x}^{\mathrm{T}}\boldsymbol{A}\boldsymbol{x}}{\boldsymbol{x}^{\mathrm{T}}\boldsymbol{x}}=\frac{\boldsymbol{x}^{\mathrm{T}}\boldsymbol{A}\boldsymbol{x}}{\|\boldsymbol{x}\|_2^2}=\left(\frac{\boldsymbol{x}}{\|\boldsymbol{x}\|_2}\right)^{\mathrm{T}}\boldsymbol{A}\left(\frac{\boldsymbol{x}}{\|\boldsymbol{x}\|_2}\right).$$

因此，在讨论 $R(\boldsymbol{x})$ 的性质时，可以要求 $\|\boldsymbol{x}\|_2=1$.

设 $\boldsymbol{A}$ 的 n 个特征值为 $\lambda_1\leqslant\lambda_2\leqslant\cdots\leqslant\lambda_n$，且由其对应的特征向量组成的 $\mathbf{R}^n$ 的一组标准正交基为 $\boldsymbol{p}_1,\boldsymbol{p}_2,\cdots,\boldsymbol{p}_n$，$\forall\boldsymbol{x}\in\mathbf{R}^n$，$\|\boldsymbol{x}\|_2=1$，设 $\boldsymbol{x}=\xi_1\boldsymbol{p}_1+\xi_2\boldsymbol{p}_2+\cdots+\xi_n\boldsymbol{p}_n$，则

$$\begin{aligned}R(\boldsymbol{x})&=\boldsymbol{x}^{\mathrm{T}}\boldsymbol{A}\boldsymbol{x}=\lambda_1\xi_1^2+\lambda_2\xi_2^2+\cdots+\lambda_n\xi_n^2\\&=\lambda_1+(\lambda_2-\lambda_1)\xi_2^2+\cdots+(\lambda_n-\lambda_1)\xi_n^2\\&=(\lambda_1-\lambda_n)\xi_1^2+(\lambda_2-\lambda_n)\xi_2^2+\cdots+(\lambda_{n-1}-\lambda_n)\xi_{n-1}^2+\lambda_n.\end{aligned}$$

由此可得

$$\lambda_1=R(\boldsymbol{p}_1)=\min_{\|\boldsymbol{x}\|_2=1}R(\boldsymbol{x}),\quad \lambda_n=R(\boldsymbol{p}_n)=\max_{\|\boldsymbol{x}\|_2=1}R(\boldsymbol{x}).$$

容易看出：$\mathbf{R}^n=L(\boldsymbol{p}_1,\boldsymbol{p}_2,\cdots,\boldsymbol{p}_n)$. 显然，若 $V=L(\boldsymbol{p}_k,\boldsymbol{p}_{k+1},\cdots,\boldsymbol{p}_{k+r})$，则有

$$\lambda_k=\min_{\|\boldsymbol{x}\|=1,\boldsymbol{x}\in V}R(\boldsymbol{x}),\qquad \lambda_{k+r}=\max_{\|\boldsymbol{x}\|=1,\boldsymbol{x}\in V}R(\boldsymbol{x}).$$

这一结论给了我们在未知其他特征值的前提下求出第 k 个特征值的方法.

定理 1 (Courant - Fischer 定理)　设实对称矩阵 $\boldsymbol{A}$ 的 n 个特征值按大小顺序排列如下：$\lambda_1\leqslant\lambda_2\leqslant\cdots\leqslant\lambda_n$，则

$$\lambda_k=\min_{V_k}\left\{\max\{R(\boldsymbol{x})\mid\boldsymbol{x}\in V_k,\|\boldsymbol{x}\|_2=1\}\right\},$$

其中 V_k 为 $\mathbf{R}^n$ 的 k 维子空间.

这个定理的证明思路是：先证明 $\max\{R(\boldsymbol{x})\mid\boldsymbol{x}\in V_k,\|\boldsymbol{x}\|_2=1\}\geqslant\lambda_k$，方法是取 $W=L(\boldsymbol{p}_k,\boldsymbol{p}_{k+1},\cdots,\boldsymbol{p}_n)$，则 $V_k\cap W\neq\varnothing$，取 $\boldsymbol{x}\in V_k\cap W$，$\|\boldsymbol{x}\|_2=1$，则 $R(\boldsymbol{x})\geqslant\lambda_k$，然后再取 $V_k=L(\boldsymbol{p}_1,\cdots,\boldsymbol{p}_k)$ 即得定理的结论. 此定理的作用不在于求矩阵的特征值(对于实对称矩阵有更有效的方法来求其所有特征值)，其作用之一是对对称矩阵的扰动作分析，具体来说有如下定理.

定理 2　设 $\boldsymbol{A},\boldsymbol{A}+\Delta\boldsymbol{A}$ 为实对称矩阵，其特征值为 $\lambda_1\leqslant\lambda_2\leqslant\cdots\leqslant\lambda_n$ 和 $\mu_1\leqslant\mu_2\leqslant\cdots\leqslant\mu_n$，则 $|\lambda_j-\mu_j|\leqslant\|\Delta\boldsymbol{A}\|_2\ (j=1,2,\cdots,n)$.

证　设 $\|\Delta\boldsymbol{A}\|_2=r$，则 $rE+\Delta\boldsymbol{A}$ 正定或半正定，$-rE+\Delta\boldsymbol{A}$ 负定或半负定；$\forall\boldsymbol{x}\in\mathbf{R}^n$，

$$x^{\mathrm{T}}Ax \leqslant x^{\mathrm{T}}(A+\Delta A+rE)x, \quad x^{\mathrm{T}}Ax \geqslant x^{\mathrm{T}}(A+\Delta A-rE)x.$$

所以，设$V_k \subset \mathbf{R}^n$为$\mathbf{R}^n$的任意一个k维子空间，$x \in V_k$，$\|x\|_2=1$，则有

$$x^{\mathrm{T}}Ax \leqslant x^{\mathrm{T}}(A+\Delta A)x+r \leqslant \max\{x^{\mathrm{T}}(A+\Delta A)x \mid x\in V_k, \|x\|_2=1\}+r.$$

由 Courant-Fischer 定理可得

$$\begin{aligned}\lambda_k &= \min_{V_k}\left\{\max\{x^{\mathrm{T}}Ax \mid x\in V_k,\|x\|_2=1\}\right\}\\ &\leqslant \max\{x^{\mathrm{T}}(A+\Delta A)x \mid x\in V_k,\|x\|_2=1\}+r.\end{aligned}$$

从而有

$$\lambda_k \leqslant \min_{V_k}\left\{\max\{x^{\mathrm{T}}(A+\Delta A)x \mid x\in V_k,\|x\|_2=1\}\right\}+r=\mu_k+r.$$

用同样的方法可得

$$x^{\mathrm{T}}Ax \geqslant x^{\mathrm{T}}(A+\Delta A)x-r,$$

所以

$$\begin{aligned}\mu_k-r &= \min_{V_k}\left\{\max\{x^{\mathrm{T}}(A+\Delta A)x \mid x\in V_k,\|x\|_2=1\}\right\}-r\\ &\leqslant \max\{x^{\mathrm{T}}(A+\Delta A)x \mid x\in V_k,\|x\|_2=1\}-r\\ &\leqslant \max\{x^{\mathrm{T}}Ax \mid x\in V_k,\|x\|_2=1\}.\end{aligned}$$

从而

$$\mu_k-r \leqslant \min_{V_k}\left\{\max\{x^{\mathrm{T}}Ax \mid x\in V_k,\|x\|_2=1\}\right\}=\lambda_k,$$

也就是

$$\max\{x^{\mathrm{T}}Ax \mid x\in V_k,\|x\|_2=1\} \geqslant \mu_k-r$$

和

$$\lambda_k=\min_{V_k}\left\{\max\{x^{\mathrm{T}}Ax \mid x\in V_k,\|x\|_2=1\}\right\} \geqslant \mu_k-r.$$

故

$$\mu_k-r \leqslant \lambda_k \leqslant \mu_k+r \Leftrightarrow |\lambda_k-\mu_k| \leqslant r=\|\Delta A\|_2.$$

依次取 $k=1,2,\cdots,n$，即得定理.

我们也可以讨论矩阵的广义特征值的极性和矩阵奇异值的极性，但由于这些问题都已经转化为实对称矩阵的特征值问题，因而讨论过程与得到的结果相同或相似，此处从略.

习　题　五

1. 用盖尔圆定理隔离矩阵

$$\boldsymbol{A}=\begin{pmatrix}20 & 1 & 4\\ 6 & 8 & 6\\ 1 & 1 & \mathrm{i}\end{pmatrix}$$

的特征值.

2. 设

$$\boldsymbol{A}=\begin{pmatrix}-10 & 1 & 1\\ 3 & 0 & -1\\ -1 & 2 & 6\end{pmatrix},$$

用盖尔圆定理证明：$\boldsymbol{A}$ 有三个实特征值，并求出各自所在的一个实数区间.

3. 设

$$\boldsymbol{A}=\begin{pmatrix}9 & 1 & -1 & 1\\ 0 & 8 & 1 & 1\\ -1 & 0 & 4 & 0\\ 1 & 0 & 0 & 1\end{pmatrix},$$

用盖尔圆定理证明：$\boldsymbol{A}$ 至少有两个特征值，并求出这两个特征值所在的实数区间.

4. 用盖尔圆定理证明：矩阵

$$\boldsymbol{A}=\begin{pmatrix}1 & 3^{-1} & 3^{-2} & \cdots & 3^{1-n}\\ -3^{-1} & 2 & 3^{-2} & \cdots & 3^{n-1}\\ -3^{-1} & -3^{-2} & 3 & \cdots & 3^{1-n}\\ \vdots & \vdots & \vdots & & \vdots\\ -3^{-1} & -3^{-2} & -3^{-3} & \cdots & n\end{pmatrix}$$

能够相似于对角阵，并且其特征值都是实数.

5. 求如下广义特征值问题：$\boldsymbol{Ax}=\lambda\boldsymbol{Bx}$，其中

$$\boldsymbol{A}=\begin{pmatrix}0 & 2\\ 2 & 1\end{pmatrix},\quad \boldsymbol{B}=\begin{pmatrix}1 & -1\\ -1 & 4\end{pmatrix}.$$

第六章　广义逆矩阵

一般而言，只有非奇异方阵，才有逆矩阵的问题. 换言之，对于奇异矩阵或非方阵，则没有逆矩阵. 然而，在实际应用中，遇到的线性方程组求解问题，其系数矩阵可能情况各异，如奇异矩阵、非方阵等. 在这些情况下，也需要考虑方程组是否有解、有解是否唯一、不唯一如何求解等问题. 为此，本章将介绍矩阵 Moore-Penrose 广义逆的概念、性质及其计算方法.

第一节　投 影 矩 阵

投影矩阵在广义逆矩阵中的作用类似于单位阵在逆矩阵中的情况. 下面介绍投影矩阵的概念.

一、投影变换与投影矩阵

定义 1　设 L,M 都是 $\mathbf{C}^n$ 的子空间，且 $\mathbf{C}^n=L\oplus M$, 若任意 $\boldsymbol{x}\in\mathbf{C}^n$, 存在 $\boldsymbol{y}\in L$, $\boldsymbol{z}\in M$, 使得 $\boldsymbol{x}=\boldsymbol{y}+\boldsymbol{z}$, 则称 $\boldsymbol{y}$ 为 $\boldsymbol{x}$ 沿 M 向 L 的投影，称

$$P_{L,M}\boldsymbol{x}=\boldsymbol{y}$$

为沿 M 到 L 的**投影变换**或**投影算子**.

显然，对于任意 $\boldsymbol{x}_1,\boldsymbol{x}_2\in\mathbf{C}^n,k_1,k_2\in\mathbf{C}$, 存在 $\boldsymbol{y}_1,\boldsymbol{y}_2\in L$, $\boldsymbol{z}_1,\boldsymbol{z}_2\in M$ 使得

$$\boldsymbol{x}_1=\boldsymbol{y}_1+\boldsymbol{z}_1,\quad \boldsymbol{x}_2=\boldsymbol{y}_2+\boldsymbol{z}_2,\quad k_1\boldsymbol{x}_1+k_2\boldsymbol{x}_2=k_1\boldsymbol{y}_1+k_2\boldsymbol{y}_2+k_1\boldsymbol{z}_1+k_2\boldsymbol{z}_2,$$

所以

$$P_{L,M}(k_1\boldsymbol{x}_1+k_2\boldsymbol{x}_2)=k_1\boldsymbol{y}_1+k_2\boldsymbol{y}_2=k_1P_{L,M}\boldsymbol{x}_1+k_2P_{L,M}\boldsymbol{x}_2,$$

由此可知：$P_{L,M}\in\mathrm{Hom}(\mathbf{C}^n,\mathbf{C}^n)$.

进一步，对于 $\boldsymbol{y}\in L\subset\mathbf{C}^n$，有 $\boldsymbol{y}=\boldsymbol{y}+\boldsymbol{0}\Rightarrow P_{L,M}\boldsymbol{y}=\boldsymbol{y}$，所以

$$P_{L,M}(P_{L,M}\boldsymbol{x})=P_{L,M}(\boldsymbol{y})=\boldsymbol{y}=P_{L,M}\boldsymbol{x}\ \ (\boldsymbol{x}\in\mathbf{C}^n),$$

由 $\boldsymbol{x}\in\mathbf{C}^n$ 的任意性可得 $P_{L,M}^2=P_{L,M}$.

当 $\mathbf{C}^n$ 中的一组基选定后，线性变换 $P_{L,M}$ 可以用一个 n 阶矩阵来表示. 下面，

分析投影变换的矩阵有什么特点. 为此，先给出投影矩阵的定义.

定义 2　投影变换 $P_{L,M}$ 在 $\mathbf{C}^n$ 中的基 $\boldsymbol{e}_1,\boldsymbol{e}_2,\cdots,\boldsymbol{e}_n$ 下的矩阵称为**投影矩阵**.

可以看到 $P_{L,M}^2=P_{L,M}$. 设 $P_{L,M}$ 在基 $\boldsymbol{e}_1,\boldsymbol{e}_2,\cdots,\boldsymbol{e}_n$ 下矩阵为 $\boldsymbol{A}$, 则 $\boldsymbol{A}$ 为投影矩阵. 进一步地，讨论矩阵 $\boldsymbol{A}$ 有什么特征. 由线性变换的矩阵表示定义可得

$$\begin{aligned}P_{L,M}^2(\boldsymbol{e}_1,\boldsymbol{e}_2,\cdots,\boldsymbol{e}_n)&=P_{L,M}(P_{L,M}(\boldsymbol{e}_1,\boldsymbol{e}_2,\cdots,\boldsymbol{e}_n))\\&=P_{L,M}((\boldsymbol{e}_1,\boldsymbol{e}_2,\cdots,\boldsymbol{e}_n)\boldsymbol{A})\\&=((\boldsymbol{e}_1,\boldsymbol{e}_2,\cdots,\boldsymbol{e}_n)\boldsymbol{A})\boldsymbol{A}=(\boldsymbol{e}_1,\boldsymbol{e}_2,\cdots,\boldsymbol{e}_n)\boldsymbol{A}^2,\end{aligned}$$

而

$$P_{L,M}^2(\boldsymbol{e}_1,\boldsymbol{e}_2,\cdots,\boldsymbol{e}_n)=P_{L,M}(\boldsymbol{e}_1,\boldsymbol{e}_2,\cdots,\boldsymbol{e}_n)=(\boldsymbol{e}_1,\boldsymbol{e}_2,\cdots,\boldsymbol{e}_n)\boldsymbol{A},$$

所以

$$(\boldsymbol{e}_1,\boldsymbol{e}_2,\cdots,\boldsymbol{e}_n)\boldsymbol{A}^2=(\boldsymbol{e}_1,\boldsymbol{e}_2,\cdots,\boldsymbol{e}_n)\boldsymbol{A}\Rightarrow \boldsymbol{A}^2=\boldsymbol{A}.$$

由 $\boldsymbol{A}^2=\boldsymbol{A}$ 容易得到 $\boldsymbol{A}^k=\boldsymbol{A}\ (k=1,2,\cdots)$, 称这样的矩阵为**等幂矩阵**. 由此可知：投影矩阵是等幂矩阵. 下面证明：等幂矩阵就是投影矩阵. 为了证明这个结论，先介绍一个引理.

引理 1　设 $\boldsymbol{A}\in\mathbf{C}^{n\times n}$, 若 $\boldsymbol{A}^2=\boldsymbol{A}$, 则 $N(\boldsymbol{A})=R(\boldsymbol{E}-\boldsymbol{A})$.

证　设 $\boldsymbol{E}-\boldsymbol{A}=(\boldsymbol{b}_1,\boldsymbol{b}_2,\cdots,\boldsymbol{b}_n)$, 则 $R(\boldsymbol{E}-\boldsymbol{A})=L(\boldsymbol{b}_1,\boldsymbol{b}_2,\cdots,\boldsymbol{b}_n)$. 注意到

$$\boldsymbol{A}^2=\boldsymbol{A}\Rightarrow\boldsymbol{A}(\boldsymbol{E}-\boldsymbol{A})=\boldsymbol{A}(\boldsymbol{b}_1,\boldsymbol{b}_2,\cdots,\boldsymbol{b}_n)=\boldsymbol{O}_{n\times n},$$

$$\boldsymbol{A}\boldsymbol{b}_j=\mathbf{0}\Rightarrow\boldsymbol{b}_j\in N(\boldsymbol{A})\ \ (j=1,2,\cdots,n)\Rightarrow L(\boldsymbol{b}_1,\boldsymbol{b}_2,\cdots,\boldsymbol{b}_n)\subset N(\boldsymbol{A}),$$

也就是 $R(\boldsymbol{E}-\boldsymbol{A})\subset N(\boldsymbol{A})$. 又因为

$$\forall\boldsymbol{x}\in N(\boldsymbol{A})\Rightarrow-\boldsymbol{A}\boldsymbol{x}=\mathbf{0}\Rightarrow\boldsymbol{x}=\boldsymbol{x}-\boldsymbol{A}\boldsymbol{x}=(\boldsymbol{E}-\boldsymbol{A})\boldsymbol{x}\in R(\boldsymbol{E}-\boldsymbol{A}),$$

所以 $N(\boldsymbol{A})\subset R(\boldsymbol{E}-\boldsymbol{A})\Rightarrow R(\boldsymbol{E}-\boldsymbol{A})=N(\boldsymbol{A})$. 引理证毕.

定理 1　矩阵 $\boldsymbol{P}$ 是投影矩阵的充要条件是 $\boldsymbol{P}$ 是等幂矩阵.

证　设 $\boldsymbol{P}\in\mathbf{C}^{n\times n}$, 定义 $T\in\mathrm{Hom}(\mathbf{C}^n,\mathbf{C}^n)$ 如下：

$$T\boldsymbol{x}=\boldsymbol{P}\boldsymbol{x}\quad(\forall\boldsymbol{x}\in\mathbf{C}^n),$$

则 T 在 $\mathbf{C}^n$ 中的基 $\boldsymbol{e}_1,\boldsymbol{e}_2,\cdots,\boldsymbol{e}_n$ 下的矩阵为 $\boldsymbol{P}$. 若 $\boldsymbol{P}$ 为投影矩阵，则 T 为投影变换，$T^2=T\Rightarrow\boldsymbol{P}^2=\boldsymbol{P}$, 即 $\boldsymbol{P}$ 为等幂矩阵.

若 $\boldsymbol{P}$ 为等幂矩阵，则 $T^2=T$, 由引理 1 可得 $N(\boldsymbol{P})=R(\boldsymbol{E}-\boldsymbol{P})$.

$$\forall x \in \mathbf{C}^n, \quad x = Px + x - Px = Px + (E-P)x \in R(P) + N(P),$$

从而 $\mathbf{C}^n \subset R(P)+N(P)$，所以 $\mathbf{C}^n = R(P)+N(P)$.

现证 $\mathbf{C}^n = R(P)\oplus N(P)$. $\forall u \in R(P)\cap N(P)$,

$$u \in R(P) \Rightarrow \exists v \in \mathbf{C}^n \text{ s.t. } u = Pv,$$

$$Pu = P^2v = Pv = u \Rightarrow u = Pu,$$

$$u \in N(P) \Rightarrow Pu = \mathbf{0} \Rightarrow u = Pu = \mathbf{0},$$

故 $\mathbf{C}^n = R(P)+N(P) = R(P)\oplus N(P)$. 所以，$T$ 是沿 $N(P)$ 到 $R(P)$ 的投影变换：$T = P_{R(P),N(P)}$. 定理证毕.

由于论述投影矩阵时需要指明投影的两个关键要素 L 与 M，所以经常使用同一个符号 $P_{L,M}$ 表示投影变换和投影矩阵.

下面继续推导投影矩阵 $P_{L,M}$ 的计算公式.

因为 $\mathbf{C}^n = L\oplus M$，设 $\dim L = k$，取 L 的一组基 $X = (x_1, x_2, \cdots, x_k)$，$M$ 的一组基 $Y = (y_1, y_2, \cdots, y_{n-k})$，可以构成 $\mathbf{C}^n$ 的一组基 $(X \vdots Y)$，则

$$P_{L,M}(X \vdots Y) = (P_{L,M}X \vdots P_{L,M}Y) = (X \vdots \mathbf{0}_{n\times(n-k)}),$$

所以

$$P_{L,M} = (X \vdots \mathbf{0}_{n\times(n-k)})(X \vdots Y)^{-1}. \tag{1}$$

例 1 设

$$a_1 = (3,0,1,0)^{\mathrm{T}}, \quad a_2 = (-2,2,-2,1)^{\mathrm{T}}, \quad L = L(a_1, a_2),$$

$$b_1 = (0,2,-3,2)^{\mathrm{T}}, \quad b_2 = (-1,1,-2,1)^{\mathrm{T}}, \quad M = L(b_1, b_2),$$

求投影矩阵 $P_{L,M}$.

解 设 $A = (a_1, a_2, b_1, b_2) = \begin{pmatrix} 3 & -2 & 0 & -1 \\ 0 & 2 & 2 & 1 \\ 1 & -2 & -3 & -2 \\ 0 & 1 & 2 & 1 \end{pmatrix}$，则

$$|A| \neq 0, \quad A^{-1} = \begin{pmatrix} 1 & 1 & -2 & -4 \\ 0 & 1 & 0 & -1 \\ -1 & -1 & 3 & 6 \\ 2 & 1 & -6 & -4 \end{pmatrix},$$

所以，a_1, a_2, b_1, b_2 构成 $\mathbf{C}^4$ 的一组基，$\mathbf{C}^4 = L\oplus M$. 由 (1) 式可得

$$P_{L,M} = (a_1, a_2, \mathbf{0}, \mathbf{0})(a_1, a_2, b_1, b_2)^{-1}$$

$$=\begin{pmatrix}3&-2&0&0\\0&2&0&0\\1&-2&0&0\\0&1&0&0\end{pmatrix}\begin{pmatrix}1&1&-2&-4\\0&1&0&-1\\-1&-1&3&6\\2&1&-6&-4\end{pmatrix},$$

即

$$\boldsymbol{P}_{L,M}=\begin{pmatrix}3&1&-6&-10\\0&2&0&-2\\1&-1&-2&-2\\0&1&0&-1\end{pmatrix}.$$

二、正交投影变换与正交投影矩阵

从计算的角度而言，正交投影矩阵具有更良好的性质.

定义 3　设L是$\mathbf{C}^n$的一个子空间，称沿着$L^{\perp}$到L的投影变换$P_{L,L^{\perp}}$为正交投影变换，记为P_L，它在$\mathbf{C}^n$中的基$\boldsymbol{e}_1,\boldsymbol{e}_2,\cdots,\boldsymbol{e}_n$下的矩阵称为**正交投影矩阵**，也记为$\boldsymbol{P}_L$.

定理 2　$\boldsymbol{P}$是正交投影矩阵的充要条件是$\boldsymbol{P}$为等幂 Hermite 阵.

证　若$\boldsymbol{P}=\boldsymbol{P}_L$是正交投影矩阵，则由定理 1 知：$\boldsymbol{P}$是等幂矩阵. $\forall \boldsymbol{x}_1,\boldsymbol{x}_2\in\mathbf{C}^n$，$\boldsymbol{x}_1=\boldsymbol{y}_1+\boldsymbol{z}_1,\boldsymbol{x}_2=\boldsymbol{y}_2+\boldsymbol{z}_2(\boldsymbol{y}_1,\boldsymbol{y}_2\in L,\boldsymbol{z}_1,\boldsymbol{z}_2\in L^{\perp})$，则$\boldsymbol{P}_L\boldsymbol{x}_1=\boldsymbol{y}_1\in L,\boldsymbol{x}_2-\boldsymbol{P}_L\boldsymbol{x}_2=(\boldsymbol{E}-\boldsymbol{P}_L)\boldsymbol{x}_2=\boldsymbol{z}_2\in L^{\perp}$，从而有

$$\boldsymbol{x}_1^{\mathrm{H}}\boldsymbol{P}_L^{\mathrm{H}}(\boldsymbol{E}-\boldsymbol{P}_L)\boldsymbol{x}_2=\boldsymbol{0}.$$

由$\boldsymbol{x}_1,\boldsymbol{x}_2\in\mathbf{C}^n$的任意性可得

$$\boldsymbol{P}_L^{\mathrm{H}}(\boldsymbol{E}-\boldsymbol{P}_L)=\boldsymbol{0}\Rightarrow\boldsymbol{P}_L^{\mathrm{H}}=\boldsymbol{P}_L^{\mathrm{H}}\boldsymbol{P}_L\Rightarrow\boldsymbol{P}_L=\boldsymbol{P}_L^{\mathrm{H}}=\boldsymbol{P}_L^{\mathrm{H}}\boldsymbol{P}_L,$$

由此可知：$\boldsymbol{P}_L$是等幂 Hermite 阵.

若$\boldsymbol{P}$是等幂 Hermite 阵，因为$N(\boldsymbol{P})=R^{\perp}(\boldsymbol{P}^{\mathrm{H}})=R^{\perp}(\boldsymbol{P})$，则由定理 1 和引理 1 可得

$$\boldsymbol{P}=\boldsymbol{P}R(\boldsymbol{P}),N(\boldsymbol{P})=\boldsymbol{P}R(\boldsymbol{P}),R^{\perp}(\boldsymbol{P})=\boldsymbol{P}R(\boldsymbol{P}),$$

即$\boldsymbol{P}$是正交投影矩阵. 定理证毕.

下面推导$\boldsymbol{P}_L$的计算公式. 设$\dim L=k$，L的一组基为$\boldsymbol{X}=(\boldsymbol{x}_1,\boldsymbol{x}_2,\cdots,\boldsymbol{x}_k)$，$L^{\perp}$的一组基为$\boldsymbol{Y}=(\boldsymbol{y}_1,\boldsymbol{y}_2,\cdots,\boldsymbol{y}_{n-k})$可构成$\mathbf{C}^n$的一组基$(\boldsymbol{X}\vdots\boldsymbol{Y})$. 由(1)式可得

$$\boldsymbol{P}_L=(\boldsymbol{X}\vdots\boldsymbol{0}_{n\times(n-k)})(\boldsymbol{X}\vdots\boldsymbol{Y})^{-1}(\boldsymbol{X}\vdots\boldsymbol{Y})^{-\mathrm{H}}(\boldsymbol{X}\vdots\boldsymbol{Y})^{\mathrm{H}}$$

$$=(X \vdots 0_{n\times(n-k)})\begin{pmatrix} X^{H}X & 0 \\ 0 & X^{H}Y \end{pmatrix}\begin{pmatrix} X^{H} \\ Y^{H} \end{pmatrix}$$

$$=(X \vdots 0_{n\times(n-k)})\begin{pmatrix} (X^{H}X)^{-1} & 0 \\ 0 & (Y^{H}Y)^{-1} \end{pmatrix}\begin{pmatrix} X^{H} \\ Y^{H} \end{pmatrix}$$

$$=(X \vdots 0_{n\times(n-k)})\begin{pmatrix} (X^{H}X)^{-1}X^{H} \\ (Y^{H}Y)^{-1}Y^{H} \end{pmatrix}.$$

从而

$$P_L = X(X^{H}X)^{-1}X^{H}. \tag{2}$$

例 2 设 $a_1=(2,1,1,2)^{T}, a_2=(-1,2,2,1)^{T}$, $L=L(a_1,a_2)$, 求如下正交投影矩阵 P_L.

解 显然，向量组 a_1,a_2 线性无关，所以它们构成 L 的一组基向量组，设

$$X=(a_1,a_2)=\begin{pmatrix} 2 & -1 \\ 1 & 2 \\ 1 & 2 \\ 2 & 1 \end{pmatrix} \Rightarrow X^{H}X=\begin{pmatrix} 10 & 4 \\ 4 & 10 \end{pmatrix},$$

$$(X^{H}X)^{-1}=\frac{1}{42}\begin{pmatrix} 5 & -2 \\ -2 & 5 \end{pmatrix},$$

由 (2) 式得

$$P_L = X(X^{H}X)^{-1}X^{H}=\frac{1}{42}\begin{pmatrix} 2 & -1 \\ 1 & 2 \\ 1 & 2 \\ 2 & 1 \end{pmatrix}\begin{pmatrix} 5 & -2 \\ -2 & 5 \end{pmatrix}\begin{pmatrix} 2 & 1 & 1 & 2 \\ -1 & 2 & 2 & 1 \end{pmatrix}$$

$$=\frac{1}{42}\begin{pmatrix} 33 & -6 & -6 & 15 \\ -6 & 17 & 17 & 10 \\ -6 & 17 & 17 & 10 \\ 15 & 10 & 10 & 17 \end{pmatrix}.$$

第二节 广义逆矩阵的定义及性质

本节介绍 Moore-Penrose 广义逆矩阵.

一、广义逆矩阵的定义及其存在唯一性

定义 1　设 $\boldsymbol{A}\in\mathbf{C}^{m\times n}$，若 $\boldsymbol{X}\in\mathbf{C}^{n\times m}$ 满足以下四个条件：

(1) $\boldsymbol{AXA}=\boldsymbol{A}$,

(2) $\boldsymbol{XAX}=\boldsymbol{X}$,

(3) $(\boldsymbol{AX})^{\mathrm{H}}=\boldsymbol{AX}$,

(4) $(\boldsymbol{XA})^{\mathrm{H}}=\boldsymbol{XA}$,

则称 $\boldsymbol{X}$ 为矩阵 $\boldsymbol{A}$ 的 M - P **逆**，记为 $\boldsymbol{A}^{+}$.

矩阵 $\boldsymbol{A}$ 的 M - P 逆的一些特征介绍如下：显然，若 $\boldsymbol{A}$ 是 n 阶非奇异方阵，则 $\boldsymbol{A}^{-1}$ 就是它的 M - P 逆. 对于 $\boldsymbol{A}\in\mathbf{C}^{m\times n}$，若其 M - P 逆 $\boldsymbol{X}$ 存在，则由 (1) 可得

$$\boldsymbol{AXA}=\boldsymbol{A}\Rightarrow\boldsymbol{AXAX}=\boldsymbol{AX}\Rightarrow\boldsymbol{AX}=(\boldsymbol{AX})^{2}.$$

由 (3) 可知：$\boldsymbol{AX}\in\mathbf{C}^{m\times m}$ 是正交投影矩阵；又由 (2) 可得

$$\boldsymbol{XAX}=\boldsymbol{X}\Rightarrow\boldsymbol{XAXA}=\boldsymbol{XA}\Rightarrow\boldsymbol{XA}=(\boldsymbol{XA})^{2}.$$

同样，由 (4) 可得 $\boldsymbol{XA}\in\mathbf{C}^{n\times n}$ 是正交投影矩阵.

由此可知：如果矩阵 $\boldsymbol{A}$ 的 M - P 逆存在，则它应是合适的广义逆矩阵. 至于矩阵的 M - P 逆的存在唯一性，可以用如下定理来表述.

定理 1　任意给定 $\boldsymbol{A}\in\mathbf{C}^{m\times n}$，则 $\boldsymbol{A}^{+}$ 存在且唯一.

证　存在性　若 $\boldsymbol{A}=\boldsymbol{O}_{m\times n}\in\mathbf{C}^{m\times n}$，则 $\boldsymbol{X}=\boldsymbol{O}_{m\times n}$ 是其 M - P 逆.

现设 $\boldsymbol{A}\in\mathbf{C}_r^{m\times n}\,(r>0)$，对其作满秩分解：存在 $\boldsymbol{F}\in\mathbf{C}_r^{m\times r}$, $\boldsymbol{G}\in\mathbf{C}_r^{r\times n}$，使得 $\boldsymbol{A}=\boldsymbol{FG}$. 取 $\boldsymbol{X}=\boldsymbol{G}^{\mathrm{H}}(\boldsymbol{GG}^{\mathrm{H}})^{-1}(\boldsymbol{F}^{\mathrm{H}}\boldsymbol{F})^{-1}\boldsymbol{F}^{\mathrm{H}}\in\mathbf{C}^{n\times m}$，则

$$\begin{aligned}\boldsymbol{AXA}&=\boldsymbol{FGG}^{\mathrm{H}}(\boldsymbol{GG}^{\mathrm{H}})^{-1}(\boldsymbol{F}^{\mathrm{H}}\boldsymbol{F})^{-1}\boldsymbol{F}^{\mathrm{H}}\boldsymbol{FG}\\&=\boldsymbol{F}(\boldsymbol{GG}^{\mathrm{H}})(\boldsymbol{GG}^{\mathrm{H}})^{-1}(\boldsymbol{F}^{\mathrm{H}}\boldsymbol{F})^{-1}(\boldsymbol{F}^{\mathrm{H}}\boldsymbol{F})\boldsymbol{G}\\&=\boldsymbol{FG}=\boldsymbol{A},\end{aligned}$$

$$\begin{aligned}\boldsymbol{XAX}&=\boldsymbol{G}^{\mathrm{H}}(\boldsymbol{GG}^{\mathrm{H}})^{-1}(\boldsymbol{F}^{\mathrm{H}}\boldsymbol{F})^{-1}\boldsymbol{F}^{\mathrm{H}}\boldsymbol{FGG}^{\mathrm{H}}(\boldsymbol{GG}^{\mathrm{H}})^{-1}(\boldsymbol{F}^{\mathrm{H}}\boldsymbol{F})^{-1}\boldsymbol{F}^{\mathrm{H}}\\&=\boldsymbol{G}^{\mathrm{H}}(\boldsymbol{GG}^{\mathrm{H}})^{-1}(\boldsymbol{F}^{\mathrm{H}}\boldsymbol{F})^{-1}(\boldsymbol{F}^{\mathrm{H}}\boldsymbol{F})(\boldsymbol{GG}^{\mathrm{H}})(\boldsymbol{GG}^{\mathrm{H}})^{-1}(\boldsymbol{F}^{\mathrm{H}}\boldsymbol{F})^{-1}\boldsymbol{F}^{\mathrm{H}}\\&=\boldsymbol{G}^{\mathrm{H}}(\boldsymbol{GG}^{\mathrm{H}})^{-1}(\boldsymbol{F}^{\mathrm{H}}\boldsymbol{F})^{-1}\boldsymbol{F}^{\mathrm{H}}=\boldsymbol{X},\end{aligned}$$

$$\boldsymbol{AX}=\boldsymbol{FGG}^{\mathrm{H}}(\boldsymbol{GG}^{\mathrm{H}})^{-1}(\boldsymbol{F}^{\mathrm{H}}\boldsymbol{F})^{-1}\boldsymbol{F}^{\mathrm{H}}=\boldsymbol{F}(\boldsymbol{F}^{\mathrm{H}}\boldsymbol{F})^{-1}\boldsymbol{F}^{\mathrm{H}},$$

$$\boldsymbol{XA}=\boldsymbol{G}^{\mathrm{H}}(\boldsymbol{GG}^{\mathrm{H}})^{-1}(\boldsymbol{F}^{\mathrm{H}}\boldsymbol{F})^{-1}\boldsymbol{F}^{\mathrm{H}}\boldsymbol{FG}=\boldsymbol{G}^{\mathrm{H}}(\boldsymbol{GG}^{\mathrm{H}})^{-1}\boldsymbol{G},$$

从而有 $(\boldsymbol{AX})^{\mathrm{H}}=\boldsymbol{AX},(\boldsymbol{XA})^{\mathrm{H}}=\boldsymbol{XA}$，由 M-P 逆的定义可知：矩阵 $\boldsymbol{X}$ 是 $\boldsymbol{A}$ 的 M-P 逆. 存在性得证.

以下证明唯一性. 设 $\boldsymbol{A}\in\mathbf{C}^{m\times n}$ 有两个 M-P 逆 $\boldsymbol{X}$ 与 $\boldsymbol{Y}$，则由 M-P 逆的定义可得

$$
\begin{aligned}
\boldsymbol{X}&=\boldsymbol{XAX}=\boldsymbol{X}(\boldsymbol{AX})^{\mathrm{H}}=\boldsymbol{XX}^{\mathrm{H}}\boldsymbol{A}^{\mathrm{H}}=\boldsymbol{XX}^{\mathrm{H}}(\boldsymbol{AYA})^{\mathrm{H}}\\
&=\boldsymbol{XX}^{\mathrm{H}}\boldsymbol{A}^{\mathrm{H}}\boldsymbol{Y}^{\mathrm{H}}\boldsymbol{A}^{\mathrm{H}}=\boldsymbol{X}(\boldsymbol{AX})^{\mathrm{H}}(\boldsymbol{AY})^{\mathrm{H}}=\boldsymbol{XAXAY}=\boldsymbol{XAY}\\
&=\boldsymbol{XAYAY}=(\boldsymbol{XA})^{\mathrm{H}}(\boldsymbol{YA})^{\mathrm{H}}\boldsymbol{Y}=\boldsymbol{A}^{\mathrm{H}}\boldsymbol{X}^{\mathrm{H}}\boldsymbol{A}^{\mathrm{H}}\boldsymbol{Y}^{\mathrm{H}}\boldsymbol{Y}=(\boldsymbol{AXA})^{\mathrm{H}}\boldsymbol{Y}^{\mathrm{H}}\boldsymbol{Y}\\
&=\boldsymbol{A}^{\mathrm{H}}\boldsymbol{Y}^{\mathrm{H}}\boldsymbol{Y}=(\boldsymbol{YA})^{\mathrm{H}}\boldsymbol{Y}=\boldsymbol{YAY}=\boldsymbol{Y}.
\end{aligned}
$$

由此可得矩阵 $\boldsymbol{A}\in\mathbf{C}^{m\times n}$ 的 M-P 逆的唯一性. 定理证毕.

定义 2 设 $\boldsymbol{A}\in\mathbf{C}^{m\times n}$，若 $\boldsymbol{X}\in\mathbf{C}^{n\times m}$ 满足定义 1 的第 i 个 Penrose 方程，则称之为 $\boldsymbol{A}$ 的 $\{i\}$-**逆**，记为 $\boldsymbol{A}^{(i)}$，其全体构成的集合记为 $\boldsymbol{A}\{i\}$；同理，若 $\boldsymbol{X}$ 满足第 i,j 个 Penrose 方程，则称 $\boldsymbol{X}$ 为 $\boldsymbol{A}$ 的 $\{i,j\}$-**逆**，记为 $\boldsymbol{A}^{(i,j)}$，其全体构成的集合记为 $\boldsymbol{A}\{i,j\}$；若 $\boldsymbol{X}$ 满足第 i,j,k 个 Penrose 方程，则称 $\boldsymbol{X}$ 为 $\boldsymbol{A}$ 的 $\{i,j,k\}$-**逆**，记为 $\boldsymbol{A}^{(i,j,k)}$，其全体构成的集合记为 $\boldsymbol{A}\{i,j,k\}$.

由此可知：有 4 种 $\{i\}$-逆，6 种 $\{i,j\}$-逆，4 种 $\{i,j,k\}$-逆，1 种 $\{1,2,3,4\}$-逆，即 M-P 逆，共有 $4+6+4+1=15$ 种广义逆. 但在实际应用中，并不是每种广义逆都同等重要，最常见的是如下 5 种广义逆矩阵：

$$
\boldsymbol{A}\{1\},\quad \boldsymbol{A}\{1,2\},\quad \boldsymbol{A}\{1,3\},\quad \boldsymbol{A}\{1,4\},\quad \boldsymbol{A}\{1,2,3,4\}.
$$

本章将主要讨论这 5 种广义逆的性质. 其实，第一个 Penrose 方程最重要. 一般而言，只有 $\{1,2,3,4\}$-逆才是唯一的.

二、广义逆矩阵的性质

定理 2 矩阵 $\boldsymbol{A}\in\mathbf{C}^{m\times n}$ 有唯一的 $\{1\}$-逆的充要条件是 $\boldsymbol{A}$ 为非奇异方阵.

证 设 $\boldsymbol{X}\in\mathbf{C}^{n\times m}$，$\boldsymbol{X}\in\boldsymbol{A}\{1\}$，$\boldsymbol{x}\in N(\boldsymbol{A})$，$\boldsymbol{a}\in\mathbf{C}^{m}$，$\boldsymbol{y}\in N(\boldsymbol{A}^{\mathrm{H}})$，$\boldsymbol{b}\in\mathbf{C}^{n}$，取 $\boldsymbol{Y}=\boldsymbol{X}+\boldsymbol{xa}^{\mathrm{H}}+\boldsymbol{by}^{\mathrm{H}}$，则

$$
\boldsymbol{AYA}=\boldsymbol{AXA}+(\boldsymbol{Ax})\boldsymbol{a}^{\mathrm{H}}\boldsymbol{A}+\boldsymbol{Ab}(\boldsymbol{y}^{\mathrm{H}}\boldsymbol{A})=\boldsymbol{AXA}=\boldsymbol{A}\Rightarrow\boldsymbol{Y}\in\boldsymbol{A}\{1\},
$$

所以，要使 $\boldsymbol{A}$ 有唯一的 $\{1\}$-逆，则需使 $N(\boldsymbol{A})=\{\boldsymbol{0}\}$，$N(\boldsymbol{A}^{\mathrm{H}})=\{\boldsymbol{0}\}$，从而有

$$
\operatorname{rank}(\boldsymbol{A})=n,\quad \operatorname{rank}(\boldsymbol{A})=m\Rightarrow m=n=\operatorname{rank}(\boldsymbol{A}),
$$

所以，$\boldsymbol{A}$ 为非奇异方阵. 由第一个 Penrose 方程可知：这个唯一的 $\{1\}$-逆矩阵就是 $\boldsymbol{A}^{-1}$.

以下定理给出了 $\{1\}$-逆的一些性质.

定理 3　设 $A\in\mathbf{C}^{m\times n},B\in\mathbf{C}^{n\times p},\lambda\in\mathbf{C}$，则

(1) $(A^{(1)})^{\mathrm{H}}\in A^{\mathrm{H}}\{1\}$；

(2) $\lambda^{-1}A^{(1)}\in(\lambda A)\{1\}$；

(3) 若 $S\in\mathbf{C}^{m\times m},T\in\mathbf{C}^{n\times n},|S|\neq 0,|T|\neq 0$，则 $T^{-1}A^{(1)}S^{-1}\in(SAT)\{1\}$；

(4) $\mathrm{rank}(A^{(1)})\geqslant\mathrm{rank}(A)$；

(5) $(AA^{(1)})^2=AA^{(1)}$，$(A^{(1)}A)^2=A^{(1)}A$，$\mathrm{rank}(AA^{(1)})=\mathrm{rank}(A^{(1)}A)=\mathrm{rank}(A)$；

(6) $R(AA^{(1)})=R(A)$，$N(AA^{(1)})=N(A)$，$R((A^{(1)}A)^{\mathrm{H}})=R(A^{\mathrm{H}})$；

(7) $A^{(1)}A=E_n\Leftrightarrow\mathrm{rank}(A)=n$，$AA^{(1)}=E_m\Leftrightarrow\mathrm{rank}(A)=m$；

(8) $AB(AB)^{(1)}A=A\Leftrightarrow\mathrm{rank}(AB)=\mathrm{rank}(A)$,

$B(AB)^{(1)}AB=B\Leftrightarrow\mathrm{rank}(AB)=\mathrm{rank}(B)$.

证　(1) 由 $\{1\}$-逆的定义可得 $AA^{(1)}A=A\Rightarrow(AA^{(1)}A)^{\mathrm{H}}=A^{\mathrm{H}}$，即 $A^{\mathrm{H}}(A^{(1)})^{\mathrm{H}}A^{\mathrm{H}}=A^{\mathrm{H}}\Rightarrow(A^{(1)})^{\mathrm{H}}\in A^{\mathrm{H}}\{1\}$.

(2) $(\lambda A)(\lambda^{-1}A^{(1)})(\lambda A)=\lambda AA^{(1)}A=\lambda A\Rightarrow\lambda^{-1}A^{(1)}\in(\lambda A)\{1\}$.

(3)
$$\begin{aligned}SAT&=SAA^{(1)}AT\\&=SATT^{-1}A^{(1)}S^{-1}SAT=(SAT)(T^{-1}A^{(1)}S^{-1})(SAT),\end{aligned}$$
即 $T^{-1}A^{(1)}S^{-1}\in(SAT)\{1\}$.

(4) 若 $A=BC$，则 $\mathrm{rank}(A)\leqslant\mathrm{rank}(B),\mathrm{rank}(A)\leqslant\mathrm{rank}(C)$，由此可得：$A=AA^{(1)}A\Rightarrow\mathrm{rank}(A)\leqslant\mathrm{rank}(AA^{(1)})\leqslant\mathrm{rank}(A^{(1)})$.

(5)
$$AA^{(1)}A=A\Rightarrow AA^{(1)}AA^{(1)}=AA^{(1)}\Leftrightarrow(AA^{(1)})^2=AA^{(1)},$$
$$A^{(1)}AA^{(1)}A=A^{(1)}A\Leftrightarrow(A^{(1)}A)^2=A^{(1)}A.$$

(6)
$$R(A)=R(AA^{(1)}A)\subset R(AA^{(1)})\subset R(A)\Rightarrow R(A)=R(AA^{(1)}),$$
$$N(A)\subset N(A^{(1)}A)\subset N(AA^{(1)}A)=N(A)\Rightarrow N(A)=N(A^{(1)}A),$$
$$\begin{aligned}R(A^{\mathrm{H}})&=R(A^{\mathrm{H}}(A^{(1)})^{\mathrm{H}}A^{\mathrm{H}})\subset R(A^{\mathrm{H}}(A^{(1)})^{\mathrm{H}})=R((A^{(1)}A)^{\mathrm{H}})\subset R(A^{\mathrm{H}})\\&\Rightarrow R(A^{\mathrm{H}})=R((A^{(1)}A)^{\mathrm{H}}).\end{aligned}$$

(7) 设 $\mathrm{rank}(A)=n$，则 $\mathrm{rank}(AA^{(1)})=\mathrm{rank}(A)$, $AA^{(1)}\in\mathbf{C}^{n\times n}$，所以，$\det(AA^{(1)})\neq 0$，$(AA^{(1)})^2=AA^{(1)}\Rightarrow AA^{(1)}=E_n$.

另一方面，$AA^{(1)}=E_n\Rightarrow\mathrm{rank}(AA^{(1)})=n\Rightarrow\mathrm{rank}(A)=n$. 对于 $A^{(1)}A=E_m\Leftrightarrow\mathrm{rank}(A)=m$.

充分性　设 $\mathrm{rank}(A)=m$，则

$$\text{rank}(A^{(1)}A)=m,\quad A^{(1)}A\in C^{m\times m}\Rightarrow \det(A^{(1)}A)\neq 0,$$

$$(A^{(1)}A)^2=A^{(1)}A\Rightarrow A^{(1)}A=E_m.$$

必要性 $A^{(1)}A=E_m\Rightarrow \text{rank}(A^{(1)}A)=m\Rightarrow \text{rank}(A)=m.$

(8) 对于 $AB(AB)^{(1)}A=A\Leftrightarrow \text{rank}(AB)=\text{rank}(A).$

$\text{rank}(AB)=\text{rank}(A),\quad R(AB)\subset R(A)\Rightarrow R(AB)=R(A).$

由 (5) 得 $AB(AB)^{(1)}=P_{L,M}$ 是投影矩阵，其中

$$L=R(AB(AB)^{(1)})=R(AB)=R(A).$$

由投影变换及投影矩阵的定义可得 $\forall x\in R(AB)$,

$$AB(AB)^{(1)}x=x\Rightarrow AB(AB)^{(1)}A=A.$$

对于 $B(AB)^{(1)}AB=B\Leftrightarrow \text{rank}(AB)=\text{rank}(B)$, 由 (1) 可知

$$(A^{(1)})^{\mathrm{H}}\in A^{\mathrm{H}}\{1\}\Leftrightarrow (A^{(1)})^{\mathrm{H}}=(A^{\mathrm{H}})^{(1)},$$

这里的后一个等式应理解为 $(A^{(1)})^{\mathrm{H}}$ 是 A^{H} 的某个{1}-逆. 从而有

$$B(AB)^{(1)}AB=B\Leftrightarrow \text{rank}(AB)=\text{rank}(B),$$

可得

$$B^{\mathrm{H}}A^{\mathrm{H}}(B^{\mathrm{H}}A^{\mathrm{H}})^{(1)}B^{\mathrm{H}}=B^{\mathrm{H}}\Leftrightarrow \text{rank}(B^{\mathrm{H}}A^{\mathrm{H}})=\text{rank}(B^{\mathrm{H}}).$$

而这个结论可由第一个结论直接得到. 定理证毕.

利用{1}-逆可以很容易构造出其他的广义逆，以下将构造{1,2}-逆、{1,2,3}-逆和{1,2,4}-逆等广义逆矩阵.

定理 4 设 $Y,Z\in A\{1\},X=YAZ$，则 $X\in A\{1,2\}$.

直接将 X 代入第 1、2 个 Penrose 方程即可得证，此处从略.

定理 5 设 $A\in\mathbf{C}^{m\times n},X\in A\{1\}$，则

$$X\in A\{1,2\}\Leftrightarrow \text{rank}(A)=\text{rank}(X).$$

证 充分性 显然，$R(XA)\subset R(X)$. 若 $\text{rank}(A)=\text{rank}(X)$，则由{1}-逆的性质可得 $\text{rank}(XA)=\text{rank}(A)=\text{rank}(X)$，从而有

$$\dim R(XA)=\dim R(X).$$

所以 $R(XA)=R(X)$，由此可得：存在 $Y\in\mathbf{C}^{n\times m}$ 使得

$$X=XAY,\tag{1}$$

从而

$$XAX = XA(XAY) = X(AXA)Y = XAY = X \Rightarrow X \in A\{1,2\}.$$

必要性

$$A = AXA \Rightarrow \operatorname{rank}(A) \leqslant \operatorname{rank}(X),$$

$$X = XAX \Rightarrow \operatorname{rank}(X) \leqslant \operatorname{rank}(A),$$

所以 $\operatorname{rank}(A) = \operatorname{rank}(X)$. 定理证毕.

注　Penrose 方程中的第一个方程和第二个方程中 X 与 A 是对称的，因此 $X \in A\{1,2\}$ 与 $A \in X\{1,2\}$ 是等价的. (1)式中的矩阵 Y 可以通过求解矩阵方程

$$(XA)Y = X$$

来求得. 因为 $A = AXA = AXAYA = AYA$，所以 $Y \in A\{1\}$，这正好印证了本节定理 4.

下面，讨论 $A^{(1,2,3)}, A^{(1,2,4)}$ 如何求解.

定理 6　设 $A \in \mathbf{C}^{m \times n}$, 则有

$$Y = (A^{\mathrm{H}} A)^{(1)} A^{\mathrm{H}} \in A\{1,2,3\},$$

$$Z = A^{\mathrm{H}} (AA^{\mathrm{H}})^{(1)} \in A\{1,2,4\}.$$

证　这两个结论的证明过程非常相似，这里以 $Z \in A\{1,2,4\}$ 为例. 显然，$R(AA^{\mathrm{H}}) \subset R(A)$. 又因为 $\operatorname{rank}(AA^{\mathrm{H}}) = \operatorname{rank}(A)$，所以 $R(AA^{\mathrm{H}}) = R(A) \Rightarrow \exists Q \in \mathbf{C}^{n \times m}$，使得

$$A = AA^{\mathrm{H}}Q \Rightarrow A^{\mathrm{H}} = Q^{\mathrm{H}}AA^{\mathrm{H}},$$

$$AZA = AA^{\mathrm{H}}(AA^{\mathrm{H}})^{(1)}AA^{\mathrm{H}}Q = AA^{\mathrm{H}}Q = A.$$

所以 $Z \in A\{1\}$，从而有 $\operatorname{rank}(Z) \geqslant \operatorname{rank}(A)$. 又由 Z 的定义，有

$$\operatorname{rank}(Z) \leqslant \operatorname{rank}(A^{\mathrm{H}}) = \operatorname{rank}(A) \Rightarrow \operatorname{rank}(Z) = \operatorname{rank}(A).$$

由本节定理 5 可得：$Z \in A\{1,2\}$.

$$ZA = A^{\mathrm{H}}(AA^{\mathrm{H}})^{(1)}A = Q^{\mathrm{H}}AA^{\mathrm{H}}(AA^{\mathrm{H}})^{(1)}AA^{\mathrm{H}}Q = Q^{\mathrm{H}}AA^{\mathrm{H}}Q.$$

所以 $(ZA)^{\mathrm{H}} = ZA \Rightarrow ZA \in A\{1,2,4\}$.

对于 $Y \in A\{1,2,4\}$，其证明过程与此类似，此处省略，定理证毕.

本节定理 6 说明：矩阵的{1,3}-逆和{1,4}-逆是存在的；以下定理说明：矩阵的{1,3}-逆和{1,4}-逆一般来说是不唯一的.

定理 7　设 $A \in \mathbf{C}^{m \times n}$，则

$$A\{1,3\} = \{A^{(1,3)} + (E - A^{(1,3)}A)Y \mid Y \in \mathbf{C}^{n \times m}\},$$

$$A\{1,4\} = \{A^{(1,4)} + Z(E - AA^{(1,4)}) \mid Z \in \mathbf{C}^{n \times m}\}.$$

证 $$\forall X \in \{A^{(1,3)} + (E - A^{(1,3)}A)Y \mid Y \in \mathbf{C}^{n\times m}\},$$

$$X = A^{(1,3)} + (E - A^{(1,3)}A)Y,$$

$$AXA = AA^{(1,3)}A + A(E - A^{(1,3)}A)YA = A + 0_{m\times n}YA = A,$$
$$AX = AA^{(1,3)} + A(E - A^{(1,3)}A)Y = AA^{(1,3)},$$
$$(AX)^{\mathrm{H}} = (AA^{(1,3)})^{\mathrm{H}} = AA^{(1,3)} = AX \Rightarrow X \in A\{1,3\}.$$

所以，$\{A^{(1,3)} + (E - A^{(1,3)}A)Y \mid Y \in \mathbf{C}^{n\times m}\} \subset A\{1,3\}$， $\forall X \in A\{1,3\}$,

$$X = A^{(1,3)} + (X - A^{(1,3)}) - A^{(1,3)}AX + A^{(1,3)}AA^{(1,3)}AX$$

$$= A^{(1,3)} + (X - A^{(1,3)}) - A^{(1,3)}AX + A^{(1,3)}(AA^{(1,3)})^{\mathrm{H}}(AX)^{\mathrm{H}}$$

$$= A^{(1,3)} + (X - A^{(1,3)}) - A^{(1,3)}AX + A^{(1,3)}(AXAA^{(1,3)})^{\mathrm{H}}$$

$$= A^{(1,3)} + (X - A^{(1,3)}) - A^{(1,3)}AX + A^{(1,3)}(AA^{(1,3)})^{\mathrm{H}}$$

$$= A^{(1,3)} + (X - A^{(1,3)}) - A^{(1,3)}AX + A^{(1,3)}(AA^{(1,3)}).$$

从而

$$X = A^{(1,3)} + (E - A^{(1,3)}A)(X - A^{(1,3)}),$$

所以

$$A\{1,3\} = \{A^{(1,3)} + (E - A^{(1,3)}A)Y \mid Y \in \mathbf{C}^{n\times m}\}.$$

利用同样的方法可以证明第二个结论. 此处从略，定理证毕.

以下定理说明 $A^{(1,3)}$ 和 $A^{(1,4)}$ 可以构造出 A^{+}.

定理 8 设 $A \in \mathbf{C}^{m\times n}$，则 $A^{+} = A^{(1,4)}AA^{(1,3)}$.

证 设 $X = A^{(1,4)}AA^{(1,3)}$，则由定理 4 可知：$X \in A\{1,2\}$. 由于

$$AX = AA^{(1,4)}AA^{(1,3)} = AA^{(1,3)} \Rightarrow (AX)^{\mathrm{H}} = (AA^{(1,3)})^{\mathrm{H}} = AA^{(1,3)} = AX,$$

$$XA = A^{(1,4)}AA^{(1,3)}A = A^{(1,4)}A \Rightarrow (XA)^{\mathrm{H}} = (A^{(1,4)}A)^{\mathrm{H}} = A^{(1,4)}A = XA,$$

所以，由定义可知：$X \in A\{1,2,3,4\}$，由 M-P 逆的唯一性即得 $X = A^{+}$.

下面定理给出了 M-P 逆的一些性质.

定理 9 设 $A \in \mathbf{C}^{m\times n}$，则

(1) $\mathrm{rank}(A^{+}) = \mathrm{rank}(A)$；

(2) $(A^{+})^{+} = A$；

(3) $(A^{\mathrm{H}})^{+} = (A^{+})^{\mathrm{H}}$, $(A^{\mathrm{T}})^{+} = (A^{+})^{\mathrm{T}}$；

(4) $(A^{\mathrm{H}}A)^{+} = A^{+}(A^{\mathrm{H}})^{+}$, $(AA^{\mathrm{H}})^{+} = (A^{\mathrm{H}})^{+}A^{+}$；

(5) $A^{+}=(A^{\mathrm{H}}A)^{+}A^{\mathrm{H}}=A^{\mathrm{H}}(AA^{\mathrm{H}})^{+}$；

(6) $R(A^{+})=R(A^{\mathrm{H}}),N(A^{+})=N(A^{\mathrm{H}})$.

证明略.

注意到定理的(4)，这一条类似于常逆矩阵中的$(A^{\mathrm{H}}A)^{-1}=A^{-1}A^{-\mathrm{H}}$. 这里只对于$AA^{\mathrm{H}}$和$A^{\mathrm{H}}A$具有此性质，对于一般的矩阵而言，这个性质不成立：$(AB)^{+}\neq B^{+}A^{+}$.

第三节　广义逆矩阵的计算方法

一、{1}-逆和{1,2}-逆的计算

对于任意给定的$A\in\mathbf{C}^{m\times m}$，可通过初等行列变换将$A$化成最简形式：

$$A\xrightarrow{\text{初等}}\begin{pmatrix}E_r & 0\\ 0 & 0\end{pmatrix},$$

也就是：存在$P\in\mathbf{C}^{m\times m},Q\in\mathbf{C}^{n\times n}$，$|P|\neq 0,|Q|\neq 0$使得

$$PAQ=\begin{pmatrix}E_r & 0\\ 0 & 0\end{pmatrix}_{m\times n},\tag{1}$$

其中E_r为r阶方阵.

利用这种分解形式可得矩阵的{1}-逆和{1,2}逆.

定理 1　设$A\in\mathbf{C}_r^{m\times n},P\in\mathbf{C}^{m\times m},Q\in\mathbf{C}^{n\times n},|P|\neq 0,|Q|\neq 0$，且使得$A$具有(1)的分解形式，则

$$A\{1\}=\left\{Q\begin{pmatrix}E_r & L_{12}\\ L_{21} & L_{22}\end{pmatrix}P\,\middle|\,L_{12},L_{21},L_{22}\text{为适应阶数的任意矩阵}\right\},\tag{2}$$

$$A\{1,2\}=\left\{Q\begin{pmatrix}I_r & L_{12}\\ L_{21} & L_{21}L_{12}\end{pmatrix}P\,\middle|\,L_{12},L_{21}\text{为适当阶数的任意矩阵}\right\}.\tag{3}$$

证　(2)任取$X=Q\begin{pmatrix}E_r & L_{12}\\ L_{21} & L_{22}\end{pmatrix}P$，则

$$PAQ=\begin{pmatrix}E_r & 0\\ 0 & 0\end{pmatrix}\Leftrightarrow A=P^{-1}\begin{pmatrix}E_r & 0\\ 0 & 0\end{pmatrix}Q^{-1},$$

$$AXA=P^{-1}\begin{pmatrix}E_r & 0\\ 0 & 0\end{pmatrix}Q^{-1}Q\begin{pmatrix}E_r & L_{12}\\ L_{21} & L_{22}\end{pmatrix}PP^{-1}\begin{pmatrix}E_r & 0\\ 0 & 0\end{pmatrix}Q^{-1}$$

$$=P^{-1}\begin{pmatrix}E_r & 0\\ 0 & 0\end{pmatrix}\begin{pmatrix}E_r & L_{12}\\ L_{21} & L_{22}\end{pmatrix}\begin{pmatrix}E_r & 0\\ 0 & 0\end{pmatrix}Q^{-1}$$

$$=P^{-1}\begin{pmatrix}Q_r & 0\\ 0 & 0\end{pmatrix}Q^{-1}=A,$$

所以 $X\in A\{1\}$.

反之，设 $X=Q\begin{pmatrix}L_{11} & L_{12}\\ L_{21} & L_{22}\end{pmatrix}P\in A\{1\}$，那么由 $AXA=A$ 可得

$$AXA=P^{-1}\begin{pmatrix}E_r & 0\\ 0 & 0\end{pmatrix}Q^{-1}Q\begin{pmatrix}L_{11} & L_{12}\\ L_{21} & L_{22}\end{pmatrix}PP^{-1}\begin{pmatrix}E_r & 0\\ 0 & 0\end{pmatrix}Q^{-1}$$

$$=P^{-1}\begin{pmatrix}E_r & 0\\ 0 & 0\end{pmatrix}\begin{pmatrix}L_{11} & L_{12}\\ L_{21} & L_{22}\end{pmatrix}\begin{pmatrix}E_r & 0\\ 0 & 0\end{pmatrix}Q^{-1}$$

$$=P^{-1}\begin{pmatrix}L_{11} & 0\\ 0 & 0\end{pmatrix}Q^{-1}.$$

从而有

$$P^{-1}\begin{pmatrix}L_{11} & 0\\ 0 & 0\end{pmatrix}Q^{-1}=P^{-1}\begin{pmatrix}E_r & 0\\ 0 & 0\end{pmatrix}Q^{-1}\Rightarrow L_{11}=E_r.$$

由此可得：当 $L_{11}=E_r$ 且 L_{12}，L_{21}，L_{22} 任取时，则 $X\in A\{1\}$.

(3) 取 $X=Q\begin{pmatrix}E_r & L_{12}\\ L_{21} & L_{21}L_{12}\end{pmatrix}P$，容易验证 $XAX=X\Rightarrow X\in A\{1,2\}$.

反之，设 $X=Q\begin{pmatrix}E_r & L_{12}\\ L_{21} & L_{22}\end{pmatrix}P\in A\{1,2\}$，则由 $XAX=X$ 可得

$$XAX=Q\begin{pmatrix}E_r & L_{12}\\ L_{21} & L_{22}\end{pmatrix}PP^{-1}\begin{pmatrix}E_r & 0\\ 0 & 0\end{pmatrix}Q^{-1}Q\begin{pmatrix}E_r & L_{12}\\ L_{21} & L_{22}\end{pmatrix}P$$

$$=Q\begin{pmatrix}E_r & L_{12}\\ L_{21} & L_{22}\end{pmatrix}\begin{pmatrix}E_r & 0\\ 0 & 0\end{pmatrix}\begin{pmatrix}E_r & L_{12}\\ L_{21} & L_{22}\end{pmatrix}P$$

$$=Q\begin{pmatrix}E_r & L_{12}\\ L_{21} & L_{22}\end{pmatrix}\begin{pmatrix}E_r & L_{12}\\ 0 & 0\end{pmatrix}P$$

$$=Q\begin{pmatrix}E_r & L_{12}\\ L_{21} & L_{21}L_{12}\end{pmatrix}P=X=Q\begin{pmatrix}E_r & L_{12}\\ L_{21} & L_{22}\end{pmatrix}P.$$

根据矩阵相等的定义有 $L_{21}L_{12}=L_{22}$. 由此可得，当 $L_{22}=L_{21}L_{12}$ 且 L_{21},L_{12} 任取时，$X\in A\{1,2\}$. 定理证毕.

矩阵的{1}-逆还有如下形式.

例 1　设 $A\in\mathbf{C}^{m\times n}$，给定 $A^{(1)}\in A\{1\}$，证明：

(1) $A\{1\}=\{A^{(1)}+Y-A^{(1)}AYAA^{(1)}\mid\forall Y\in\mathbf{C}^{n\times m}\}$；

(2) $A\{1\}=\{A^{(1)}+Y(I_m-AA^{(1)})+(I_n-A^{(1)}A)Z\mid\forall Y,Z\in\mathbf{C}^{n\times m}\}$.

证　(1) 任意 $X\in\{A^{(1)}+Y-A^{(1)}AYAA^{(1)}\mid\forall Y\in\mathbf{C}^{n\times m}\}$，存在

$$Y\in\mathbf{C}^{n\times m}$$

使得 $X=A^{(1)}+Y-A^{(1)}AYAA^{(1)}$，且

$$AXA=AA^{(1)}A+AYA-AA^{(1)}AYAA^{(1)}A=A+AYA-AYA=A.$$

从而，$X\in A\{1\}\Rightarrow\{A^{(1)}+Y-A^{(1)}AYAA^{(1)}\mid\forall Y\in\mathbf{C}^{n\times m}\}\subset A\{1\}$.

反之，$\forall X\in A\{1\}$，取 $Y=X-A^{(1)}$，则

$$\begin{aligned}W&=A^{(1)}+Y-A^{(1)}AYAA^{(1)}\\&=A^{(1)}+(X-A^{(1)})-A^{(1)}A(X-A^{(1)})AA^{(1)}\\&=A^{(1)}+X-A^{(1)}-A^{(1)}(AXA-AA^{(1)}A)A^{(1)}\\&=A^{(1)}+X-A^{(1)}-\mathbf{0},\end{aligned}$$

$$X=W\in\{A^{(1)}+Y-A^{(1)}AYAA^{(1)}\mid\forall Y\in\mathbf{C}^{n\times m}\}.$$

从而有

$$A\{1\}\subset\{A^{(1)}+Y-A^{(1)}AYAA^{(1)}\mid\forall Y\in\mathbf{C}^{n\times m}\},$$

所以

$$A\{1\}\subset\{A^{(1)}+Y-A^{(1)}AYAA^{(1)}\mid\forall Y\in\mathbf{C}^{n\times m}\},$$

对于(2)的证明，方法完全类似，直接验证可得

$$A\{1\}\supset\{A^{(1)}+Y(I_m-AA^{(1)})+(I_n-A^{(1)}A)Z\mid\forall Y,Z\in\mathbf{C}^{n\times m}\}.$$

对于 $A\{1\}\supset\{A^{(1)}+Y(I_m-AA^{(1)})+(I_n-A^{(1)}A)Z\mid\forall Y,Z\in\mathbf{C}^{n\times m}\}$，任取 $X\in A\{1\}$，只需取 $Y=X-A^{(1)},Z=XAA^{(1)}$，即可证得所需要的结论. 过程从略.

二、利用矩阵的满秩分解求广义逆矩阵

对于 $A\in\mathbf{C}_r^{m\times n}$，存在 $F\in\mathbf{C}_r^{m\times r},G\in\mathbf{C}_r^{r\times n}$ 使得

$$A=FG.\tag{4}$$

现在，我们利用这个满秩分解求 A^{+}，相应结论见如下定理.

定理 2 设 $A\in\mathbf{C}_r^{m\times n}$ 有满秩分解(4)，则

(1) $F^{+}=(F^{\mathrm{H}}F)^{-1}F^{\mathrm{H}}$；

(2) $G^{+}=G^{\mathrm{H}}(GG^{\mathrm{H}})^{+}$；

(3) $A^{+}=G^{+}F^{+}$.

直接根据定义验算即可. 详细过程从略.

例 2 求矩阵 A 的 M - P 逆 A^{+}：

$$A=\begin{pmatrix}1&1&0&1\\1&2&1&2\\1&0&-1&0\\0&1&1&1\end{pmatrix}.$$

解 由于

$$A=\begin{pmatrix}1&1&0&1\\1&2&1&2\\1&0&-1&0\\0&1&1&1\end{pmatrix}\xrightarrow[r_3-r_1]{r_2-r_1}\begin{pmatrix}1&1&0&1\\0&1&1&1\\0&-1&-1&-1\\0&1&1&1\end{pmatrix}$$

$$\xrightarrow[\substack{r_3+r_2\\r_4-r_2}]{r_1-r_2}\begin{pmatrix}1&0&-1&0\\0&1&1&1\\0&0&0&0\\0&0&0&0\end{pmatrix},$$

所以

$$A=\begin{pmatrix}1&1\\1&2\\1&0\\0&1\end{pmatrix}\begin{pmatrix}1&0&-1&0\\0&1&1&1\end{pmatrix}=FG.$$

由本节定理 1 可得

$$F^{\mathrm{H}}F=\begin{pmatrix}3&3\\3&6\end{pmatrix},$$

$$\left(F^{\mathrm{H}}F\right)^{-1}=\frac{1}{3}\begin{pmatrix}2&-1\\-1&1\end{pmatrix},$$

$$F^{+}=\frac{1}{3}\begin{pmatrix}1&0&2&-1\\0&1&-1&1\end{pmatrix},$$

$$GG^{\mathrm{H}}=\begin{pmatrix}2 & -1\\ -1 & 3\end{pmatrix},$$

$$\left(GG^{\mathrm{H}}\right)^{-1}=\frac{1}{5}\begin{pmatrix}3 & 1\\ 1 & 2\end{pmatrix},$$

$$G^{+}=\frac{1}{5}\begin{pmatrix}3 & 1\\ 1 & 2\\ -2 & 1\\ 1 & 2\end{pmatrix},$$

$$\begin{aligned}A^{+}&=G^{+}F^{+}\\ &=\frac{1}{15}\begin{pmatrix}3 & 1\\ 1 & 2\\ -2 & 1\\ 1 & 2\end{pmatrix}\begin{pmatrix}1 & 0 & 2 & -1\\ 0 & 1 & -1 & 1\end{pmatrix}\\ &=\frac{1}{15}\begin{pmatrix}3 & 1 & 5 & -2\\ 1 & 2 & 0 & 1\\ -2 & 1 & -5 & 3\\ 1 & 2 & 0 & 1\end{pmatrix}.\end{aligned}$$

第四节　广义逆矩阵与线性方程组求解

在线性代数中已经介绍了线性方程组

$$Ax=b \tag{1}$$

解存在的充要条件以及用 Gauss 消元法的求解过程. 若记其增广矩阵为 $B=(A\,\vdots\,b)$, 则方程组有解即相容的充要条件为 $\mathrm{rank}(A)=\mathrm{rank}(B)$, 无解的方程组称为矛盾方程组. 若方程组有解且系数矩阵为列满秩，则方程组有唯一解；否则有无穷多解，可利用 Gauss 消元法求线性方程组的解或通解. 通过对增广矩阵作初等行变换将系数部分化为阶梯形式并消除多余方程、选出自由变量并移项，进一步将增广矩阵化成行最简形式即可求得方程组的通解；若方程组无解，则不作进一步讨论.

本节将广义逆矩阵作为工具，解决以下问题：方程组(1)是否有解，有解但不唯一时如何求其通解的表达式；方程组的解不唯一时其极小范数解是唯一的，如何求解；方程组无解时如何求其最小二乘解；最小二乘解不唯一时如何求其极小范数最小二乘解.

一、线性方程组的相容性与通解

显然,线性方程组 $\boldsymbol{Ax}=\boldsymbol{b}$ 相容的充要条件是 $\boldsymbol{b}\in R(\boldsymbol{A})$, 由第二节定理 3 和第一节定理 1 的证明过程可知: $R(\boldsymbol{A})=R(\boldsymbol{AA}^{(1)})$, $N(\boldsymbol{A})=N(\boldsymbol{AA}^{(1)})$, $\boldsymbol{AA}^{(1)}$ 是沿 $N(\boldsymbol{A})$ 到 $R(\boldsymbol{A})$ 的投影矩阵(变换). 因此, 由投影矩阵(变换)的定义可知:

$$\boldsymbol{Ax}=\boldsymbol{b}\text{相容}\Leftrightarrow \boldsymbol{b}\in R(\boldsymbol{A})\Leftrightarrow \boldsymbol{AA}^{(1)}\boldsymbol{b}=\boldsymbol{b}. \tag{2}$$

由此可知: 如果方程组(1)是相容的, 则由(2)的最后一个式子可知 $\boldsymbol{x}=\boldsymbol{A}^{(1)}\boldsymbol{b}$, 再利用第三节中例 1 的结论, 容易得到如下定理.

定理 1 线性方程组(1)有解的充要条件是

$$\boldsymbol{AA}^{(1)}\boldsymbol{b}=\boldsymbol{b},$$

此时其通解为

$$\boldsymbol{x}=\boldsymbol{A}^{(1)}\boldsymbol{b}+(\boldsymbol{E}-\boldsymbol{A}^{(1)}\boldsymbol{A})\,y\ \ (\forall y\in \mathbf{C}^n). \tag{3}$$

证明略.

注 线性代数中已介绍过: 方程(1)有解的充要条件是系数矩阵的秩与增广矩阵的秩相等, 此时, 方程组的通解为

$$\boldsymbol{x}=\boldsymbol{x}^*+k_1\xi_1+\cdots+k_{n-r}\xi_{n-r},$$

其中 $r=\operatorname{rank}(\boldsymbol{A})$, $\xi_1,\cdots,\xi_{n-r}$ 为方程组(1)对应的齐次线性方程组的基础解系, $\boldsymbol{x}^*$ 为方程组(1)的一个特解. 在方程组(2)中, 特解就是 $\boldsymbol{A}^{(1)}\boldsymbol{b}$, 而 $\boldsymbol{Ax}=\boldsymbol{0}$ 的通解为 $(\boldsymbol{E}-\boldsymbol{A}^{(1)}\boldsymbol{A})\boldsymbol{y}$. 利用第三节例 1 的第一个结论, 可得方程组(1)的通解

$$\begin{aligned}\boldsymbol{x}&=\boldsymbol{A}^{(1)}\boldsymbol{b}+\boldsymbol{Yb}-\boldsymbol{A}^{(1)}\boldsymbol{AYAA}^{(1)}\boldsymbol{b}\\&=\boldsymbol{A}^{(1)}\boldsymbol{b}+\boldsymbol{Yb}-\boldsymbol{A}^{(1)}\boldsymbol{AYb}\\&=\boldsymbol{A}^{(1)}\boldsymbol{b}+(\boldsymbol{E}_n-\boldsymbol{A}^{(1)}\boldsymbol{A})\boldsymbol{y},\end{aligned}$$

其中 $\boldsymbol{y}=\boldsymbol{Yb}$, $\boldsymbol{Y}\in\mathbf{C}^{n\times m}$ 为任意 $n\times m$ 矩阵. 由此可知: 在解线性方程组中 $\boldsymbol{A}^{(1)}$ 的作用类似于系数矩阵为非奇异方阵的线性方程组中的逆矩阵. 进一步地, 我们还可以得到如下线性矩阵方程的解.

定理 2 设 $\boldsymbol{A}\in\mathbf{C}^{m\times n}, \boldsymbol{B}\in\mathbf{C}^{p\times q}, \boldsymbol{D}\in\mathbf{C}^{m\times q}$, 则矩阵方程

$$\boldsymbol{AXB}=\boldsymbol{D} \tag{4}$$

相容的充要条件是

$$\boldsymbol{AA}^{(1)}\boldsymbol{DB}^{(1)}\boldsymbol{B}=\boldsymbol{D}. \tag{5}$$

此时矩阵方程(4)的通解为

$$X = A^{(1)}DB^{(1)} + Y - (A^{(1)}AYBB^{(1)}), \tag{6}$$

其中 $Y \in \mathbf{C}^{n\times p}$ 为任意给定矩阵.

二、相容线性方程组的极小范数解

如果线性方程组 $Ax = b$ 相容且有无穷多组解，则必有一个解使得其内积范数最小，这个最小范数解可通过系数矩阵的{1,4}-逆来求得，具体来说有如下定理.

定理 3 设 $A \in \mathbf{C}^{m\times n}, b \in \mathbf{C}^m, A^{(1,4)} \in A\{1,4\}$，若方程组 $Ax = b$ 相容，则

$$x_0 = A^{(1,4)}b \tag{7}$$

是其唯一的极小范数解.

证 因为 $A^{(1,4)} \in A\{1,4\} \subset A\{1\}$，方程组有解，由第三节定理 2 得其通解为

$$x = A^{(1,4)}b + (E - A^{(1,4)}A)y = A^{(1,4)}b + \xi \quad (\forall y \in \mathbf{C}^n),$$

则

$$\begin{aligned}\|x\|_2^2 &= x^{\mathrm H}x \\ &= (A^{(1,4)}b + \xi)^{\mathrm H}(A^{(1,4)}b + \xi) \\ &= (A^{(1,4)}b)^{\mathrm H}(A^{(1,4)}b) + \xi^{\mathrm H}(A^{(1,4)}b) + (A^{(1,4)}b)^{\mathrm H}\xi + \xi^{\mathrm H}\xi,\end{aligned}$$

$$\begin{aligned}\xi^{\mathrm H}(A^{(1,4)}b) &= ((E - A^{(1,4)}A)y)^{\mathrm H}(A^{(1,4)}b) \\ &= y^{\mathrm H}(E - (A^{(1,4)}A)^{\mathrm H})(A^{(1,4)}b),\end{aligned}$$

由方程组相容得：存在 $\eta \in \mathbf{C}^n$ 使得 $b = A\eta$ 且 $(A^{(1,4)}A)^{\mathrm H} = A^{(1,4)}A$. 从而

$$\xi^{\mathrm H}(A^{(1,4)}b) = y(E - A^{(1,4)}A)(A^{(1,4)}A)\eta = y(A^{(1,4)}A - A^{(1,4)}A)\eta = 0.$$

同理,

$$\begin{aligned}(A^{(1,4)}b)^{\mathrm H}\xi &= (A^{(1,4)}b)^{\mathrm H}((E - A^{(1,4)}A)y) \\ &= (A^{(1,4)}A\eta)^{\mathrm H}((E - A^{(1,4)}A)y) \\ &= \eta^{\mathrm H}(A^{(1,4)}A)^{\mathrm H}(E - A^{(1,4)}A)y = 0.\end{aligned}$$

所以

$$\|x\|_2^2 = \|A^{(1,4)}b\|_2^2 + \|(E - A^{(1,4)}A)y\|_2^2 \geqslant \|A^{(1,4)}b\|_2^2.$$

也就是，$x^* = A^{(1,4)}b$ 是方程组的最小范数解.

设 $Ax = b$ 的任一最小范数解为 x_1，则 $\|x_1\|_2 = \|A^{(1,4)}b\|_2$，且存在 $y_1 \in \mathbf{C}^n$ 使得 $x_1 = A^{(1,4)}b + (E - A^{(1,4)}A)y_1$，

$$\|x_1\|_2^2 = \|A^{(1,4)}b\|_2^2 + \|(E - A^{(1,4)}A)y_1\|_2^2 \Rightarrow \|(E - A^{(1,4)}A)y_1\|_2^2 = 0.$$

由此可得 $Ax = b$ 的极小范数解是唯一的.

三、不相容线性方程组的最小二乘解

在实际应用中，我们经常碰到一些不相容的矛盾方程组 $Ax = b$，这时不可能在通常意义下对其求解. 然而，可以在以下意义下进行求解：求 $x^* \in \mathbf{C}^n$ 满足

$$\|Ax^* = b\|_2 = \min_{x\in\mathbf{C}^n} \|Ax = b\|_2. \tag{8}$$

这个问题称为最小二乘问题，其解 $x = x^*$ 称为矛盾线性方程组 $Ax = b$ 的最小二乘解. 类似地，可以通过广义逆矩阵求出此最小二乘问题的通解，具体的结论见如下定理.

定理 4 设 $A \in \mathbf{C}^{m\times n}$，$b \in \mathbf{C}^m$，对于矛盾方程组 $Ax = b$，$A^{(1,3)} \in A\{1,3\}$.

(1) $x^* = A^{(1,3)}b$ 是 $Ax = b$ 的最小二乘解；

(2) $x \in \mathbf{C}^n$ 是 $Ax = b$ 的最小二乘解的通解的充要条件是

$$Ax = AA^{(1,3)}b;$$

(3) $Ax = b$ 的最小二乘解的通解为

$$x = A^{(1,3)}b + (E - A^{(1,3)}A)y \quad (y \in \mathbf{C}^n). \tag{9}$$

证 (1) 任意 $x \in \mathbf{C}^n$，则由内积的定义可得

$$\|Ax = b\|_2^2 = \|(AA^{(1,3)} - E)b + A(x - A^{(1,3)}b)\|_2^2 = \|\xi + \eta\|_2^2$$

$$= \|\xi\|_2^2 + \xi^{\mathrm{H}}\eta + \eta^{\mathrm{H}}\xi + \|\eta\|_2^2,$$

$$\xi^{\mathrm{H}}\eta = ((AA^{(1,3)} - E)b)^{\mathrm{H}} A(x - A^{(1,3)}b)$$

$$= b^{\mathrm{H}}((AA^{(1,3)})^{\mathrm{H}} - E)A(x - A^{(1,3)}b)$$

$$= b^H(AA^{(1,3)} - E)A(x - A^{(1,3)}b)$$

$$= b^H(AA^{(1,3)}A - A)(x - A^{(1,3)}b) = 0,$$

$$\eta^H\xi = (\xi^H\eta)^H = 0.$$

所以

$$\|Ax - b\|_2^2 = \|Ax^* - b\|_2^2 + \|A(x - A^{(1,3)}b)\|_2^2 \geqslant \|Ax^* - b\|_2^2. \quad (10)$$

因此，$x^* = A^{(1,3)}b$ 是线性方程组 $Ax = b$ 的最小二乘解.

(2) 下列等式显然成立：

$$\|Ax - b\|_2^2 = \|Ax^* - b\|_2^2 + \|A(x - A^{(1,3)}b)\|_2^2 = \|Ax^* - b\|_2^2$$

$$\Leftrightarrow \|A(x - A^{(1,3)}b)\|_2^2 = 0 \Leftrightarrow A(x - A^{(1,3)}b) = 0 \Leftrightarrow Ax = AA^{(1,3)}b.$$

(3) 由第三节定理 2 可知，线性方程组 $Ax = AA^{(1,3)}b$ 的通解为

$$x = A^{(1,3)}AA^{(1,3)}b + (E - A^{(1,3)}A)(y - A^{(1,3)}b + A^{(1,3)}b)$$

$$= A^{(1,3)}b + (E - A^{(1,3)}A)(y - A^{(1,3)}b) + (A^{(1,3)} - A^{(1,3)}AA^{(1,3)})b$$

$$= A^{(1,3)}b + (E - A^{(1,3)}A)(y - A^{(1,3)}b),$$

其中 $y \in \mathbf{C}^n \Rightarrow z = y - A^{(1,3)}b \in \mathbf{C}^n$. 由 (1) 的结论可得：$Ax = b$ 的最小二乘解问题的通解 (即 $Ax = AA^{(1,3)}b$ 的通解) 为

$$x = A^{(1,3)}b + (E - A^{(1,3)}A)y \quad (y \in \mathbf{C}^n).$$

四、矛盾方程组的极小范数最小二乘解

由本节定理 3 可知：矛盾方程组 $Ax = b$ 的最小二乘解一般是不唯一的，此时需要求其极小范数最小二乘解. 实际上，$Ax = b$ 的极小范数最小二乘解可转化为相容线性方程组 $Ax = AA^{(1,3)}b$ 的极小范数解. 因此，由第二节定理 7、第四节定理 2 和第四节定理 3 可知：方程组 $Ax = b$ 的唯一极小范数最小二乘解为

$$x = A^{(1,4)}AA^{(1,3)}b = A^+b. \quad (11)$$

由于 $A^+ \in A\{1\} \cap A\{1,3\} \cap A\{1,4\}$，因此，如果方程组 $Ax = b$ 相容，则 $x = A^+b$ 是其范数最小的一个特解；如果方程组不相容，则 $x = A^+b$ 是其范数最小的最小二乘问题的一个特解. 因此，需要求解的方程组 $Ax = b$，不论是通常意义下的解还是最

小二乘意义下的解，计算 $\boldsymbol{x}=\boldsymbol{A}^{+}\boldsymbol{b}$ 总是一个比较好的选择.

例 1 已知 $\boldsymbol{A}=\begin{pmatrix}-1&1&2&-2\\2&1&-1&-2\\0&1&1&-2\end{pmatrix}$, $\boldsymbol{b}=\begin{pmatrix}0\\0\\154\end{pmatrix}$.

(1) 求 $\boldsymbol{A}$ 的满秩分解；

(2) 求 $\boldsymbol{A}^{+}$；

(3) 用广义逆矩阵的方法判断方程组 $\boldsymbol{Ax}=\boldsymbol{b}$ 是否有解；

(4) 求方程组的极小范数解或极小范数最小二乘解.

解 (1) 因为

$$\boldsymbol{A}=\begin{pmatrix}-1&1&2&-2\\2&1&-1&-2\\0&1&1&-2\end{pmatrix}\xrightarrow[r_1\times(-1)]{r_2+2r_1}\begin{pmatrix}1&-1&-2&2\\0&3&3&-6\\0&1&1&-2\end{pmatrix}$$

$$\xrightarrow{r_2\div 3}\begin{pmatrix}1&-1&-2&2\\0&1&1&-2\\0&1&1&-2\end{pmatrix}\xrightarrow[r_3-r_2]{r_1+r_2}\begin{pmatrix}1&0&-1&0\\0&1&1&-2\\0&0&0&0\end{pmatrix},$$

所以

$$\boldsymbol{A}=\boldsymbol{FG}=\begin{pmatrix}-1&1\\2&1\\0&1\end{pmatrix}\begin{pmatrix}1&0&-1&0\\0&1&1&-2\end{pmatrix}.$$

$$(2)\ \boldsymbol{G}^{+}=\boldsymbol{G}^{\mathrm{H}}(\boldsymbol{G}\boldsymbol{G}^{\mathrm{H}})^{-1}=\begin{pmatrix}1&0\\0&1\\-1&1\\0&-2\end{pmatrix}\begin{pmatrix}5&1\\1&3\end{pmatrix}^{-1}=\frac{1}{14}\begin{pmatrix}6&1\\1&2\\-5&1\\-2&-4\end{pmatrix},$$

$$\boldsymbol{F}^{+}=(\boldsymbol{F}^{\mathrm{H}}\boldsymbol{F})^{-1}\boldsymbol{F}^{\mathrm{H}}=\begin{pmatrix}5&1\\1&3\end{pmatrix}^{-1}\begin{pmatrix}-1&2&0\\1&1&1\end{pmatrix}=\frac{1}{14}\begin{pmatrix}-4&5&-1\\6&3&5\end{pmatrix},$$

所以

$$\boldsymbol{A}^{+}=\boldsymbol{G}^{+}\boldsymbol{F}^{+}=\frac{1}{154}\begin{pmatrix}-18&33&-1\\8&11&9\\26&-22&10\\-16&-22&-18\end{pmatrix}.$$

(3) 因为

$$AA^+b = G^+F^+$$

$$= \frac{1}{154}\begin{pmatrix} -1 & 1 & 2 & -2 \\ 2 & 1 & -1 & -2 \\ 0 & 1 & 1 & -2 \end{pmatrix}\begin{pmatrix} -18 & 33 & -1 \\ 8 & 11 & 9 \\ 26 & -22 & 10 \\ -16 & -22 & -18 \end{pmatrix}\begin{pmatrix} 0 \\ 0 \\ 154 \end{pmatrix}$$

$$= \begin{pmatrix} -1 & 1 & 2 & -2 \\ 2 & 1 & -1 & -2 \\ 0 & 1 & 1 & -2 \end{pmatrix}\begin{pmatrix} -1 \\ 9 \\ 10 \\ -18 \end{pmatrix} = \begin{pmatrix} 66 \\ 33 \\ 54 \end{pmatrix} \neq b,$$

所以，方程组无解.

(4)方程组的极小范数最小二乘解为

$$x_0 = A^+b = \frac{1}{154}\begin{pmatrix} -18 & 33 & -1 \\ 8 & 11 & 9 \\ 26 & -22 & 10 \\ -16 & -22 & -18 \end{pmatrix}\begin{pmatrix} 0 \\ 0 \\ 154 \end{pmatrix} = \begin{pmatrix} -1 \\ 9 \\ 10 \\ -18 \end{pmatrix}.$$

思考　对于线性方程组

$$Ax = b \quad (A \in \mathbf{C}_r^{m\times n}, x \in \mathbf{C}^n, b \in \mathbf{C}^m, 0 < r < \min\{m,n\}),$$

线性代数的相应理论已经证明：如果方程组有解，则其通解可表示为

$$x = x^* + c_1x_1 + c_2x_2 + \cdots + c_{n-r}x_{n-r} \quad (c_j \in \mathbf{C}, j = 1,2,\cdots,n-r),$$

其中 $x_1, x_2, \cdots, x_{n-r}$ 是方程组相应的齐次线性方程组解空间的基向量组，因此方程组有 $n-r$ 个自由变量；根据第四节定理 1，其通解为

$$x = A^{(1)}b + (E - A^{(1)}A)y \quad (\forall y \in \mathbf{C}^n),$$

这说明方程组有 n 个自由变量，如果考虑到 $A^{(1)}$ 不满足唯一性，其自由度可能更高.

习　题　六

1. 设 $a_1 = (1,0,-1,2)^{\mathrm{T}}, a_2 = (1,1,-1,1)^{\mathrm{T}}, b_1 = (-2,0,3,-6)^{\mathrm{T}}, b_2 = (-4,-1,6,-4)^{\mathrm{T}}$，$L$ 由 a_1, a_2 线性扩充而得的，M 由 b_1, b_2 线性扩充而得的，求 $P_{L,M}$.

2. 设 $a_1 = (4,1,-2,2)^{\mathrm{T}}, a_2 = (1,2,0,4)^{\mathrm{T}}$，$L$ 由 a_1, a_2 线性扩充而得的，求正交投影矩阵 P_L.

3. 设 $\boldsymbol{A}\in\mathbf{C}^{n\times n}$, $\boldsymbol{A}$ 与 $\boldsymbol{A}^{+}$ 已知，$\boldsymbol{B}=\begin{pmatrix}\boldsymbol{A}\\ \boldsymbol{A}\end{pmatrix}$, 求 $\boldsymbol{B}^{+}$.

4. 设 $\boldsymbol{A}=\begin{pmatrix}1&2&1&2\\2&1&2&1\end{pmatrix}$，求 $\boldsymbol{A}^{(1,2)}$.

5. 求下列矩阵 $\boldsymbol{A}$ 的所有{1}-逆和{1,2}-逆：

$$\boldsymbol{A}=\begin{pmatrix}3&4&-5&7\\2&-3&3&-2\\4&11&-13&16\\7&-2&1&3\end{pmatrix}.$$

6. 用广义逆矩阵方法判断如下线性方程组是否有解，如有解则求其通解.

$$\begin{cases}x_1-x_2+\ x_3+\ \ x_4=1,\\2x_1+x_2+4x_3+5x_4=6,\\x_1+2x_2+3x_3+4x_4=5.\end{cases}$$

7. 求下列矩阵的 M-P 逆：

（1）$\boldsymbol{A}=\begin{pmatrix}1&0&0\\0&1&-1\\1&0&0\\2&1&-1\end{pmatrix}$;

（2）$\boldsymbol{A}=\begin{pmatrix}1&-1&0&-1\\0&0&2&2\\-1&1&0&1\end{pmatrix}$.

8. 已知 $\boldsymbol{A}=\begin{pmatrix}1&0&1&1\\2&1&2&1\\2&0&2&2\\4&2&4&2\end{pmatrix}$, $\boldsymbol{b}=\begin{pmatrix}-1\\5\\-2\\10\end{pmatrix}$.

(1)求 $\boldsymbol{A}$ 的满秩分解；

(2)求 $\boldsymbol{A}^{+}$；

(3)用广义逆矩阵方法判定方程组 $\boldsymbol{Ax}=\boldsymbol{b}$ 是否有解；

(4)如果方程组有解，则求其极小范数解；如无解则求其极小范数最小二乘解.

第七章　矩阵在数学建模中的应用

矩阵论是学习其他数学理论的基础，从前面各章的学习已深有体会. 同时，它又是一门实用性较强的数学理论，这一点本章将通过列举矩阵在数学建模中的一些典型应用予以说明.

一、矩阵表示在线性规划模型中的应用

矩阵表示能够使线性规则模型的描述更加简洁；不仅如此，线性规划模型表示成矩阵的形式也有利于其求解，原因是 Matlab 数学软件求解线性规划模型的“桥梁”就是矩阵.

例 1[1]　某公司经营 A、B、C 三个水库，它们每天的供水能力分别为 50 千吨、60 千吨、50 千吨，供水对象是甲、乙、丙、丁四个小区. 已知这四个小区每天的基本用水量分别为 30 千吨、70 千吨、10 千吨、10 千吨，它们的额外用水量分别为 50 千吨、70 千吨、20 千吨、40 千吨，水库到各小区的引水管理费如表 7.1 所示，其中“—”表示无引水管理费.

表 7.1　水库到各小区的引水管理费

元/千吨	甲	乙	丙	丁
A	160	130	220	170
B	140	130	190	150
C	190	200	230	—

试问如何分配三个水库到各小区的供水量，使得满足小区基本用水的情况下，实现总引水管理费最优？

解　假设第 i 个水库到第 j 个小区的引水量为 x_{ij}（$i=1,2,3; j=1,2,3,4$），则可建立如下线性规划模型.

目标函数：

$$\min f = 160x_{11} + 130x_{12} + 220x_{13} + 170x_{14} + 140x_{21} + 130x_{22}$$

$$+190x_{23} + 150x_{24} + 190x_{31} + 200x_{32} + 230x_{33}\text{；}$$

约束条件：

$$\begin{cases}30 \leqslant x_{11}+x_{21}+x_{31} \leqslant 80,\\ 70 \leqslant x_{12}+x_{22}+x_{32} \leqslant 140,\\ 10 \leqslant x_{13}+x_{23}+x_{33} \leqslant 30,\\ 10 \leqslant x_{14}+x_{24} \leqslant 50,\\ x_{11}+x_{12}+x_{13}+x_{14}=50,\\ x_{21}+x_{22}+x_{23}+x_{24}=60,\\ x_{31}+x_{32}+x_{33}=50,\\ x_{ij} \geqslant 0, i=1,2,3; j=1,2,3,4.\end{cases}$$

将上述线性规划模型用矩阵表示为：

目标函数：

$$\min f=\boldsymbol{cx}\ ;$$

约束条件：

$$\begin{cases}\boldsymbol{Ax} \leqslant \boldsymbol{a},\\ \boldsymbol{Bx}=\boldsymbol{b},\\ \boldsymbol{x} \geqslant \boldsymbol{0},\end{cases}$$

其中

$$\boldsymbol{c}=(160,130,220,170,140,130,190,150,190,200,230,0),$$

$$\boldsymbol{A}=\begin{pmatrix}1&0&0&0&1&0&0&0&1&0&0&0\\0&1&0&0&0&1&0&0&0&1&0&0\\0&0&1&0&0&0&1&0&0&0&1&0\\0&0&0&1&0&0&0&1&0&0&0&0\\-1&0&0&0&-1&0&0&0&-1&0&0&0\\0&-1&0&0&0&-1&0&0&0&-1&0&0\\0&0&-1&0&0&0&-1&0&0&0&-1&0\\0&0&0&-1&0&0&0&-1&0&0&0&0\end{pmatrix},\quad \boldsymbol{a}=\begin{pmatrix}80\\140\\30\\50\\-30\\-70\\-10\\-10\end{pmatrix},$$

$$\boldsymbol{B}=\begin{pmatrix}1&1&1&1&0&0&0&0&0&0&0&0\\0&0&0&0&1&1&1&1&0&0&0&0\\0&0&0&0&0&0&0&0&1&1&1&0\end{pmatrix},\quad \boldsymbol{b}=\begin{pmatrix}50\\60\\50\end{pmatrix},$$

$$\boldsymbol{x}^{\mathrm{T}}=(x_{11},x_{12},x_{13},x_{14},x_{21},x_{22},x_{23},x_{24},x_{31},x_{32},x_{33},x_{34}).$$

下面用 Matlab 数学软件求解上述线性规划的矩阵表示模型，具体命令为 $[\boldsymbol{x},\mathrm{fval}]=\mathrm{linprog}(\boldsymbol{c},\boldsymbol{A},\boldsymbol{a},\boldsymbol{B},\boldsymbol{b},\mathbf{VLB},\mathbf{VUB})$，其中参数 $\boldsymbol{c},\boldsymbol{A},\boldsymbol{a},\boldsymbol{B},\boldsymbol{b}$ 分别表示目标函数的系数向量、不等式组左边的系数矩阵、不等式组右边的常数向量、等式组左边

的系数矩阵以及等式组右边的常数向量；参数 **VLB**, **VUB** 分别表示自变量 $\boldsymbol{x}$ 的上、下限约束向量，比如，这里的线性规划模型参数 $\mathbf{VLB}=\mathbf{0}$. 一般地，待求解线性规划模型中没有出现的参数，一律输入空向量或空矩阵，即[].

从表 7.2 的求解结果可以看出，$x_{12}=50,x_{22}=50,x_{24}=10,x_{31}=40,x_{33}=10$, 其余变量 $x_{ij}=0$, 且引水管理费实现了全局最优，最小值为 24400 元.

表 7.2　Matlab 软件求解线性规划模型

```
>> c=[160  130  220  170  140  130  190  150  190  200  230  0];
>> A=[1 0 0 0 1 0 0 0 1 0 0 0; 0 1 0 0 0 1 0 0 0 1 0 0; 0 0 1 0 0 0 1 0 0 0 1 0;
0 0 0 1 0 0 0 1 0 0 0 0; -1 0 0 0 -1 0 0 0 -1 0 0 0; 0 -1 0 0 0 -1 0 0 0 -1 0 0;
0 0 -1 0 0 0 -1 0 0 0 -1 0; 0 0 0 -1 0 0 0 -1 0 0 0 0];
>> a=[80 140 30 50 -30 -70 -10 -10]';
>> B=[1 1 1 1 0 0 0 0 0 0 0 0; 0 0 0 0 1 1 1 1 0 0 0 0; 0 0 0 0 0 0 0 0 1 1 1 0];
>> b=[50; 60; 50];
>> VLB=[0 0 0 0 0 0 0 0 0 0 0 0] ';
>> VUB=[];
>> [x,fval]=linprog(c,A,a,B,b,VLB,VUB)
x =
    0.0000
   50.0000
    0.0000
    0.0000
    0.0000
   50.0000
    0.0000
   10.0000
   40.0000
    0.0000
   10.0000
         0
fval =
    2.4400e+004
```

二、矩阵逆在信息编码模型中的应用

在信息编码研究中，矩阵运算的应用非常广泛，主要指编码和译码这两个方面. 所谓编码就是将明文加上密钥加密成密文发送出去，而译码则是将密文通过密钥解密成明文. 矩阵逆在这两个过程中发挥着重要的作用.

例 2[2]　一般通用的传递信息方法是 26 个字母依次对应 1 ~ 26 个整数. 比如，A 对应 1，B 对应 2，C 对应 3，如此一一对应下去，空格(⊔)对应 0，具体如表 7.3 所示.

表 7.3 信息传递中字母与整数的一一对应

字母	整数	字母	整数
A	1	O	15
B	2	P	16
C	3	Q	17
D	4	R	18
E	5	S	19
F	6	T	20
G	7	U	21
H	8	V	22
I	9	W	23
J	10	X	24
K	11	Y	25
L	12	Z	26
M	13	␣	0
N	14		

密钥 $\boldsymbol{M}$ 是由初等矩阵变换而来的，所以密钥矩阵是可逆的，且其所有元素均是整数，密钥矩阵对应的行列式为 ±1，这就保证了密钥矩阵的逆的所有元素也均为整数. 如果明文矩阵为 $\boldsymbol{A}$，且输入信息放在 $\boldsymbol{A}$ 的各列，那么经过密钥 $\boldsymbol{M}$ 对其加密，就变成了密文 $\boldsymbol{B}=\boldsymbol{MA}$，然后进行传输，以确保信息传递较为安全.

假设某单位的加密密钥矩阵为

$$\boldsymbol{M}=\begin{pmatrix}-1 & -1 & 2 & 0\\ 1 & 1 & -1 & 0\\ 0 & 0 & -1 & 1\\ 1 & 0 & 0 & -1\end{pmatrix},$$

那么如果收到传输信息为：−19，19，25，−21，0，18，−18，15，3，10，−8，3，−2，20，−7，12，则它代表什么信息？

解 先将收到的密文信息按列排成密文矩阵：

$$\boldsymbol{B}=\begin{pmatrix}-19 & 0 & 3 & -2\\ 19 & 18 & 10 & 20\\ 25 & -18 & -8 & -7\\ -21 & 15 & 3 & 12\end{pmatrix},$$

然后通过密钥矩阵的逆 $\boldsymbol{M}^{-1}$ 将上述密文矩阵转换成明文矩阵 $\boldsymbol{A}=\boldsymbol{M}^{-1}\boldsymbol{B}$. 下面利用 Matlab 数学软件求解上述明文矩阵(表 7.4).

表 7.4 Matlab 数学软件求解明文矩阵

```
>> M=[-1 -1 2 0; 1 1 -1 0; 0 0 -1 1; 1 0 0 -1]
M=
   -1    -1     2  0
    1     1    -1  0
    0     0    -1  1
    1     0     0 -1
>> m=inv(M)
m=
    1     1     1     1
    0     1    -1    -1
    1     1     0     0
    1     1     1     0
>> B=[-19 0 3 -2; 19 18 10 20; 25 -18 -8 -7; -21 15 3 12]
B=
  -19      0     3     -2
   19     18    10     20
   25    -18    -8     -7
  -21     15     3     12
>> A=m* B
A=
    4    15     8     23
    15   21    15     15
    0    18    13     18
    25   0      5     11
```

从表 7.4 可以看出，明文矩阵

$$\boldsymbol{A}=\boldsymbol{M}^{-1}\boldsymbol{B}=\begin{pmatrix}4 & 15 & 8 & 23\\ 15 & 21 & 15 & 15\\ 0 & 18 & 13 & 18\\ 25 & 0 & 5 & 11\end{pmatrix},$$

即明文信息为：4，15，0，25，15，21，18，0，8，15，13，5，23，15，18，11，对照表 7.3 可得具体信息为：DO YOUR HOMEWORK.

三、矩阵高次幂在生物种群成长趋势预测模型中的应用

在研究生物种群繁衍时，矩阵高次幂较好地描述了生物种群若干年后的进化状况，它能够准确地预测种群的发展情况.

例 3[3] 假设种群中个体最大生存年龄为 N 年，将年龄区间 $[0,N]$ 等分成 n 个年龄组，则第 i 个年龄段为 $\left[\frac{i-1}{n}N,\frac{i}{n}N\right]$. 若第 i 个年龄段的生育率(平均每个个体

生育幼仔的数目)为λ_i，其自身存活率（能够活到下一阶段的个体占该年龄段总数的比例）为μ_i，初始时刻t_0种群在各年龄段的个体分布情况为

$$\boldsymbol{X}^{(0)}=\left(x_1^{(0)},x_2^{(0)},\cdots,x_n^{(0)}\right)^{\mathrm{T}},$$

取$t_k=\dfrac{k}{n}N,k=1,2,\cdots,n$，那么在$t_k$时刻种群在各年龄段的个体分布情况为

$$\boldsymbol{X}^{(k)}=\left(x_1^{(k)},x_2^{(k)},\cdots,x_n^{(k)}\right)^{\mathrm{T}}.$$

随着时间的变化，种群各年龄段个体的数目也会有所变动. 不难发现，相邻时刻的个体分布服从如下关系：

$$\begin{cases}x_1^{(k)}=\lambda_1x_1^{(k-1)}+\lambda_2x_2^{(k-1)}+\cdots+\lambda_nx_n^{(k-1)},\\ x_2^{(k)}=\mu_1x_1^{(k-1)},\\ \quad\vdots\\ x_n^{(k)}=\mu_{n-1}x_{n-1}^{(k-1)},\end{cases}$$

即$\boldsymbol{X}^{(k)}=\boldsymbol{A}\boldsymbol{X}^{(k-1)}$，其中

$$\boldsymbol{A}=\begin{pmatrix}\lambda_1&\lambda_2&\cdots&\lambda_{n-1}&\lambda_n\\ \mu_1&0&\cdots&0&0\\ 0&\mu_2&\cdots&0&0\\ \vdots&\vdots&&\vdots&\vdots\\ 0&0&\cdots&\mu_{n-1}&0\end{pmatrix},\quad \boldsymbol{X}^{(k)}=\begin{pmatrix}x_1^{(k)}\\ x_2^{(k)}\\ x_3^{(k)}\\ \vdots\\ x_n^{(k)}\end{pmatrix},\quad \boldsymbol{X}^{(k-1)}=\begin{pmatrix}x_1^{(k-1)}\\ x_2^{(k-1)}\\ x_3^{(k-1)}\\ \vdots\\ x_n^{(k-1)}\end{pmatrix},$$

由此可递推得

$$\boldsymbol{X}^{(k)}=\boldsymbol{A}\boldsymbol{X}^{(k-1)}=\boldsymbol{A}^2\boldsymbol{X}^{(k-2)}=\cdots=\boldsymbol{A}^k\boldsymbol{X}^{(0)},$$

即$\boldsymbol{X}^{(k)}=\boldsymbol{A}^k\boldsymbol{X}^{(0)}(k=1,2,\cdots,n)$.

假设某农场饲养的动物的最大生存年龄为$N=15$岁，分成三个年龄组：[0,5], [6,10], [11,15], 根据该农场长期统计得出：这三个年龄段的个体生育率分别为 0 头、4 头、3 头，存活率分别为 0.5，0.25，0. 如果饲养初期三个年龄段的个体数目均为 1000 头，试问 15 年后三个年龄段的个体各为多少头？

解 根据前面预测种群进化情况的分析，可建立如下模型：

$$\boldsymbol{X}^{(3)}=\boldsymbol{A}^3\boldsymbol{X}^{(0)},$$

其中

$$A=\begin{pmatrix}0 & 4 & 3\\ 0.5 & 0 & 0\\ 0 & 0.25 & 0\end{pmatrix},\quad X^{(3)}=\begin{pmatrix}x_1^{(3)}\\ x_2^{(3)}\\ x_3^{(3)}\end{pmatrix},\quad X^{(0)}=\begin{pmatrix}1000\\ 1000\\ 1000\end{pmatrix}.$$

下面利用 Matlab 数学软件对上述模型进行求解（表 7.5）.

表 7.5　Matlab 数学软件求解矩阵高次幂方程

```
>> A=[0 4 3; 0.5 0 0; 0.25 00]
A=
         0    4.0000    3.0000
    0.5000         0         0
         0    0.2500         0
>> B=A^3
B=
    0.3750    8.0000    6.0000
    1.0000    0.3750         0
         0    0.5000    0.3750
>> C=[1000 1000 1000]'
C=
        1000
        1000
        1000
>> D=B*C
D=
       14375
        1375
         875
```

从表 7.5 可以看出，15 年后三个年龄段的个体分别有 14375 头、1375 头、875 头.

四、矩阵的特征值与特征向量在层次分析模型中的应用

层次分析(AHP)模型是将与决策密切有关的元素分解成目标、准则、方案等层次，在此基础之上进行定性和定量分析的决策方法. 该模型的计算核心是构造“成对比较矩阵”，求解其最大特征值及相应的特征向量.

例 4[1]　建立数学模型评估桂林、黄山、北戴河三个景点的旅游吸引力，以便

为旅客提供建设性意见或建议.

根据层次分析模型的构建要求，先将有关元素分解成目标、准则、方案三个层次，具体如图 7.1 所示.

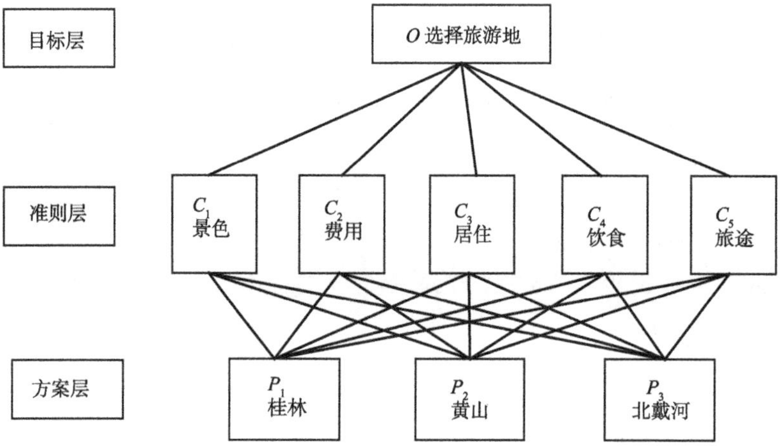

图 7.1　选择旅游地的层次结构

选择旅游地的层次结构建立之后，需要继续讨论的问题有：①计算准则层各元素(即景色、费用、居住、饮食和旅途)相对于目标层(即选择旅游地)的权重向量 $\boldsymbol{w}^{(2)}=\left(w_1^{(2)},w_2^{(2)},w_3^{(2)},w_4^{(2)},w_5^{(2)}\right)^{\mathrm{T}}$；②计算方案层(即桂林、黄山和北戴河)相对于准则层各元素：景色、费用、居住、饮食和旅途的权重向量 $\boldsymbol{w}_j^{(3)}=\left(w_{1j}^{(3)},w_{2j}^{(3)},w_{3j}^{(3)}\right)^{\mathrm{T}}$ $(j=1,2,3,4,5)$；③将权重向量 $\boldsymbol{w}^{(2)}=\left(w_1^{(2)},w_2^{(2)},w_3^{(2)},w_4^{(2)},w_5^{(2)}\right)^{\mathrm{T}}$ 和 $\boldsymbol{w}^{(3)}=(w_1^{(3)},w_2^{(3)},w_3^{(3)},$ $w_4^{(3)},w_5^{(3)})$ 进行组合，即 $\boldsymbol{w}=\boldsymbol{w}^{(3)}\boldsymbol{w}^{(2)}$. 那么，$\boldsymbol{w}$ 就是最终得到的方案层关于目标层的权重向量，它是综合景色、费用、居住、饮食和旅途五个方面的因素之后得到的总评价.

先讨论问题①. 为了得到准则层各元素相对于目标层的权重向量 $\boldsymbol{w}^{(2)}=\left(w_1^{(2)},w_2^{(2)},w_3^{(2)},w_4^{(2)},w_5^{(2)}\right)^{\mathrm{T}}$，需要构造一个“成对比较矩阵”(一般通过咨询专家或权威人士给出)，比如

$$\boldsymbol{A}=\begin{pmatrix}1 & 1/2 & 4 & 3 & 3\\ 2 & 1 & 7 & 5 & 5\\ 1/4 & 1/7 & 1 & 1/2 & 1/3\\ 1/3 & 1/5 & 2 & 1 & 1\\ 1/3 & 1/5 & 3 & 1 & 1\end{pmatrix}.$$

这个矩阵是通过两两比较准则层中的元素(景色、费用、居住、饮食和旅途)得到的. 例如，$a_{14}=3$ 是通过比较景色和饮食(相对于选择旅游地)的重要性程度不同得

到的，数字3代表的意思是：相对于选择旅游地而言，景色的重要性要比饮食稍强．其他数字的具体含义如表7.6所示．

表 7.6　从定性到定量的尺度等级转换

尺度 a_{ij}	1	2	3	4	5	6	7	8	9
C_i : C_j 的重要性	相同		稍强		强		明显强		绝对强

换言之，表7.6将重要性程度区分为9个等级，用 $1\sim 9$ 内的整数数字来表示，它的理论依据来源于心理学[4]．另外，$1,2,3,\cdots,9$ 的倒数 $1,1/2,1/3,\cdots,1/9$ 的意义正好相反，比如，$1/3$ 代表稍弱．

下面讨论如何从上述"成对比较矩阵" $\boldsymbol{A}$ 计算出准则层各元素相对于目标层的权重向量 $\boldsymbol{w}^{(2)}=\left(w_1^{(2)},w_2^{(2)},w_3^{(2)},w_4^{(2)},w_5^{(2)}\right)^{\mathrm{T}}$．先介绍"成对比较矩阵" $\boldsymbol{A}$ 的一致性问题．如果对 $\boldsymbol{A}$ 中的任意三个元素 a_{ij},a_{jk},a_{ik}，都有 $a_{ij}a_{jk}=a_{ik}$ 成立，则称 $\boldsymbol{A}$ 是一致的[4]．一致性是用来判断所构造的"成对比较矩阵"的各元素之间是否相互"矛盾"．现实应用中，"成对比较矩阵"完全一致的可能性较小，故只要求它相对一致即可采用．一致性的具体衡量指标为 $\mathrm{CI}=\dfrac{\lambda-n}{n-1}$，其中 λ 为 $\boldsymbol{A}$ 的最大特征值，n 是 $\boldsymbol{A}$ 的阶数．只要CI与随机一致性指标RI的比值小于0.1，则 $\boldsymbol{A}$ 的一致性检验被认为是合格的；否则需要调整 $\boldsymbol{A}$ 中的部分元素或重新构造它，这里一致性指标RI的取值如表7.7所示．

表 7.7　随机一致性指标

n	1	2	3	4	5	6	7	8	9	10	11
RI	0	0	0.58	0.90	1.12	1.24	1.32	1.41	1.45	1.49	1.51

由于上述"成对比较矩阵" $\boldsymbol{A}$ 的最大特征值 $\lambda=5.072,\mathrm{CI}=\dfrac{\lambda-n}{n-1}=\dfrac{5.072-5}{5-1}=0.018$，$\dfrac{\mathrm{CI}}{\mathrm{RI}}=\dfrac{0.018}{1.12}=0.016<0.1$，故 $\boldsymbol{A}$ 通过一致性检验，可以用来计算准则层各元素相对于目标层的权重向量 $\boldsymbol{w}^{(2)}=\left(w_1^{(2)},w_2^{(2)},w_3^{(2)},w_4^{(2)},w_5^{(2)}\right)^{\mathrm{T}}$，它可以通过 $\boldsymbol{A}$ 的最大特征值 λ 所对应的特征向量归一化后得到，即从特征方程 $\boldsymbol{Aw}=\lambda\boldsymbol{w}$ 中解出特征向量 $\boldsymbol{w}$，再对 $\boldsymbol{w}$ 归一化后可得 $\boldsymbol{w}^{(2)}=(0.263,0.476,0.054,0.098,0.109)^{\mathrm{T}}$．$\boldsymbol{A}$ 的最大特征值及其相应的特征向量可通过 Matlab 数学软件计算出来，具体如表7.8所示．

表 7.8 Matlab 数学软件求解矩阵 A 的特征值和特征向量

```
>> A=[1 1/2 4 3 3; 2 1 7 5 5; 1/4 1/7 1 1/2 1/3; 1/3 1/5 2 1 1; 1/3 1/5 3 1 1]
A =
    1.0000    0.5000    4.0000    3.0000    3.0000
    2.0000    1.0000    7.0000    5.0000    5.0000
    0.2500    0.1429    1.0000    0.5000    0.3333
    0.3333    0.2000    2.0000    1.0000    1.0000
    0.3333    0.2000    3.0000    1.0000    1.0000
>> [d,v]=eig(A)
d =
-0.4658      0.4419 + 0.2711i   0.4419 - 0.2711i  -0.3672 + 0.2415i  -0.3672 - 0.2415i
  -0.8409          0.7773             0.7773             0.8575             0.8575
  -0.0951    -0.0200 - 0.1557i  -0.0200 + 0.1557i  -0.0190 + 0.0064i  -0.0190 - 0.0064i
  -0.1733    -0.0261 + 0.0783i  -0.0261 - 0.0783i  -0.0737 - 0.2146i  -0.0737 + 0.2146i
  -0.1920    -0.2829 + 0.1247i  -0.2829 - 0.1247i   0.0748 + 0.1185i   0.0748 - 0.1185i
v =
5.0721                0                 0              0                  0
    0  -0.0307 + 0.6008i                0              0                  0
    0           0     -0.0307 - 0.6008i                0                  0
    0           0               0  -0.0053 + 0.0548i                      0
    0          0                0             0     -0.0053 - 0.0548i
>>w=[-0.4658/(-0.4658-0.8409-0.0951-0.1733-0.1920)
-0.8409/(-0.4658-0.8409-0.0951-0.1733-0.1920)
-0.0951/(-0.4658-0.8409-0.0951-0.1733-0.1920)
-0.1733/(-0.4658-0.8409-0.0951-0.1733-0.1920)
-0.1920/(-0.4658-0.8409-0.0951-0.1733-0.1920)]
W=
0.2636      0.4759      0.0538      0.0981      0.1087
```

继续讨论问题②. 类似于问题①，先对方案层(即桂林、黄山和北戴河)相对于准则层中的各元素：景色、费用、居住、饮食和旅途分别构造“成对比较矩阵”.

方案层对 C_1 景色的“成对比较矩阵”为

$$\boldsymbol{B}_1=\begin{pmatrix}1 & 2 & 5\\ 1/2 & 1 & 2\\ 1/5 & 1/2 & 1\end{pmatrix},$$

方案层对 C_2 费用的“成对比较矩阵”为

$$\boldsymbol{B}_2=\begin{pmatrix}1 & 1/3 & 1/8\\ 3 & 1 & 1/3\\ 8 & 3 & 1\end{pmatrix},$$

方案层对 C_3 居住的“成对比较矩阵”为

$$B_3=\begin{pmatrix}1 & 1 & 3\\ 1 & 1 & 3\\ 1/3 & 1/3 & 1\end{pmatrix},$$

方案层对C_4饮食的“成对比较矩阵”为

$$B_4=\begin{pmatrix}1 & 3 & 4\\ 1/3 & 1 & 1\\ 1/4 & 1 & 1\end{pmatrix},$$

方案层对C_5旅途的“成对比较矩阵”为

$$B_5=\begin{pmatrix}1 & 1 & 1/4\\ 1 & 1 & 1/4\\ 4 & 4 & 1\end{pmatrix}.$$

利用 Matlab 数学软件计算上述五个矩阵的特征值与特征向量，具体如表 7.9 所示.

表 7.9　Matlab 数学软件求解矩阵 B_1,B_2,B_3,B_4,B_5 的特征值和特征向量

```
>> B1=[1 2 5; 1/2 1 2; 1/5 1/2 1]
B1=
   1.0000    2.0000       5.0000
   0.5000    1.0000       2.0000
   0.2000    0.5000       1.0000
>> [d,v]= eig(B1)
d=
  -0.8902                     -0.8902                 -0.8902
  -0.4132                0.2066 + 0.3578i        0.2066 - 0.3578i
   0.1918                0.0959 - 0.1661i        0.0959 + 0.1661i
V=
   3.0055                         0                       0
        0           -0.0028 + 0.1290i                         0
        0                        0           -0.0028 - 0.1290i
>>w1=[-0.8902/(-0.8902-0.4132-0.1918)        -0.4132/(-0.8902-0.4132-0.1918)
-0.1918/(-0.8902-0.4132-0.1918)]
w1=
    0.5954    0.2764    0.1283
>> B2=[1 1/3 1/8; 3 1 1/3; 8 3 1]
B2=
    1.0000    0.3333    0.1250
    3.0000    1.0000    0.3333
```

续表

```
   8.0000    3.0000    1.0000
>> [d,v] =eig(B2)
d=
  -0.1128           -0.0564 - 0.0977i        -0.0564 + 0.0977i
  -0.3255           -0.1627 + 0.2819i        -0.1627 -0.2819i
  -0.9388                    0.9388                    0.9388
v=
   3.0015                       0                            0
        0           -0.0008 + 0.0680i                             0
        0                       0          -0.0008 - 0.0680i
>>w2=[-0.1128/(-0.1128-0.3255-0.9388)          -0.3255/(-0.1128-0.3255-0.9388)
-0.9388/(-0.1128-0.3255-0.9388)]
w2=
   0.0819    0.2364    0.6817
>> B3=[1 1 3; 1 1 3; 1/3 1/3 1]
B3=
   1.0000    1.0000    3.0000
   1.0000    1.0000    3.0000
   0.3333    0.3333    1.0000
>> [d,v] =eig(B3)
d=
  -0.8847    0.6882   -0.2058
   0.4423    0.6882   -0.9057
   0.1474    0.2294    0.3705
v=
  -0.0000         0         0
        0    3.0000         0
        0         0         0
>>w=[0.6882/(0.6882+0.6882+0.2294)          0.6882/(0.6882+0.6882+0.2294)
0.2294/(0.6882+0.6882+0.2294)]
w=
   0.4286    0.4286    0.1429
>> B4=[1 3 4; 1/3 1 1; 1/4 1 1]
B4=
   1.0000    3.0000    4.0000
   0.3333    1.0000    1.0000
   0.2500    1.0000    1.0000
>> [d,v] =eig(B4)
d=
   0.9255                    0.9255            0.9255
   0.2803           -0.1401 - 0.2427i   -0.1401 + 0.2427i
```

续表

```
  0.2547          -0.1273 + 0.2205i  -0.1273 - 0.2205i
v=
  3.0092                    0              0
       0         -0.0046 + 0.1663i                   0
       0                    0         -0.0046 - 0.1663i
>>w4=[0.9255/(0.9255+0.2803+0.2547)    0.2803/(0.9255+0.2803+0.2547)
0.2547/(0.9255+0.2803+0.2547)]
w4=
   0.6337    0.1919    0.1744
>> B5=[1 1 1/4; 1 1 1/4; 4 4 1]
B5=
   1.0000    1.0000    0.2500
   1.0000    1.0000    0.2500
   4.0000    4.0000    1.0000
>> [d,v]= eig(B5)
d=
  -0.4364    0.2357       0
   0.2182    0.2357   -0.2425
   0.8729    0.9428    0.9701
v=
  -0.0000         0          0
        0    3.0000        0
        0         0         0
>>w=[0.2357/(0.2357+0.2357+0.9428)        0.2357/(0.2357+0.2357+0.9428)
0.9428/(0.2357+0.2357+0.9428)]
w=
  0.1667    0.1667        0.6667
```

根据表 7.9 的计算结果，并结合一致性的验证指标公式，可得如表 7.10 所示.

表 7.10　方案层对准则层的计算结果

j	1	2	3	4	5
$w_j^{(3)}$	0.595	0.082	0.429	0.634	0.167
	0.277	0.236	0.429	0.192	0.167
	0.128	0.682	0.142	0.174	0.666
λ_j	3.006	3.002	3	3.009	3
$CI_j : RI_j$	0.005	0.001	0	0.008	0

从表 7.10 可以看出，所有方案层相对于准则层每一元素构造的“成对比较矩

阵”都是通过一致性检验的.

最后，讨论问题③. 先将已计算出的权重向量：

$$w^{(2)}=\left(w_1^{(2)},w_2^{(2)},w_3^{(2)},w_4^{(2)},w_5^{(2)}\right)^{\mathrm{T}}=(0.263,0.476,0.054,0.098,0.109)^{\mathrm{T}}$$

与权重矩阵：

$$w^{(3)}=\left(w_1^{(3)},w_2^{(3)},w_3^{(3)},w_4^{(3)},w_5^{(3)}\right)=\begin{pmatrix}0.595 & 0.082 & 0.429 & 0.634 & 0.167\\ 0.277 & 0.236 & 0.429 & 0.192 & 0.167\\ 0.128 & 0.682 & 0.142 & 0.174 & 0.666\end{pmatrix}$$

进行组合，即 $w=w^{(3)}w^{(2)}=(0.300,0.246,0.454)^{\mathrm{T}}$，这表明桂林、黄山、北戴河的旅游综合吸引力分别为 $0.300,0.246,0.454$. 因此，所建立的层次分析模型表明：对于选择旅游地，北戴河最具吸引力，桂林其次，最后是黄山.

参 考 文 献

[1] 姜启源，谢金星，叶俊. 数学模型[M]. 北京：高等教育出版社，2003.

[2] Steven J L. Linear Algebra with Applications [M]. 张文博，张丽静，译. 北京：机械工业出版社，2010.

[3] 黄玉梅，彭涛. 线性代数中矩阵的应用典型案例[J]. 兰州大学学报(自然科学版)，2009，45：123—125.

[4] 王莲芬，许树柏. 层次分析法引论[M]. 北京：中国人民大学出版社，1990.

附录　基于 Matlab 的矩阵计算

一、矩阵的输入

在 Matlab 软件中，对于任何矩阵 $\boldsymbol{A}$，可以直接按行方式输入每个元素：同一行中的元素用逗号(，)或空格符来分隔，且空格个数不限；不同的行用分号(；)分隔；所有元素在同一方括号（[ ]）内.

比如，

```
>> A=[3 2 1; 6 5 4; 9 8 7]
A =
     3     2     1
     6     5     4
     9     8     7
```

二、矩阵的加、减、乘

在 Matlab 软件中，两个矩阵 $\boldsymbol{A}$ 与 $\boldsymbol{B}$ 的加、减、乘的命令分别为 $\boldsymbol{A}+\boldsymbol{B}$, $\boldsymbol{A}-\boldsymbol{B}$, $\boldsymbol{A}*\boldsymbol{B}$，比如，

```
>> A=[1 2; 3 4]
A =
     1     2
     3     4
>> B=[2 3; 4 5]
B =
     2     3
     4     5
>> C=A+B
C =
     3     5
     7     9
>> D=A-B
D =
```

```
    -1    -1
    -1    -1
>> E=A*B
E =
    10    13
    22    29
```

三、矩阵的逆

在 Matlab 软件中，求解方阵的逆的命令为 $\boldsymbol{D}=\mathrm{inv}(\boldsymbol{A})$.

比如，

```
>> A=[0 1 1; 1 1 0; 1 0 1]
A =
     0     1     1
     1     1     0
     1     0     1
>> D=inv(A)
D=
   -0.5000    0.5000    0.5000
    0.5000    0.5000   -0.5000
    0.5000   -0.5000    0.5000
```

四、矩阵的转置

在 Matlab 软件中，矩阵 $\boldsymbol{A}$ 的转置的命令为 $\boldsymbol{A}'$.

比如，

```
>> A=[1 2; 3 1]
A =
     1     2
     3     1
>> B=A'
B =
     1     3
     2     1
```

五、矩阵的秩

在 Matlab 软件中，矩阵 $\boldsymbol{A}$ 的秩的命令为 b =rank ($\boldsymbol{A}$).

比如，

```
>> A=[1 2 3; 5 6 4; 8 6 2]
A =
     1     2     3
     5     6     4
     8     6     2
>> b=rank(A)
b =
     3
```

六、矩阵的行列式

在 Matlab 软件中，矩阵 $\boldsymbol{A}$ 的行列式的命令为 b =det ($\boldsymbol{A}$).

比如，

```
>> A=[1 2 5; 4 2 6; 3 7 4]
A =
     1     2     5
     4     2     6
     3     7     4
>> b=det(A)
b =
    80
```

七、矩阵的迹

在 Matlab 软件中，矩阵 $\boldsymbol{A}$ 的迹的命令为 b = trace ($\boldsymbol{A}$).

比如，

```
>> A=[1 2 3; 4 5 6; 7 8 9]
A =
     1     2     3
     4     5     6
     7     8     9
```

```
>> b=trace(A)
b =
    15
```

第一章　线性空间与线性变换

一、矩阵的特征值与特征向量

在 Matlab 软件中，计算矩阵 $\boldsymbol{A}$ 的特征值和特征向量的函数是 eig($\boldsymbol{A}$)，常用的调用格式有 2 种：

(1) $\boldsymbol{E}$ =eig($\boldsymbol{A}$)：求矩阵 $\boldsymbol{A}$ 的全部特征值，构成向量 $\boldsymbol{E}$；

(2) [$\boldsymbol{V}$, $\boldsymbol{D}$]=eig($\boldsymbol{A}$)：求矩阵 $\boldsymbol{A}$ 的全部特征值，构成对角阵 $\boldsymbol{D}$，并求 $\boldsymbol{A}$ 的特征向量构成 $\boldsymbol{V}$ 的列向量.

比如，

```
>> A=[1 2 2; 2 1 2; 2 2 1]
A =
     1     2     2
     2     1     2
     2     2     1
>> E=eig(A)
E =
   -1.0000
   -1.0000
    5.0000
>> [V,D]=eig(A)
V =
    0.6206    0.5306    0.5774
    0.1492   -0.8027    0.5774
   -0.7698    0.2722    0.5774
D =
   -1.0000         0         0
         0   -1.0000         0
         0         0    5.0000
```

二、矩阵的 Jordan 标准形

在 Matlab 软件中，计算矩阵 A 的 Jordan 标准形的函数是 jordan(A)，常用的调用格式有 2 种：

(1) J = jordan(A)：求矩阵 A 的 Jordan 标准形，构成矩阵 J ；

(2) [V, J]=jordan(A)：求矩阵 A 的 Jordan 标准形，构成矩阵 J，并求得 A 的 Jordan 标准形所作变换对应的变换矩阵.

比如，

```
>> A=[-1 1 0; -4 3 0; 1 0 2]
A =
    -1     1     0
    -4     3     0
     1     0     2
>> J=jordan(A)
J =
     2     0     0
     0     1     1
     0     0     1
>> [V,J] = jordan(A)
V =
     0    -2     1
     0    -4     0
    -1     2     1
J =
     2     0     0
     0     1     1
     0     0     1
```

三、矩阵的正交化

在 Matlab 软件中，计算矩阵 A 的正交化的函数是 E =orth(A)，它满足 $E * E' = I$.

比如，

```
>> A=[1 1 0 0; 1 0 1 0;-1 0 0 1; 1 -1 -1 1]
A =
```

```
     1     1     0     0
     1     0     1     0
    -1     0     0     1
     1    -1    -1     1
>> E=orth(A')
E =
    0.5000   -0.8660   -0.0000   -0.0000
   -0.5000   -0.2887   -0.8165    0.0000
   -0.5000   -0.2887    0.4082    0.7071
    0.5000    0.2887   -0.4082    0.7071
>> F=E*E'
F =
    1.0000   -0.0000    0.0000   -0.0000
   -0.0000    1.0000   -0.0000    0.0000
    0.0000   -0.0000    1.0000         0
   -0.0000    0.0000         0    1.0000
```

第二章 范数理论及其应用

矩阵的范数

在 Matlab 软件中，常见的计算矩阵 $\boldsymbol{A}$ 的范数的函数有以下四种：

(1) $n=\text{norm}(\boldsymbol{A},1)$：求矩阵 $\boldsymbol{A}$ 的列和范数，等于 $\boldsymbol{A}$ 的列向量的 1-范数的最大值；

(2) $n=\text{norm}(\boldsymbol{A},2)$：求矩阵 $\boldsymbol{A}$ 的谱范数，等于 $\boldsymbol{A}$ 的最大特征值开根号；

(3) $n=\text{norm}(\boldsymbol{A},\text{inf})$：求矩阵 $\boldsymbol{A}$ 的行和范数，等于 $\boldsymbol{A}$ 的行向量的 1-范数的最大值；

(4) $n=\text{norm}(\boldsymbol{A},\text{‘fro’})$：求矩阵 $\boldsymbol{A}$ 的 Frobenius 范数.

比如，

```
>> A=[-1 2 1]
A =
    -1     2     1
>> n = norm(A,1)
n =
     2
>> n = norm(A,2)
```

```
n =
   2.4495
>> n = norm(A,inf)
n =
     4
>> n = norm(A, 'fro' )
n =
   2.4495
```

第三章 矩阵分析及其简单应用

一、矩阵函数值的求法

在 Matlab 软件中，常见的矩阵函数有以下五种：

(1) $\boldsymbol{Y}=\boldsymbol{A}$ ^k：求幂函数 $\boldsymbol{A}^k$ 的值；

(2) $\boldsymbol{Y}$ = sqrtm($\boldsymbol{A}$)：求 $\boldsymbol{A}$ 的方根；

(3) $\boldsymbol{Y}$ = expm($\boldsymbol{A}$)：求指数函数 $e^{\boldsymbol{A}}$ 的值；

(4) $\boldsymbol{Y}$ = logm($\boldsymbol{A}$)：求对数函数 $\ln \boldsymbol{A}$ 的值；

(5) $\boldsymbol{F}$ = funm($\boldsymbol{A}$,‘函数名’)：这里的函数名可以是 sin 或 cos 等.

比如，

```
>> A=[1 1; 0 0]
A =
     1     1
     0     0
>> Y=A^2
Y =
     1     1
     0     0
>> A=[1 1 0; 0 1 0; 0 0 2]
A =
     1     1     0
     0     1     0
     0     0     2
>> Y=sqrtm(A)
```

```
Y =
   1.0000    0.5000         0
        0    1.0000         0
        0         0    1.4142
>> A=[2 0 0; 1 1 1; 1 -1 3]
A =
     2     0     0
     1     1     1
     1    -1     3
>> Y=expm(A)
Y =
   7.3891              0         0
   7.3891         0.0000    7.3891
   7.3891        -7.3891   14.7781
>> A=[2 1 0 0; 0 2 0 0; 0 0 1 1; 0 0 0 1]
A =
     2     1     0     0
     0     2     0     0
     0     0     1     1
     0     0     0     1
>> Y = logm(A)
Y =
   0.6931    0.5000         0         0
        0    0.6931         0         0
        0         0         0    1.0000
        0         0         0         0
>> A=[pi 0 0 0; 0 -pi 0 0; 0 0 0 1; 0 0 0 0]
A =
   3.1416          0         0         0
        0    -3.1416         0         0
        0          0         0    1.0000
        0          0         0         0
>> F = funm(A,'sin')
F =
```

```
    0.0000         0         0         0
         0   -0.0000         0         0
         0         0         0    1.0000
         0         0         0         0
>> A=[4 6 0; -3 -5 0; -3 -6 1]
A =
     4     6     0
    -3    -5     0
    -3    -6     1
>> F = funm(A,'cos')
F =
    1.4968    1.9129    0.0000
   -0.9564   -1.3726   -0.0000
   -0.9564   -1.9129    0.5403
```

二、求解微分方程组

在 Matlab 软件中,求解微分方程组的命令是 dsolve(‘方程组 1’,‘方程组 2’,…,‘方程组 *n*’, ‘初始条件’, ‘自变量’).

比如,

```
>>
[x,y,z]=dsolve('Dx=3*x+8*z','Dy=3*x-y+6*z','Dz=-2*x-5*z',
'x (0)=1,y(0)=1,z(0)=1','t')
x =
-1/2*exp(-t)*(-2-24*t)
y =
-1/2*exp(-t)*(-2-18*t)
z =
exp(-t)*(1-6*t)
>>
[x,y,z]=dsolve('Dx=-2*x+y+1','Dy=-4*x+2*y+2','Dz=x+z+exp(t)-
1','x(0)=1,y(0)=1,z(0)=-1','t')
x =
1
```

```
y =
1
z =
exp(t)*t-exp(t)
```

第四章 矩 阵 分 解

一、矩阵的三角(LU)分解

在 Matlab 软件中，矩阵的三角(LU)分解的命令为[***L***,***U***]=lu(***A***)，***L*** 为下三角阵，***U*** 为上三角阵，它们满足 ***LU***=***A***.

```
>> A=[5 -2 0; -2 3 -1; 0 -1 1]
A =
     5    -2     0
    -2     3    -1
     0    -1     1
>> [L,U]=lu(A)
L =
    1.0000         0         0
   -0.4000    1.0000         0
         0   -0.4545    1.0000
U =
    5.0000   -2.0000         0
         0    2.2000   -1.0000
         0         0    0.5455
```

二、矩阵的 Doolittle 分解

在 Matlab 软件中，没有现成的矩阵 Doolittle 分解的命令，这里给出一个参考算法.

```
function [L,U]=Doolittle(A)
 b=size(A);
    n=b(1);
     if b(1)~=b(2)
        xxx=error1;
    end
    if n~=rank(A)
```

```
        xxx=error2;
    end
L=zeros(n,n);
    U=zeros(n,n);
    for i=1:n
        L(i,i)=1;
    end
    for k=1:n
        for j=k:n
            temp_sum=0;
            for t=1:k-1
                temp_sum=temp_sum+L(k,t)*U(t,j);
            end
            U(k,j)=A(k,j)-temp_sum;
        end
        for i=k+1:n
            temp_sum=0;
            for t=1:k-1
                temp_sum=temp_sum+L(i,t)*U(t,k);
            end
            L(i,k)=(A(i,k)-temp_sum)/U(k,k);
        end
    end
end
```

比如，

```
>> A=[5 2 -4 0; 2 1 -2 1; -4 -2 5 0; 0 1 0 2]
A =
     5     2    -4     0
     2     1    -2     1
    -4    -2     5     0
     0     1     0     2
>> [L U]=Doolittle(A)
L =
    1.0000         0         0         0
    0.4000    1.0000         0         0
   -0.8000   -2.0000    1.0000         0
         0    5.0000    2.0000    1.0000
U =
    5.0000    2.0000   -4.0000         0
         0    0.2000   -0.4000    1.0000
         0         0    1.0000    2.0000
         0         0         0   -7.0000
```

三、矩阵的 LDU 分解

在 Matlab 软件中，没有现成的矩阵 LDU 分解的命令，这里给出一个参考算法（内嵌 Doolittle 命令）.

```
function [L,D,U]=LDU(A)
  [L U]=Doolittle(A);
  b=size(A);
  n=b(1);
  D=zeros(n,n);

  for i=1:n
     D(i,i)=U(i,i);
  end
  U=inv(D)*U;
end
```

比如，

```
>> A=[5 2 -4 0;2 1 -2 1; -4 -2 5 0; 0 1 0 2]
A =
     5     2    -4     0
     2     1    -2     1
    -4    -2     5     0
     0     1     0     2
>> [L,D,U]=LDU(A)
L =
    1.0000         0         0         0
    0.4000    1.0000         0         0
   -0.8000   -2.0000    1.0000         0
         0    5.0000    2.0000    1.0000
D =

    5.0000         0         0         0
         0    0.2000         0         0
         0         0    1.0000         0
         0         0         0   -7.0000
U =
    1.0000    0.4000   -0.8000         0
```

```
         0    1.0000   -2.0000    5.0000
         0         0    1.0000    2.0000
         0         0         0    1.0000
```

四、实对称正定矩阵的平方根(Cholesky)分解

在 Matlab 软件中，实对称正定矩阵 Cholesky 分解的命令为 $\boldsymbol{R}$ =chol($\boldsymbol{A}$)，$\boldsymbol{R}$ 为下三角阵，它满足 $\boldsymbol{R}\boldsymbol{R}'=\boldsymbol{A}$.

比如，

```
>> A=[5 -2 0; -2 3 -1; 0 -1 1]
A =
     5    -2     0
    -2     3    -1
     0    -1     1
>> R = chol(A)
R =
    2.2361   -0.8944         0
         0    1.4832   -0.6742
         0         0    0.7385
```

五、矩阵的正交三角(QR)分解

QR 分解将非奇异矩阵 $\boldsymbol{A}$ 分解成一个正交矩阵与一个非奇异上三角矩阵的乘积；在 Matlab 软件中，QR 分解的命令为[$\boldsymbol{Q}$, $\boldsymbol{R}$] = qr($\boldsymbol{A}$).

比如，

```
>> A=[1 2 2; 2 1 2; 1 2 1]
A =
     1     2     2
     2     1     2
     1     2     1
>> [Q,R] = qr(A)
Q =
   -0.4082    0.5774   -0.7071
   -0.8165   -0.5774   -0.0000
   -0.4082    0.5774    0.7071
```

```
R =
   -2.4495   -2.4495   -2.8577
         0    1.7321    0.5774
         0         0   -0.7071
```

六、矩阵的满秩分解

在 Matlab 软件中，没有现成的矩阵满秩分解的命令，这里给出一个参考算法.

```
function [P,Q]=mzfj(A)
B=rref(A);
[m,n]=size(A);
P0(1:m,:)=0;
Q0(:,1:n)=0;
for i=1:m
    flag=1;
   for j=1:n
       if B(i,j)==1
           for k=1:i-1
               if B(k,j)~=0
                   flag=0;
                   break;
               end
           end
           for k=i+1:m
               if B(k,j)~=0
                   flag=0;
                   break;
               end
           end
           if flag==1
               P0=[P0,A(:,j)];
               Q0=[Q0;B(i,:)];
           end
```

```
        end
    end
end
[m1,n1]=size(P0);
[m2,n2]=size(Q0);
P=P0(:,2:n1);
Q=Q0(2:m2,:);
```

比如，

```
>> A=[-1 0 1 2; 1 2 -1 1; 2 2 -2 -1]
A =
    -1     0     1     2
     1     2    -1     1
     2     2    -2    -1
>> [P,Q]=mzfj(A)
P =
    -1     0
     1     2
     2     2
Q =
    1.0000         0   -1.0000   -2.0000
         0    1.0000         0    1.5000
```

七、矩阵的奇异值分解

在 Matlab 软件中，矩阵的奇异值分解的命令为[$\boldsymbol{U}$,$\boldsymbol{S}$,$\boldsymbol{V}$] =svd($\boldsymbol{A}$)，它返回一个与 $\boldsymbol{A}$ 同大小的对角矩阵 $\boldsymbol{S}$，两个酉矩阵 $\boldsymbol{U}$ 和 $\boldsymbol{V}$，且满足 $\boldsymbol{A}=\boldsymbol{U}*\boldsymbol{S}*\boldsymbol{V}'$.

比如，

```
>> A=[1 0 1; 0 1 1; 0 0 0]
A =
     1     0     1
     0     1     1
     0     0     0
>> [U,S,V] =svd(A)
```

```
U =
    0.7071   -0.7071         0
    0.7071    0.7071         0
         0         0    1.0000
S =
    1.7321         0         0
         0    1.0000         0
         0         0         0
V =
    0.4082   -0.7071    0.5774
    0.4082    0.7071    0.5774
    0.8165    0.0000   -0.5774
```

第五章　特征值的估计及对称矩阵的极性

一、矩阵的广义特征值与广义特征向量

在 Matlab 软件中，求解 $\boldsymbol{A}$ 矩阵相对于 $\boldsymbol{B}$ 矩阵的广义特征值与特征向量的命令为[$\boldsymbol{V}$, $\boldsymbol{D}$]=eig($\boldsymbol{A}$ / $\boldsymbol{B}$).

比如,

```
>> A=[1 -1 1; -1 2 0; 1 0 3]
A =
     1    -1     1
    -1     2     0
     1     0     3
>> B=[5 2 -4; 2 1 -2; -4 -2 5]
B =
     5     2    -4
     2     1    -2
    -4    -2     5
>> [V,D]=eig(A/B)
V =
   -0.4117    0.7025    0.3888
    0.8974    0.3045   -0.1010
```

```
    0.1589    -0.6433    0.9158
D =
   23.0022          0          0
         0     0.0146          0
         0          0     2.9833
```

二、矩阵的直积

在 Matlab 软件中，求解 ***A*** 矩阵与 ***B*** 矩阵的直积的命令为 ***C***=kron(***A***, ***B***).
比如，

```
>> A=[1 2; 3 4]
A =
     1     2
     3     4
>> B=[0 0 1; 0 1 0; 1 0 0]
B =
     0     0     1
     0     1     0
     1     0     0
>> C=kron(A,B)
C =
     0     0     1     0     0     2
     0     1     0     0     2     0
     1     0     0     2     0     0
     0     0     3     0     0     4
     0     3     0     0     4     0
     3     0     0     4     0     0
>> C=kron(B,A)
C =
     0     0     0     0     1     2
     0     0     0     0     3     4
     0     0     1     2     0     0
     0     0     3     4     0     0
     1     2     0     0     0     0
     3     4     0     0     0     0
```

第六章　广义逆矩阵

一、矩阵的广义逆

在 Matlab 软件中，求解矩阵的广义逆的命令为 $\boldsymbol{D}$=pinv（$\boldsymbol{A}$）.

比如，

```
>> A=[-1 0 1; 2 0 -2]
A =
    -1     0     1
     2     0    -2
>> D=pinv(A)
D=
   -0.1000    0.2000
         0         0
    0.1000   -0.2000
```